建设行业专业技术管理人员职业资格培训教材

安全员专业管理实务

中国建设教育协会组织编写

周和荣　编

张瑞生　主审

中国建筑工业出版社

图书在版编目（CIP）数据

安全员专业管理实务/中国建设教育协会组织编写.
北京：中国建筑工业出版社，2007（2021.5重印）
建设行业专业技术管理人员职业资格培训教材
ISBN 978-7-112-09382-3

Ⅰ．安… Ⅱ．中… Ⅲ．建筑工程-工程施工-安全
技术-工程技术人员-资格考核-教材 Ⅳ.TU714

中国版本图书馆 CIP 数据核字（2007）第 099111 号

建设行业专业技术管理人员职业资格培训教材

安全员专业管理实务

中国建设教育协会组织编写

周和荣　编

张瑞生　主审

*

中国建筑工业出版社出版、发行（北京西郊百万庄）
各地新华书店、建筑书店经销
霸州市顺浩图文科技发展有限公司制版
北京建筑工业印刷厂印刷

*

开本：787×1092毫米　1/16　印张：17¼　字数：418千字
2007 年 8 月第一版　2021 年 5 月第二十三次印刷
定价：**29.00** 元
ISBN 978-7-112-09382-3
（16046）

本套书由中国建设教育协会组织编写，为建设行业专业技术管理人员职业资格培训用书。

本书根据我国安全生产方面的法律、法规、技术标准，以及建设工程安全生产的有关规定，参照《建设行业专业技术管理人员职业资格考试标准及考试大纲》的基本要求，针对施工现场安全员应具备的专业知识及管理实务需要编写而成。本书结合工程项目安全管理的实际，注重安全专业基本知识，比较全面地从安全管理和安全技术两个方面进行了系统的归纳和阐述，着重强调了施工现场安全员的具体业务工作，具有实践性、针对性和实用性强的特点。对现代安全生产管理的理论、技术、发展趋势，以及职业安全健康管理体系标准认证等作了必要的阐述。

本书可作为建筑业企业专职安全员培训教材，也可供建筑企业其他管理人员参考使用。

*　　*　　*

责任编辑：朱首明　李　明
责任设计：董建平
责任校对：刘　钰　王金珠

建设行业专业技术管理人员职业资格培训教材
编审委员会

出 版 说 明

　　由中国建设教育协会牵头、各省市建设教育协会共同参与的建设行业专业技术管理人员职业资格培训工作，经全国地方建设教育协会第六次联席会议商定，从今年下半年起，在条件成熟的省市陆续展开，为此，我们组织编写了《建设行业专业技术管理人员职业资格培训教材》。

　　开展建设行业专业技术管理人员职业资格培训工作，一方面是为了满足建设行业企事业单位的需要，另一方面也是为建立行业新的职业资格培训考核制度积累经验。

　　该套教材根据新制订的职业资格培训考试标准和考试大纲的要求，一改过去以理论知识为主的编写模式，以岗位所需的知识和能力为主线，精编成《专业基础知识》和《专业管理实务》两本，以供培训配套使用。该套教材既保证教材内容的系统性和完整性，又注重理论联系实际、解决实际问题能力的培养；既注重内容的先进性、实用性和适度的超前性，又便于实施案例教学和实践教学，具有可操作性。学员通过培训可以掌握从事专业岗位工作所必需的专业基础知识和专业实务能力。

　　由于时间紧，教材编写模式的创新又缺少可以借鉴的经验，难度较大，不足之处在所难免。请各省市有关培训单位在使用中将发现的问题及时反馈给我们，以作进一步的修订，使其日臻完善。

中国建设教育协会
2007 年 7 月

序

　　由中国建设教育协会组织编写的《建设行业专业技术管理人员职业资格培训教材》与读者见面了。这套教材对于满足广大建设职工学习和培训的需求，全面提高基层专业技术管理人员的素质，对于统一全国建设行业专业技术管理人员的职业资格培训和考试标准，推进行业职业资格制度建设的步伐，是一件很有意义的事情。

　　建设行业原有的企事业单位关键岗位持证上岗制度作为行政审批项目被取消后，对基层专业技术管理人员的教育培训尚缺乏有效的制度措施，而当前，科学技术迅猛发展，信息技术日益渗透到工程建设的各个环节，现在结构复杂、难度高、体量大的工程越来越多，新技术、新材料、新工艺、新规范的更新换代越来越快，迫切要求提高从业人员的素质。只有先进的技术和设备，没有高素质的操作人员，再先进的技术和设备也发挥不了应有的作用，很难转化为现实生产力。我们现在的施工技术、施工设备对生产一线的专业技术人员、管理人员、操作人员都提出了很高的要求。另一方面，随着市场经济体制的不断完善，我国加入WTO过渡期的结束，我国建筑市场的竞争将更加激烈，按照我国加入WTO时的承诺，我国的建筑工程市场将对外开放，其竞争规则、技术标准、经营方式、服务模式将进一步与国际接轨，建筑企业将在更大范围、更广领域和更高层次上参与国际竞争。国外知名企业凭借技术力量雄厚、管理水平高、融资能力强等优势进入我国市场。目前已有39个国家和地区的投资者在中国内地设立建筑设计和建筑施工企业1400多家，全球最大的225家国际承包商中，很多企业已经在中国开展了业务。这将使我国企业面临与国际跨国公司在国际、国内两个市场上同台竞争的严峻挑战。同国际上大型工程公司相比，我国的建筑业企业在组织机构、人力资源、经营管理、程序与标准、服务功能、科技创新能力、资本运营能力、信息化管理等多方面存在较大差距。所有这些差距都集中地反映在企业员工的全面素质上。最近，温家宝总理对建筑企业作了四点重要指示，其中强调要"加强领导班子建设和干部职工培训，提高建筑队伍整体素质。"贯彻落实总理指示，加强企业领导班子建设是关键，提高建筑企业职工队伍素质是基础。由此，我非常支持中国建设教育协会牵头把建设行业基层专业技术管理人员职业资格培训工作开展起来。这也是贯彻落实温总理指示的重要举措。

　　我希望中国建设教育协会和各地方的同行们齐心协力，规范有序地把这项工作做好，确保工作的质量，满足建设行业企事业单位对专业技术管理人员培训的需要，为行业新的职业资格培训考核制度的建立积累经验，为造就全球范围内的高素质建筑大军做出更大贡献。

姚兵
24/7/07.

前　　言

　　安全生产事关最广大人民群众的根本利益，事关改革发展和稳定大局，历来受到党和国家的高度重视。"安全第一、预防为主、综合治理"，是安全生产工作的基本方针。党的十六届五中全会确立了"安全发展"的指导原则。"十一五"发展规划首次提出"安全发展"的新理念。

　　目前我国正处在工业化加快发展时期，社会生产规模急剧扩大，城市化建设大规模进行，建筑业在成为继工业、农业、贸易之后的第四大支柱产业的同时，安全事故也成为仅次于交通、矿山后的第三位。建筑业点多面广，劳动密集，流动作业，层次较多，事故易发，安全生产工作任务十分繁重。《安全生产法》要求，安全生产管理人员必须经培训和考核合格，并取得相应资格证书后，才能任职和上岗。要加快实现建筑业安全生产状况的明显好转，专职安全管理员义不容辞、任重道远。通过培训，尽快提高专职安全员的业务素质和专业化水平，是"综合治理"的一个重要方面。

　　本书根据安全管理方面的法律法规和技术标准，本着既涵盖现行"安全员专业管理实务"考试大纲的相关内容，更力求形成安全员专业管理全面、系统的知识体系的原则，在结合房屋建筑工程的相关专业知识，对安全员的具体业务工作进行系统归纳的基础上，注重从安全工程的角度，对安全专业基本知识的讲述，如：安全理念、特种作业、特种设备、防火防爆、事故救援，以及安全管理的发展历史、现代安全管理的发展趋势等都作了一定的介绍。以便工作在施工一线的安全员既能有效地参加职业资格考试，又能有一本全面系统的工作参考书，还能通过学习对安全管理工作增进信心和热情，推动建筑业安全管理的发展。

　　本书由国家注册安全评价师、四川建筑职业技术学院周和荣副教授编写，在本书的编写过程中参考了建设工程安全管理方面的一些书籍和资料，在此对各位同行以及资料的作者深表谢意。

　　由于编者经验和水平有限，书中难免存在疏漏或不妥之处，望读者、同行批评指正。

　　说明：书中楷体字部分为工程建设标准强制性条文。

目 录

上篇　建筑施工安全管理

一、安全生产基本知识

（一）安全与安全生产

1. 安全

无危则安，无损则全。顾名思义，"安全"是指没有危险，不出事故，人不受伤害、平安健康，物不受损伤、完整无损。从这个意义上，安全可以认为是一种物态、环境或状态。也有人把"安全"理解为一种能力，即人对自身利益——包括生命、健康、财产、资源等的维护和控制的能力。总之，安全是指不会发生损失或伤害的一种状态，安全的实质就是防止事故，消除导致死亡、伤害、急性职业危害及各种财产损失发生的条件。

与安全相对应的是"危险"，所谓危险，是指人和物易于受到伤害或损害的一种状态。能导致危险发生的原因是危险因素，危险未得到控制而产生的，造成人员死亡、伤害、职业病、财产损失或其他损失的意外后果就是事故。

值得指出的是，现代安全管理理念与传统的安全定义不同。长期以来，人们一直把安全和危险看作截然不同的、相互对立的概念。而现代安全管理理念则认为：世界上没有绝对安全的事物，任何事物中都包含有不安全的因素，都具有一定的危险性。安全只是一个相对的概念，只不过当危险性低于人们认可的某种程度时，就被认为是安全。

2. 安全生产与安全生产工作

狭义的安全生产，是指消除或控制生产过程中的危险、有害因素，保障人身安全健康、设备完好无损及生产顺利进行。

广义的安全生产除了对直接生产过程的控制外，还包括劳动保护和职业卫生。

劳动保护是指消除生产过程中危及人身安全和健康的不安全环境、不安全设备和设施，防止伤亡事故和职业危害，保障劳动者在生产过程中的安全与健康的总称。

一般意义上讲，"安全生产"这个概念，是指在社会生产活动中，通过人、机、物料、环境的和谐运作，使生产过程中潜在的各种事故风险和伤害因素始终处于有效控制状态，切实保护劳动者的生命安全和身体健康。《中国大百科全书》对安全生产的定义："是旨在保障劳动者在生产过程中的安全的一项方针，企业管理必须遵循的一项原则"。

显然，安全生产工作是为了达到安全生产目标而进行的系统性管理活动，由源头管理、过程控制、应急救援和事故查处四个部分所构成，既包括了生产主体（企业）对事故风险和伤害因素所进行的识别、评价和控制，也包括了政府安全许可、监管监察行政执法、救灾善后以及安全生产法制建设、科学研究、宣教培训、认可认证、工伤保险等方面的活动。

因此，安全生产管理就是指建设行政主管部门、建设工程安全监督机构、建筑施工企业及有关单位对建设工程生产过程中的安全，进行计划、组织、指挥、控制、监督等一系列的管理活动。

（二）安全生产形势

1. 严峻的安全生产形势

　　新中国建立以来，党和政府历来重视安全生产，1949 年 11 月召开的第一次全国煤矿工作会议提出"煤矿生产，安全第一"。1952 年第二次全国劳动保护工作会议明确要坚持"安全第一"方针和"管生产必须管安全"的原则。1954 年新中国制定的第一部宪法，把加强劳动保护、改善劳动条件作为国家的基本政策确定下来。中央人民政府先后颁布了《工厂安全卫生规程》、《建筑安装工程安全技术规程》和《工人职员伤亡事故报告规程》等行政法规，建立了由劳动部门综合监管、行业部门具体管理的安全生产工作体制，劳动者的安全状况从根本上得到了改善。

　　改革开放以来，全社会在安全生产观念和认识上有较大的强化和转变，安全生产理论研究有了初步发展，安全生产科学技术取得较大进步，安全生产法规体系初步建立，安全管理体制基本形成，安全文化建设不断发展。安全生产保持了总体稳定、趋于好转的发展态势，说明党和国家在安全生产上采取的一系列措施，确实见到了效果。

　　但是我国又是一个正处在工业化发展过程中的国家，生产力水平较低，安全生产基础薄弱，与先进国家相比差距大。职业事故 10 万人死亡率是发达国家的 3～5 倍。特种设备的事故发生率是发达国家的 5～6 倍。以煤炭工业为例，我国的煤炭产量约占全球的 35％，事故死亡人数则占近 80％。我国的煤炭百万吨死亡率 2004 年约 3 人，这一水平是美国的 100 多倍，南非的 20 多倍，印度的 10 多倍。据统计，从 2003 年以来的 3 年中，全国平均每天发生约 8 起一次死亡 3～9 人的重大事故，每周发生近 3 起一次死亡 10 人以上的特大事故，每月发生 1.2 起一次死亡 30 人以上的特别重大事故。

　　我国受职业危害的职工在 2500 万人以上。全国每年新发职业病例数均在万例以上，且逐年上升，增长率超过 10％。截至 2002 年底，全国累计发生尘肺病人 581377 例，疑似尘肺者 60 多万例，每年约 5000 人因尘肺死亡。

　　各类事故造成的经济损失超过 2000 亿元（约占 GDP 的 2％），相当于每年损失两个三峡工程，是 1000 多万个职工一年的劳动价值，是 1 亿农民一年的收入。

　　我国自 1996 年试行工伤保险制度以来，到 2004 年全国从业人员中不到 30％得到社会保险的保护。

　　当然，不得不看到，我国作为一个发展中大国，安全生产摊子大、任务重。2005 年底全国共有各类煤矿 2.5 万处，非煤矿山 11.5 万处，危化品生产企业 2.27 万家，烟花爆竹生产企业 7000 家，建筑施工企业 8.78 万家。全国有汽车 3200 万辆，加上摩托车、农用车辆等，机动车保有量 1.3 亿辆。加油站 7 万多座，铁路与公路交叉道口 1.44 万处。每天民航起落飞机 1 万多架次，内河和海上漂泊行驶大小船只 150 多万艘。安全工作要做到万无一失，任务重、难度大，必须从国情和安全领域的实际出发，有针对性地采取对策措施。

　　建筑业是我国国民经济的支柱产业，拥有近 4000 万人的从业人员队伍，作为安全风险较高的行业，安全形势也是严峻的。据统计，1994～2004 年，我国因建筑施工安全事故死亡 15128 人，每年平均死亡 1375 人。以 2004 年为例，全国共发生建筑施工事故 1086 起，死亡 1264 人，其中一次死亡 3 人以上重大事故 42 起，死亡 175 人。伤亡事故类别主要是高处坠落、施工坍塌、物体打击、机械伤害（含机具伤害和起重伤害）和触电事故。在临边洞口处作业发生的伤亡事故死亡人数占总人数的 20.33％；在各类脚手架上作业的事故死亡人数占总数的 13.29％；安装、拆除龙门架（井字架）物料提升机的事故死亡人数占总数的 9.18％；安装、拆除塔吊的事故死亡人数占事故总数的 8.15％；土石方坍塌事故死亡人数占总数的 5.85％；因模板支撑失稳倒塌事故死亡人数占总数的 5.62％；施工机具造成的伤亡事故死亡人数占总数的 6.8％。上述 42 起三级以上事故分别发生在新建房屋建筑工程、新建市政工程、拆除工程和市政管道维修工程中，发生在地、市级以上城市的共 26 起，发生在县级城镇的 6 起，发生在村镇的 10 起。

建筑施工安全事故不仅造成大量的人员伤亡，而且还带来巨大的经济损失。据英国健康与安全执行局研究，建筑施工现场因职业安全事故与健康损害造成的损失包括工期延误、旷工、健康和保险费用的损失等，占项目成本的 8.5％；美国斯坦福大学土木工程系的研究分析，1993 年全美建筑安全事故损失为 260 亿美元，占建筑工程总成本的 6.5％；在我国香港，建筑安全事故损失约占建筑工程总成本的 8.5％；国内大陆地区虽然没有正式的统计数据，但根据建筑安全管理现状，安全事故损失占工程总成本的比例应该不会低于上述数据。

2. 安全生产形势严峻的原因

影响制约安全生产的原因是多方面的，某些问题甚至是深层次的。主要的有：

（1）安全生产投入严重不足

我国社会生产力总体水平比较低的条件下，生产经营单位存在生产安全条件差、安全技术装备陈旧落后、安全投入少、"欠账多"的状况。除了财力物力投入不足外，人力投入也严重不足，一些企业不依法设立安全生产管理职能部门、配备安全生产管理人员，或者是虚假设立，或者是专职安全生产管理人员素质低，形同虚设，以致企业安全生产管理混乱。

另外，在建设项目的招投标中，压标压价，涉及安全生产的项目和费用首当其冲，也造成安全生产投入严重不足。

（2）安全生产意识淡薄

一是一些地方和企业负责人受经济利益的驱动，只顾追逐经济政绩和经济效益，忽视安全生产。他们认为只要效益上去，在安全上降低一些标准、减少一些投入，甚至受到一些处罚，也是值得的。少数民营企业为获得高额利润，不依法为从业人员提供必要的安全生产条件和劳动安全保护，使从业人员在十分恶劣和危险的条件下作业，把劳动者承担的伤亡风险提高到临界点，在随时可能发生伤亡事故的情况下组织生产。有的业主事故后甚至隐瞒、逃逸。一些地方政府片面追求经济发展速度，短期行为严重，在招商引资、兴办工业时，首先考虑的是产值和利税，而往往忽略了安全和环保等民生问题，降低市场准入门槛。

二是从业人员安全素质不能适应需要。最近几年，农村劳动力大量转移，进入矿山、建筑等高风险、重体力劳动行业和领域。全国 3000 多万建筑工人中，80％为农民工。据统计，在农民工中，文盲与半文盲占 7％，小学文化为 29％，高中以上仅占 13％。违章指挥、违规作业和违反劳动纪律现象严重，据调查 90％以上的事故都是由"三违"所引发的。劳动者对企业未提供必要的安全生产条件和劳动安全保护措施，包括工伤保险，也缺少维权意识。

（3）安全文化基础薄弱

值得指出的是，全社会性的安全生产意识淡薄，是有其深厚的社会文化根源的。惜命胜金、珍视健康，这是西方人的生命价值理念。但在我国的近代文化中这往往被鄙视为"活命哲学"、"贪生怕死"。长期以来推崇的是"不怕苦、不怕死"的牺牲精神，"国家财产高于一切"的处事原则，人的生命和健康与"事业"、"发展"相比往往置之于后的表现，都反映出我国安全观念文化的落后。要在社会发展和经济发展中，真正树立"以人为本"的理念，还需要长远努力。

（4）安全生产法制不健全

《安全生产法》出台之前，综合性的安全生产立法滞后。虽然国家制定了几十部与安全生产有关的法律、行政法规，但是，这些现行法规多数是在计划经济体制及其向社会主义市场经济体制转轨时期出台的，已经不能完全适应当前的形势和需要。涉及国家安全生产监管体制、各级政府和有关部门的监督管理职责、生产经营单位的安全保障、生产经营单位负责人的安全职责、从业人员的安全生产权利义务、事故应急救援和调查处理、安全生产违法行为的法律责任等重大问题，都还缺乏系统完善的法律规范。另外，对地方经济发展的绩效认定、各级领导的政绩考核也还缺少相应的安全生产指标。

除了安全生产法规体系适用性和可行性有待提高，全社会安全生产法制观念有待加强外。从执法环节看，安全生产法规执行不严、监管不到位。我国安全监管体制多次变化，长期存在的政出多门、职能交叉等问题尚未完全解决，监管效率较低。另外，安全生产监管监察力量不足，技术装备落后，业务素质、执法能力参差不齐。"执法不严、工作不实"的问题普遍存在，搞形式，走过场。一些领导干部和工作人员失职渎职，甚至徇私舞弊，充当非法违法的保护伞，社会反映强烈。

3．加强安全生产工作的对策措施

国家安全生产监督管理总局局长李毅中在谈到我国的安全生产问题时，对加强安全生产工作提出了以下对策措施：

（1）把安全发展的科学理念纳入社会主义现代化建设的总体战略，纳入"十一五"经济社会发展规划中。

（2）贯彻"安全第一、预防为主、综合治理"方针，治理隐患、防范事故，标本兼治、重在治本。

（3）加强安全法制建设，实施依法治安。

一是必须严刑厉法，重典治乱。二是必须在法律的贯彻执行上动真从严。三是必须建立联合执法机制，提高执法效率。四是必须健全安全生产法律法规体系，包括安全技术标准体系。

（4）落实两个主体、两个责任制，纳入政绩、业绩考核。

两个主体是指政府是安全生产的监管主体，企业是安全生产的责任主体。两个责任制是指安全生产工作必须建立、落实政府行政首长负责制和企业法定代表人负责制。

（5）实施科技兴安战略，用科技创新引领和支撑安全发展。

（6）强化经济政策导向作用，增加安全投入。

（7）加强安全文化建设，提高全民安全素质，加强社会监督。

（三）安全生产基本方针

1. "安全第一、预防为主、综合治理"的基本方针

"安全第一、预防为主、综合治理"是我国安全生产管理的基本方针。人民当家作主，人民的利益高于一切，是社会主义国家的本质特征。自新中国成立以来，党中央、全国人大和国务院历来重视安全生产工作，提出了"安全第一、预防为主"的安全生产方针，《中华人民共和国建筑法》规定："建筑工程安全生产管理必须坚持安全第一、预防为主的方针"。《中华人民共和国全民所有制工业企业法》规定："企业必须贯彻安全生产制度，改善劳动条件，做好劳动保护和环境保护工作，做到安全生产和文明生产"。《安全生产法》在总结我国安全生产管理实践经验的基础上，再次将"安全第一、预防为主"规定为我国安全生产工作的基本方针。

近年来，中央领导同志高度关注安全生产工作，先后作出了很多有关的指示和批示。江泽民同志明确指出："隐患险于明火，防范胜于救灾，责任重于泰山。""坚决树立安全第一的思想，任何企业都要努力提高经济效益，但是必须服从安全第一的原则。"要求各级党委和政府把安全生产摆到重要的日程上，加强领导，采取有力措施，预防和遏制重大、特大事故，减少人民群众生命和财产损失，促进经济发展。胡锦涛同志强调："安全生产关系群众生命，要作为一项重要工作切实抓好。"同时要求："各级党委和政府要牢牢树立责任重于泰山的观点，坚持把人民群众的生命安全放在第一位，进一步完善和落实安全生产的各项措施，努力提高安全生产水平。"温家宝总理在第十届全国人民代表大会第二次会议所作的《政府工作报告》中强调："要以对国家和人民高度负责的精神，切实加强安全工作。强化安全生产监管，加强安全专项整治，落实安全防范措施，健全安全责任制。坚决查处各类安全事故，依法追究有关人员责任，维护法制和纪律的严肃性。"

随着改革开放和经济高速发展，安全生产越来越受到社会的广泛关注。国家"十一五"发展规划首次提出了"安全发展"的理念，第一次把加强公共安全建设，提高安全生产水平设立为单独的章节，进一步明确了安全生产必须贯彻"安全第一、预防为主、综合治理"方针，治理隐患、防范事故、标本兼治、重在治本的安全生产工作原则。这是一个重大的突破，说明安全生产越来越受到党和国家的重视。

把"综合治理"充实到安全生产方针当中，始于党的十六届五中全会上《中共中央关于制定国民经济和社会发展第十一个五年规划的建议》，并在胡锦涛总书记、温家宝总理的讲话中进一步明确。这一发展和完善，更好地反映了安全生产工作的规律特点。综合运用经济手段、法律手段和必要的行政手段，从发展规划、行业管理、安全投入、科技进步、经济政策、教育培训、安全立法、激励约束、企业管理、监管体制、社会监督以及追究事故责任、查处违法违纪等方面着手，解决影响制约安全生产的历史性、深层次问题，建立安全生产长效机制。

2. "安全第一、预防为主、综合治理"方针的法律保障

为保证"安全第一、预防为主、综合治理"方针的落实，《安全生产法》从法律上规

定了对生产经营单位的基本要求和措施，主要包括：

（1）安全生产的市场准入制。即生产经营单位必须具备法律、法规和国家标准或者行业标准规定的安全生产条件，不符合安全生产条件的，不得从事生产经营活动；

（2）生产经营单位主要负责人对本单位安全生产工作全面负责的制度；

（3）企业必须依法设置安全生产管理机构或安全生产管理人员的制度；

（4）对生产经营单位的主要负责人、安全生产管理人员和从业人员进行安全生产教育、培训、考核的制度；

（5）对特种作业人员实行资格认定和持证上岗的制度；

（6）建设工程项目的安全措施应当与主体工程同时设计、同时施工、同时投入生产和使用的"三同时"制度；

（7）对部分危险性较大的建设工程项目实行安全条件论证、安全评价和安全措施验收的制度；

（8）安全设备的设计、制造、安装、使用、检测、维修和报废必须符合国家标准的制度；

（9）对危险性较大的特种设备实行安全认证和使用许可，非经认证和许可不得使用的制度；

（10）对从事危险品的生产经营活动实行前置审批和严格监管的制度；

（11）对严重危及生产安全的工艺、设备予以淘汰的制度；

（12）生产经营单位对重大危险源的登记建档及向安全监督管理部门报告备案的制度；

（13）对爆破、吊装等危险作业的现场安全管理制度；

（14）生产经营单位的安全生产管理人员对本单位安全生产状况的经常性检查、处理、报告和记录的制度等。

3. "综合治理"的内涵和安全生产管理体制

早在1993年，国务院在《关于加强安全生产工作的通知》中就提出了我国实行"企业负责、行业管理、国家监察、群众监督"的安全生产管理体制。

"企业负责"是市场经济体制下安全生产工作体制的基础和根本，即企业在其生产经营活动中必须对本企业的安全生产负全面责任。"行业管理"，即各级行业主管部门对生产经营单位的安全生产工作应加强指导，进行管理。"国家监察"，就是各级政府部门对生产经营单位遵守安全生产法律、法规的情况实施监督检查，对生产经营单位违反安全生产法律、法规的行为实施行政处罚。"群众监督"，一方面，工会应当依法对生产经营单位的安全生产工作实行监督；另一方面，劳动者对违反安全生产及劳动保护法律、法规和危害生命及身体健康的行为，有权提出批评、检举和控告。

把"综合治理"充实到安全生产方针当中后，有学者进一步提出"政府监管与指导、企业负责与保障、员工权益与自律、社会监督与参与、中介服务与支持"的"五方结构"管理体制。

（1）政府监管与指导

国家安全生产综合监管和专项监察相结合，各级职能部门合理分工、相互协调，实施"监管—协调—服务"三位一体的行政执法系统。

（2）企业负责与保障

企业全面落实生产过程安全保障的事故防范机制，严格遵守《安全生产法》等安全生产法规要求，落实安全生产保障。

（3）员工权益与自律

即从业人员依法获得安全与健康权益保障，同时实现生产过程安全作业的"自我约束机制"。即所谓"劳动者遵章守纪"，要求劳动者在劳动过程中，必须严格遵守安全操作规程，珍惜生命，爱护自己，勿忘安全，广泛深入地开展不伤害自己、不伤害他人、不被他人伤害的"三不伤害"活动，自觉做到遵章守纪，确保安全。

（4）社会监督与参与

形成工会、媒体、社区和公民广泛参与监督的"社会监督机制"。

（5）中介支持与服务

与市场经济体制相适应，建立国家认证、社会咨询、第三方审核、技术服务、安全评价等功能的中介支持与服务机制。

（四）安全生产法律法规

1. 安全生产法律法规体系

安全生产法律法规，是指国家关于改善劳动条件，实现安全生产，为保护劳动者在生产过程中的安全和健康而制定的各种法律、法规、部门规章和规范性文件的总和。

（1）法律

安全生产法律是由全国人大及其常务委员会制定，经国家主席签署主席令予以公布，由国家政权保证执行的行为规范。安全生产法律是制定安全生产行政法规、标准及地方法规的依据。它规定了我国的安全生产方针、安全生产保障、从业人员的权利和义务、安全生产监督管理及事故应急救援与调查处理，原则规定女职工劳动保护、未成年工劳动保护、工作时间、休假制度、工伤事故报告及处理、职业病预防、劳动安全卫生及安全生产监督等内容。

典型的安全生产法律有：《中华人民共和国安全生产法》、《中华人民共和国建筑法》、《中华人民共和国消防法》等。

（2）行政法规

国家行政法规是指由国务院制定和发布的各类条例、办法、规定、实施细则、决定等。行政法规的作用是将劳动安全生产法律的原则性规定具体化。

典型的安全生产行政法规有：《建设工程安全生产管理条例》（国务院令第393号）、《安全生产许可证条例》（国务院令第397号）、《建设项目环境保护管理条例》（国务院令第253号）、《特种设备安全生产监察条例》（国务院令第373号）、《国务院关于特大安全事故行政责任追究的规定》（国务院令第302号）等。

（3）地方性法规

地方性法规由具有立法权的地方人民代表大会及其常务委员会制定和发布。它是在原则上与法律和国家行政法规保持高度一致的前提下，根据安全生产工作的需要，与地方实际情况相结合而制定的更具可操作性的详细规定。地方性法规在所属地区内适用。如：《四川省安全生产条例》（2006年11月30日四川省第十届人民代表大会常务委员会第二十四次会议通过）。

（4）部门规章

部门规章（含规定、办法、规则等）由国务院所属各部委制定，部委行政首长签署命令予以公布。它是在原则上与法律和国家行政法规保持高度一致的前提下，根据安全生产工作的需要，为控制易发多发事故和预防职业病，而制定的更具有可操作性的详细规定。部门规章在全国范围内适用。

典型的关于安全生产的部门规章有：《建筑安全生产监督管理规定》（建设部 13 号令）、《建设工程施工现场管理规定》（建设部 15 号令）。

（5）标准规范

以国家标准名义发布的安全生产标准（规程、规范），是为了适应国家法律和行政法规而建立的技术性法规。根据《安全生产法》、《劳动法》的规定，安全技术标准属于强制性标准，且有相应的法律地位和法律效力。到目前为止，我国与安全生产有关的技术标准已达 400 多项。

典型的关于安全生产的标准规范有：《建设工程施工现场供用电安全规范》（GB 50194—93）、《建筑施工安全检查标准》（JGJ 59—99）等。

（6）规范性文件

规范性文件是指由国务院所属各部委制定，或由各省、自治区、直辖市政府以及各厅（局）、委员会等政府管理部门制定，对某方面或某项工作进行规范的文件，一般以"通知"、"规定"、"决定"等文件形式出现，并且，一般不在媒体上公开发布。

典型的关于安全生产的规范性文件如：《国务院关于进一步加强安全生产的决定》（国发〔2004〕2 号）、《四川省人民政府办公厅关于贯彻实施国务院〈安全生产许可证条例〉有关问题的通知》（川府办发电〔2004〕34 号）等。

行政法规、地方性法规、部门规章以及规范性文件都是法律的具体化或必要补充。

此外，经我国政府批准生效的国际公约，如《建筑安全卫生公约》（第 167 号公约），也应视作我国法规形式的组成部分。

2. 重要安全法规及标准

（1）安全生产法律

1）《中华人民共和国宪法》

《中华人民共和国宪法》是我国的根本大法，涉及安全生产和劳动保护的条款有：

第四十二条规定：中华人民共和国公民有劳动的权利和义务。国家通过各种途径，创造劳动就业条件，加强劳动保护，改善劳动条件，并在发展生产的基础上，提高劳动报酬和福利待遇。

第四十三条规定：中华人民共和国劳动者有休息的权利。国家发展劳动者休息和休养的设施，规定职工的工作时间和休假制度。

2）《中华人民共和国刑法》

2006 年 6 月 29 日，《中华人民共和国刑法修正案（六）》经十届全国人民代表大会常务委员会第二十二次会议通过。为促进安全生产责任的落实，该修正案对安全生产设施或者安全生产条件不符合国家规定；在生产、作业中违反有关安全管理的规定，强令他人违章冒险作业，因而发生重大伤亡事故或者造成其他严重后果的；以及瞒报谎报事故等安全生产典型违法行为都做了具体的处罚规定，并增加了处罚刑期年限。这是国家运用法制促进安全生产工作的重要举措。其中：

第一百三十四条修改为："在生产、作业中违反有关安全管理的规定，因而发生重大伤亡事故或者造成其他严重后果的，处三年以下有期徒刑或者拘役；情节特别恶劣的，处三年以上七年以下有期徒刑。"

"强令他人违章冒险作业，因而发生重大伤亡事故或者造成其他严重后果的，处五年以下有期徒刑或者拘役；情节特别恶劣的，处五年以上有期徒刑。"

第一百三十五条修改为："安全生产设施或者安全生产条件不符合国家规定，因而发生重大伤亡事故或者造成其他严重后果的，对直接负责的主管人员和其他直接责任人员，处三年以下有期徒刑或者拘役；情节特别恶劣的，处三年以上七年以下有期徒刑。"

第一百三十七条：建设单位、设计单位、施工单位、工程监理单位违反国家规定，降低工程质量标准，造成重大安全事故的，对直接责任人员，处五年以下有期徒刑或者拘役，并处罚金；后果特别严重的，处五年以上十年以下有期徒刑，并处罚金。

在刑法第一百三十九条后增加一款，作为第一百三十九条之一："在安全事故发生后，负有报告职责的人员不报或者谎报事故情况，贻误事故抢救，情节严重的，处三年以下有期徒刑或者拘役；情节特别严重的，处三年以上七年以下有期徒刑。"

3)《中华人民共和国建筑法》（以下简称《建筑法》）

《建筑法》于1997年11月1日第八届全国人民代表大会常务委员会第二十八次会议通过，自1998年3月1日起施行。《建筑法》以规范建筑市场行为为起点，以建设工程质量和安全为主线，为建筑业企业及其主管部门贯彻"安全第一、预防为主、综合治理"的方针，处理好建设行政主管部门和安全生产监察部门管理职责分工联系；处理好"扰民"和"民扰"关系；落实建设单位、设计单位、施工企业安全生产责任制；加强建筑施工的四个环节，即：施工前、施工作业、施工现场的安全管理、以及一旦发生事故如何处理；建立健全安全生产九项基本制度等做出了法律上的规定。

《建筑法》共有8章85条。主要设置了总则、建筑许可，建筑工程发包与承包、建筑工程监理、建筑安全生产管理、建筑工程质量管理、法律责任、附则等内容。《建筑法》确立了建筑活动的基本制度，即建筑许可制度、建筑工程发包与承包制度、建筑工程监理制度、建筑工程质量监督管理制度（包括竣工验收制度、质量保修制度、建筑工程质量责任制度）、建筑安全生产管理制度（其中包括安全生产责任制度、群防群治制度、教育培训制度、意外伤害保险制度、伤亡事故报告制度）、以及报建备案制度、建筑活动管理体制等。其中直接涉及建筑安全生产的主要有：

① 建筑许可制度

建筑许可制度包括施工许可和从事建筑活动的单位和个人的资格许可。

A. 施工许可来自《建筑法》第七条规定："建筑工程开工前，建设单位应当按照国家有关规定向工程所在地县级以上人民政府建设行政主管部门申请领取施工许可证"。根据《安全生产许可证条例》，建筑施工企业未取得安全生产许可证的，不得从事生产活动，即不得颁发施工许可证。

B. 从事建筑活动的单位的资格许可来自《建筑法》第十三条规定："从事建筑活动的建筑施工企业、勘察单位、设计单位和工程监理单位，按照其拥有的注册资本、专业技术人员、技术装备和已完成的建筑工程业绩等资质条件，划分为不同的资质等级，经资质审查合格，取得相应等级的资质证书后，方可在其资质等级许可的范围内从事建筑活动。"

《建筑业企业资质管理规定》（建设部 87 号令）明确规定：我国的建筑业企业资质分为施工总承包、专业承包和劳务分包三个序列。

获得施工总承包资质的企业，可以对工程实行施工总承包或者对主体工程实行施工承包。承担施工总承包的企业可以对所承接的工程全部自行施工，也可以将非主体工程或者劳务作业分包给具有相应专业承包资质或者劳务分包资质的其他建筑业企业。

获得专业承包资质的企业，可以承接施工总承包企业分包的专业工程或者建设单位按照规定发包的专业工程。专业承包企业可以对所承接的工程全部自行施工，也可以将劳务作业分包给具有相应劳务分包资质的劳务分包企业。

获得劳务分包资质的企业，可以承接施工总承包企业或者专业承包企业分包的劳务作业。

施工总承包资质、专业承包资质、劳务分包资质序列按照工程性质和技术特点分别划分为若干资质类别。其中，施工总承包被分为十二个资质类别，专业承包资质有六十个资质类别，而劳务分包则分为十三种类别，也就是说一共有八十五种资质类别。需要注意的是每个资质类别中的等级规定并不是相同的，有的分为特级、一级、二级、三级，有的只有后三种级别，有的却又不分级别。

我国对建筑业企业的资质等级申请采用的是行政审批制度：施工总承包序列特级和一级企业、专业承包序列一级企业资质经省级建设行政主管部门审核同意后，由国务院建设行政主管部门审批；施工总承包序列和专业承包序列二级及二级以下企业资质，由企业注册所在地省、自治区、直辖市人民政府建设行政主管部门审批；劳务分包序列企业资质由企业所在地省、自治区、直辖市人民政府建设行政主管部门审批。

C. 建筑从业人员的个人资格许可，来自《建筑法》第十四条规定："从事建筑活动的专业技术人员，应当依法取得相应的执业资格证书，并在执业证书许可的范围内从事建筑活动。"即要通过国家任职资格考试、考核，由建设行政主管部门注册并颁发资格证书，方能从业。这些职业资格主要有：注册建筑师、注册结构工程师、注册监理工程师、注册造价工程师、注册房地产估价工程师、注册规划师、注册建造师以及法律、法规规定的其他人员。

建筑工程从业者资格证件，严禁出卖、转让、出借、涂改、伪造。违反上述规定的，将视具体情节，追究法律责任。

② 建筑工程发包与承包制度

建筑工程发包，是指建设单位或者招标代理单位通过招标方式将建筑工程的全部或者部分交由他人承包，并支付相应费用的行为。建筑工程承包，是指通过投标方式取得建筑工程的全部或者部分并收取相应费用而完成建筑工程的全部或者部分的行为。

实行建筑工程发包与承包的制度，一改传统的计划分配任务的体制，使建设单位通过市场竞争来选择建筑工程的承包者，《建筑法》规定了建筑工程发包与承包应当遵循的基本原则以及行为规范，如实行招投标发包，不得违法肢解发包建筑工程，总承包单位分包时须经建设单位认可，禁止承包单位将其承包的建筑工程转包给他人，禁止分包单位将其分包的工程再分包等等。

③ 建筑安全生产管理制度

《建筑法》对施工单位安全生产管理做出了十三项规定。它们是：

A. 建筑工程安全生产管理必须坚持"安全第一、预防为主"的方针，建立健全安全生产的责任制度和群防群治制度。

B. 建筑施工企业在编制施工组织设计时，应当根据建筑工程的特点制定相应的安全技术措施；对专业性较强的工程项目，应当编制专项安全施工组织设计，并采取安全技术措施。

C. 建筑施工企业应当在施工现场采取维护安全、防范危险、预防火灾等措施；有条件的，应当对施工现场实行封闭管理。施工现场对毗邻的建筑物、构筑物和特殊作业环境可能造成损害的，建筑施工企业应当采取安全防护措施。

D. 建筑施工企业应当遵守有关环境保护和安全生产的法律、法规的规定，采取控制和处理施工现场的各种粉尘、废气、废水、固体废物以及噪声、振动对环境的污染和危害的措施。

E. 建筑施工企业必须依法加强对建筑安全生产的管理，执行安全生产责任制度，采取有效措施，防止伤亡和其他安全生产事故的发生。建筑施工企业的法定代表人对本企业的安全生产负责。

F. 施工现场安全由建筑施工企业负责。实行施工总承包的，由总承包单位负责。分包单位向总承包单位负责，服从总承包单位对施工现场的安全生产管理。

G. 建筑施工企业应当建立健全劳动安全生产教育培训制度，加强对职工安全生产的教育培训；未经安全生产教育培训的人员，不得上岗作业。

H. 建筑施工企业和作业人员在施工过程中，应当遵守有关安全生产的法律、法规和建筑行业安全规章、规程，不得违章指挥或者违章作业。作业人员有权对影响人身健康的作业程序和作业条件提出改进意见，有权获得安全生产所需的防护用品。作业人员对危及生命安全和人身健康的行为有权提出批评、检举和控告。

I. 建筑施工企业必须为从事危险作业的职工办理意外伤害保险，支付保险费。

J. 房屋拆除应当由具备保证安全条件的建筑施工单位承包，由建筑施工单位负责人对安全负责。

K. 施工中发生事故时，建筑施工企业应当采取紧急措施减少人员伤亡和事故损失，并按照国家有关规定及时向有关部门报告。

L. 建筑工程施工的质量必须符合国家有关建筑工程安全标准的要求。

M. 建筑施工企业应当拒绝建设单位任何违反法律、行政法规和建筑工程质量、安全标准，降低工程质量的要求。

4)《中华人民共和国劳动法》（以下简称《劳动法》）

《劳动法》中涉及劳动保护安全生产的内容有：劳动安全卫生；女职工和未成年工特殊保护；社会保险与福利。在劳动安全卫生方面明确了用人单位的责任和义务、劳动者的权利和义务。

规定用人单位必须建立、健全劳动安全卫生制度，严格执行国家劳动安全卫生规程和标准，对劳动者进行劳动安全卫生教育，防止劳动过程中的事故，减少职业危害。必须为劳动者提供符合国家规定的劳动安全卫生条件和必要的劳动保护用品，对从事有职业危害作业的劳动者应当定期进行健康检查。从事特种作业的劳动者必须经过专门培训并取得特种作业资格。

规定劳动者在劳动过程中必须严格遵守安全操作规程。劳动者对用人单位管理人员的违章指挥、强令冒险作业，有权拒绝执行；对危害生命安全和身体健康的行为，有权提出批评、检举和控告。

劳动法还强调劳动安全卫生设施必须符合国家规定的标准。新建、改建、扩建工程的劳动安全卫生设施必须与主体工程同时设计、同时施工、同时投入生产和使用，即"三同时"制度。

5)《中华人民共和国安全生产法》（以下简称《安全生产法》）

《安全生产法》是我国第一部安全生产综合性法律，以规范生产经营单位的安全生产为重点，以强化安全生产监督执法为手段，立足于事故预防，突出了安全生产基本法律制度建设，是各类生产经营单位及其从业人员实现安全生产所必须遵循的法律规范，是各级人民政府和各有关部门进行监督管理和行政执法的法律依据，是制裁各种安全生产违法犯罪的法律武器。

① 安全生产的运行机制

《安全生产法》在其总则中，规定了国家保障安全生产的运行机制，包括如下五个方面：政府监管与指导（通过立法、执法、监管等手段）；企业实施与保障（落实预防、应急救援和事后处理等措施）；员工权益与自律（八项权益和三项义务）；社会监督与参与（公民、工会、舆论和社区监督）；中介支持与服务（通过技术支持和咨询服务等方式）。

② 安全生产监管体制

《安全生产法》明确了我国现阶段实行的国家安全生产监管体制是：国家安全生产综合监管与各级政府有关职能部门（公安消防、公安交通、煤矿监察、建筑、交通运输、质量技术监督、工商行政管理）专项监管相结合的体制。有关部门合理分工、相互协调，相应地表明了我国安全生产法的执法主体是国家安全生产综合管理部门和相应的专门监管部门。

③ 安全生产的七项基本法律制度

《安全生产法》确定了我国安全生产的七项基本法律制度：安全生产监督管理制度；生产经营单位安全保障制度；从业人员安全生产权利义务制度；生产经营单位负责人安全责任制度；安全中介服务制度；安全生产责任追究制度；事故应急救援和处理制度。

④ 安全生产的三大对策体系

《安全生产法》指明了实现我国安全生产的三大对策体系：

首先是事前预防对策体系，即要求生产经营单位建立安全生产责任制，坚持"三同时"，保证安全机构及专业人员落实安全投入、进行安全培训、实行危险源管理、进行项目安全评价、推行安全设备管理、落实现场安全管理、严格交叉作业管理、实施高危作业安全管理、保证承包租赁安全管理、落实工伤保险等。同时，加强政府监管，发动社会监督，推行中介技术支持等，都是预防策略。

第二是事中应急救援体系，要求政府建立行政区域内的重大安全事故救援体系，制定社区事故应急救援预案；要求生产经营单位进行危险源的预控，制定事故应急救援预案等。

第三是建立事后处理对策系统，包括推行严密的事故处理及严格的事故报告制度，实施事故后的行政责任追究制度，强化事故经济处罚，明确事故刑事责任追究等。

⑤ 生产经营单位负责人的安全生产责任

《安全生产法》对生产经营单位负责人的安全生产责任作了专门的规定：建立健全安全生产责任制；组织制定安全生产规章制度和操作规程；保证安全生产投入；督促检查安全生产工作，及时消除生产安全事故隐患；组织制定并实施生产安全事故应急救援预案；及时如实报告生产安全事故。

⑥ 从业人员的权利和义务

《安全生产法》明确了从业人员的权利和义务。其中权利包括如下八种：

A. 知情权，即有权了解其作业场所和工作岗位存在的危险因素、防范措施和事故应急措施；

B. 建议权，即有权对本单位的安全生产工作提出建议；

C. 批评权和检举、控告权，即有权对本单位安全生产管理工作中存在的问题提出批评、检举、控告；

D. 拒绝权，即有权拒绝违章作业指挥和强令冒险作业；

E. 紧急避险权，即发现直接危及人身安全的紧急情况时，有权停止作业或者在采取可能的应急措施后撤离作业场所；

F. 依法向本单位提出要求赔偿的权利；

G. 获得符合国家标准或者行业标准劳动防护用品的权利；

H. 获得安全生产教育和培训的权利。

从业人员的义务为以下三种：

A. 自律遵规的义务，即从业人员在作业过程中，应当遵守本单位的安全生产规章制度和操作规程，服从管理，正确佩戴和使用劳动防护用品；

B. 自觉学习安全生产知识的义务，要求掌握本职工作所需的安全生产知识，提高安全生产技能，增强事故预防和应急处理能力；

C. 危险报告义务，即发现事故隐患或者其他不安全因素时，应当立即向现场安全生产管理人员或者本单位负责人报告。

⑦ 安全生产的四种监督方式

《安全生产法》以法定的方式，明确规定了我国安全生产的四种监督方式：第一是工会民主监督，即工会有权对建设项目的安全设施与主体工程同时设计、同时施工、同时投入生产和使用的情况进行监督，提出意见；第二是社会舆论监督，即新闻、出版、广播、电影、电视等单位有对违反安全生产法律、法规的行为进行舆论监督的权利；第三是公众举报监督，即任何单位或者个人对事故隐患或者安全生产违法行为，均有权向负有安全生产监督管理职责的部门报告或者举报；第四是社区报告监督，即居民委员会、村民委员会发现其所在区域内的生产经营单位存在事故隐患或者安全生产违法行为时，有权向当地人民政府或者有关部门报告。

⑧ 国家安全监督检查人员的职权和义务

国家有关安全生产监管部门的安全监督检查人员具有以下三项职权：第一是现场调查取证权，即安全生产监督检查人员可以进入生产经营单位进行现场调查，单位不得拒绝，有权向被检查单位调阅资料，向有关人员（负责人、管理人员、技术人员）了解情况。第二是现场处理权，即对安全生产违法作业当场纠正权；对现场检查出的隐患，责令限期改正、停产停业或停止使用的职权；责令紧急避险权和依法行政处罚权。第三是查封、扣押行政强制措施权，其对象是安全设施、设备、器材、仪表等；依据是不符合国家或行业安全标准；条件是必须按程序办事、有足够证据、经部门负责人批准、通知被查单位负责人到场、登记记录等，并必须在15日内作出决定。

《安全生产法》除规定了安全监管部门和监督检查人员的权利外，还明确了其要求和应尽的义务：一是审查、验收禁止收取费用；二是禁止要求被审查、验收的单位购买指定产品；三是必须遵循忠于职守、坚持原则、秉公执法的执法原则；四是监督检查时须出示有效的监督执法证件；五是对检查单位的技术秘密、业务秘密尽到保密之义务。

⑨ 安全生产违法责任

《安全生产法》明确了对相应违法行为的处罚方式：对政府监督管理人员有降级、撤职的行政处罚；对政府监督管理部门有责令改正、责令退还违法收取的费用的处罚；对中介机构有罚款、第三方损失连带赔偿、撤销机构资格的处罚；对生产经营单位有责令限期改正、停产停业整顿、经济罚款、责令停止建设、关闭企业、吊销其有关证照、连带赔偿等处罚；对生产经营单位负责人有行政处分、个人经济罚款、限期不得担任生产经营单位的主要负责人、降职、撤职、处15日以下拘留等处罚；对从业人员有批评教育、依照有关规章制度给予处分的处罚。无论任何人，造成严重后果，构成犯罪的，依照刑法有关规定追究刑事责任。

（2）安全生产法规

1）《建设工程安全生产管理条例》（国务院第393号令）

《建设工程安全生产管理条例》（以下简称《条例》）是在《建筑法》、《安全生产法》颁布实施后制定的第一部在建设工程安全生产方面的配套性行政法规，是针对工程建设中存在：建设各方主体安全责任不够明确，建设工程安全生产投入不足，监督管理制度不健全以及安全生产事故应急救援制度不健全而制定的。

① 确立了建设工程安全生产的基本管理制度

《条例》明确了政府部门的安全生产监管制度，包括依法批准开工报告的建设工程和拆除工程备案制度；三类人员考核任职制度；特种作业人员持证上岗制度；施工起重机械使用登记制度；政府安全监督检查制度；危及施工安全的工艺、设备、材料淘汰制度；生产安全事故报告制度。同时，补充和完善了市场准入制度中施工企业资质和施工许可制度，明确规定安全生产条件作为施工企业资质必要条件，把住安全准入关。发放施工许可证时，对建设工程是否有安全施工措施进行审查把关，没有安全施工措施的，不得颁发施工许可证。

《条例》进一步明确了《建筑法》对施工企业的五项安全生产管理制度的规定，即安全生产责任制度、群防群治制度、安全生产教育培训制度、意外伤害保险制度、伤亡事故报告制度。同时，《条例》还增加了专项施工方案专家论证审查制度、施工现场消防安全责任制度、生产安全事故应急救援制度等。

《条例》对建设、勘察、设计、监理等单位也根据其特点规定了相应的安全生产管理制度。

② 规定了建设活动各方主体的安全责任及相应的法律责任

《条例》明确规定了建设活动各方主体应当承担的安全生产责任，即建设单位、施工单位、工程监理单位、勘察设计单位、设备材料供应单位、机械设备租赁单位、起重机械和整体提升脚手架、模板的安装、拆卸单位等其他有关单位在建设活动中应当承担的安全责任，以及在建设活动中的违法行为应当承担的法律责任。

③ 明确了建设工程安全生产监督管理体制

国务院负责安全生产监督管理的部门（国家安全生产监督管理总局）依照《安全生产法》的规定，对全国建设工程安全生产工作实施综合监督管理，对安全生产工作进行指导、协调和监督。国务院建设行政主管部门（建设部）对全国的建设工程安全生产实施监督管理，国务院有关部门按照国务院规定的职责分工，负责有关专业建设工程安全生产的监督管理，其监督管理主要体现在结合行业特点制定相关的规章制度和标准并实施行政监管上。形成统一管理与分级管理、综合管理与专门管理相结合的管理体制，分工负责、各司其职、相互配合，共同做好安全生产监督管理工作。

④ 明确了建立生产安全事故的应急救援预案制度

建设行政主管部门应当根据本级人民政府的要求，制定本行政区域内建设工程特大生产安全事故应急救援预案。

施工单位应当制定本单位生产安全事故应急救援预案，建立应急救援组织或者配备应急救援人员，配备必要的应急救援器材、设备，并定期组织演练。同时，施工单位应当制定施工现场生产安全事故应急救援预案。实行施工总承包的，由总承包单位统一组织编制建设工程生产安全事故应急救援预案，工程总承包单位和分包单位按照应急救援预案，各自建立应急救援组织或者配备应急救援人员，配备救援器材、设备，并定期组织演练。

2）《安全生产许可证条例》（国务院第 397 号令）

2004 年 1 月 13 日发布的《安全生产许可证条例》是针对安全生产高危行业市场准入的一项制度，即国家对矿山企业、建筑施工企业和危险化学品、烟花爆竹、民用爆破器材生产企业实行安全生产许可制度。企业未取得安全生产许可证的，不得从事生产活动。

该条例中明确了企业取得安全生产许可证，应当具备的十三项安全生产条件：

① 建立、健全安全生产责任制，制定完备的安全生产规章制度和操作规程；

② 安全投入符合安全生产要求；

③ 设置安全生产管理机构，配备专职安全生产管理人员；

④ 主要负责人和安全生产管理人员经考核合格；

⑤ 特种作业人员经有关业务主管部门考核合格，取得特种作业操作资格证书；

⑥ 从业人员经安全生产教育和培训合格；

⑦ 依法参加工伤保险，为从业人员缴纳保险费；

⑧ 厂房、作业场所和安全设施、设备、工艺符合有关安全生产法律、法规、标准和规程的要求；

⑨ 有职业危害防治措施，并为从业人员配备符合国家标准或者行业标准的劳动防护用品；

⑩ 依法进行安全评价；

⑪ 有重大危险源检测、评估、监控措施和应急预案；

⑫ 有生产安全事故应急救援预案、应急救援组织或者应急救援人员，配备必要的应

急救援器材、设备；

  ⑬ 法律、法规规定的其他条件。

  3)《建筑安全生产监督管理规定》(建设部第 13 号令)

  该规定指出：建筑安全生产监督管理，应当根据"管生产必须管安全"的原则，贯彻"预防为主"的方针，依靠科学管理和技术进步，推动建筑安全生产工作的开展，控制人身伤亡事故的发生。

  该规定明确了各级建设行政主管部门的安全生产监督管理工作的内容和职责。

  4)《建设工程施工现场管理规定》(建设部第 15 号令)

  该规定指出：建设工程开工实行施工许可证制度；规定了施工现场实行封闭式管理、文明施工；任何单位和个人，要进入施工现场开展工作，必须经主管部门的同意。该规定还对施工现场的环境保护提出了明确的要求。

  5)《建设工程质量管理条例》(国务院第 279 号令)

  为了加强对建设工程质量的管理，保证建设工程质量，保护人民生命和财产安全，2000 年 1 月 30 日国务院发布了《建设工程质量管理条例》。该条例进一步明确了建设工程质量管理的四项基本制度以及其他规定。

  ① 建设工程质量管理的四项基本制度

  A. 工程质量监督管理制度

  建设工程质量必须实行政府监督管理。政府对工程质量的监督管理主要以保证工程使用安全和环境质量为主要目的，以法律、法规和强制性标准为依据，以地基基础、主体结构、环境质量和与此有关的工程建设各方主体的质量行为为主要内容，以施工许可制度和竣工验收备案制度为主要手段。

  B. 工程竣工验收备案制度

  该项制度是加强政府监督管理，防止不合格工程流向社会的一个重要手段。结合《建设工程质量管理条例》和《房屋建筑工程和市政基础设施工程竣工验收备案管理暂行办法》(2000 年 4 月 4 日建设部令第 78 号发布)的有关规定，建设单位应当在工程竣工验收合格后的 15 日内到县级以上人民政府建设行政主管部门或其他有关部门备案。

  建设单位办理工程竣工验收备案应提交：工程竣工验收备案表；工程竣工验收报告；规划、公安消防、环保等部门出具的认可文件或者准许使用文件；施工单位签署的工程质量保修书；法规、规章规定必须提供的其他文件；商品住宅还应当提交《住宅质量保证书》和《住宅使用说明书》。

  C. 工程质量事故报告制度

  建设工程发生质量事故后，有关单位应当在 24 小时内向当地建设行政主管部门和其他有关部门报告。对重大质量事故，事故发生地的建设行政主管部门和其他有关部门应当按照事故类别和等级向当地人民政府和上级建设行政主管部门和其他有关部门报告。

  D. 工程质量检举、控告、投诉制度

  《建筑法》与《建设工程质量管理条例》均明确：任何单位和个人对建设工程的质量事故、质量缺陷都有权检举、控告、投诉。工程质量检举、控告、投诉制度是为了更好地发挥群众监督和社会舆论监督的作用，是保证建设工程质量的一项有效措施。

  ② 施工单位的质量责任和义务

《建设工程质量管理条例》第四章明确了施工单位的质量责任和义务。

A. 施工单位应当依法取得相应资质等级的证书，并在其资质等级许可的范围内承揽工程。

B. 施工单位不得转包或违法分包工程。

C. 总承包单位与分包单位对分包工程的质量承担连带责任。

D. 施工单位必须按照工程设计图纸和施工技术标准施工，不得擅自修改工程设计，不得偷工减料。

E. 施工单位必须按照工程设计要求、施工技术标准和合同约定，对建筑材料、建筑构配件、设备和商品混凝土进行检验，未经检验或检验不合格的，不得使用。

F. 施工人员对涉及结构安全的试块、试件以及有关材料，应在建设单位或工程监理单位监督下现场取样，并送具有相应资质等级的质量检测单位进行检测。

G. 建设工程实行质量保修制度，承包单位应履行保修义务。

③ 建设工程质量保修

建设工程质量保修制度是指建设工程在办理竣工验收手续后，在规定的保修期限内，因勘察、设计、施工、材料等原因造成的质量缺陷，应当由施工承包单位负责维修、返工或更换，由责任单位负责赔偿损失。建设工程实行质量保修制度是落实建设工程质量责任的重要措施。质量保修的规定主要有以下几方面内容。

A. 建设工程承包单位在向建设单位提交竣工验收报告时，应当向建设单位出具质量保修书。质量保修书中应当明确建设工程的保修范围、保修期限和保修责任等。保修范围和正常使用条件下的最低保修期限为：

——基础设施工程、房屋建筑的地基基础工程和主体结构工程，为设计文件规定的该工程的合理使用年限；

——屋面防水工程、有防水要求的卫生间、房间和外墙面的防渗漏，为5年；

——供热与供冷系统，为2个采暖期、供冷期；

——电气管线、给排水管道、设备安装和装修工程，为2年。

其他项目的保修期限由发包方与承包方约定。建设工程的保修期，自竣工验收合格之日起计算。因使用不当或者第三方造成的质量缺陷，以及不可抗力造成的质量缺陷，不属于法律规定的保修范围。

B. 建设工程在保修范围和保修期限内发生质量问题的，施工单位应当履行保修义务，并对造成的损失承担赔偿责任。

（3）建筑施工安全生产技术标准

安全员应当经常关注安全生产技术标准的修订和更新情况，保证使用有效的技术标准指导工作。

1）《建筑施工安全检查标准》（JGJ 59—99）

与《建筑施工安全检查评分标准》（JGJ 59—88）相比，新标准采用安全系统工程原理，结合建筑施工伤亡事故规律，依据国家有关法律法规、标准和规程以及按照《建筑业安全卫生公约》（第167号公约）的要求，增设了文明施工、基坑支护、模板工程、外用电梯和起重吊装五部分检查评分表，使检查评分标准由原来的7大类54项，增加到10大类158项。加强和提高了安全生产和文明施工的管理水平。

2）《施工现场临时用电安全技术规范》（JGJ 46—2005）

该规范明确规定了施工现场临时用电施工组织设计的编制、专业人员、技术档案管理要求；外电线路与电气设备防护、接地与防雷、配电室及自备电源、配电线路、配电箱及开关箱、电动建筑机械及手持电动工具、照明以及实行 TN-S 三相五线制接零保护系统的要求等方面的安全管理及安全技术措施的要求。

3）《建筑施工高处作业安全技术规范》（JGJ 80—91）

该规范对高处作业的安全技术措施及其所需料具；施工前的安全技术教育及交底；人身防护用品的落实；上岗人员的专业培训考试、持证上岗和体格检查；作业环境和气象条件；临边、洞口、攀登、悬空作业、操作平台与交叉作业的安全防护设施的计算、安全防护设施的验收都作出了规定。

4）《龙门架及井架物料提升机安全技术规范》（JGJ 88—92）

该规范规定：安装提升机架体人员，应按高处作业人员的要求，经过培训持证上岗；使用单位应根据提升机的类型制定操作规程，建立管理制度及检修制度；应配备经正式考试合格持有操作证的专职司机；提升机应具有相应的安全防护装置并满足其要求。

5）《建筑施工扣件式钢管脚手架安全技术规范》（JGJ 130—2001【2002 年版】）

该规范对工业与民用建筑施工用落地式（底撑式）单、双排扣件式钢管脚手架的设计与施工，以及水平混凝土结构工程施工中模板支架的设计与施工作了明确规定。

6）《建筑施工门式钢管脚手架安全技术规范》（JGJ 128—2000）

该规范对建筑施工门式脚手架的设计、搭设与拆除、安全管理与维护、模板支撑与满堂脚手架都作了明确的要求。同时，对架体搭设人员的要求，防护用品的落实，都作出了规定。

7）《建筑机械使用安全技术规程》（JGJ 33—2001）

该规程适用于建筑安装、工业生产及维修企业中各种类型建筑机械的使用。主要内容包括总则、一般规定（明确了操作人员的身体条件要求、上岗作业资格、防护用品的配置以及机械使用的一般条件）和 10 大类建筑机械使用所必须遵守的安全技术要求。

8）《施工企业安全生产评价标准》（JGJ/T 77—2003）

该标准适用于施工企业及政府主管部门对企业生产条件、业绩的评价，以及在此基础上对施工企业安全生产能力的综合评价。该标准是为加强施工企业安全生产的监督管理，科学地评价施工企业安全生产条件、安全生产业绩及相应的安全生产能力，实现施工企业安全生产评价工作的规范化和制度化，促进施工企业安全生产管理水平的提高。图 1-1 是该标准评价内容和体系图。

评价通过各安全生产条件单项评分和业绩评分进行，最后综合形成最终的评价结论，评价结论分为合格、基本合格、不合格三种。评价等级划分见表 1-1、表 1-2、表 1-3。

9）《工程建设标准强制性条文》（房屋建筑部分）（2002 版）

《建设工程质量管理条例》多处强调了严格执行工程建设强制性标准，然而，在我国现行的工程建设国家标准和行业标准中，强制性标准有近 2000 本之多。而且在这些标准中除强制性条文外还包含了许多推荐性的条文，为了便于执行强制性标准，《工程建设标准强制性条文》以摘编的方式，将工程建设现行国家和行业标准中涉及人民生命财产安全、人身健康、环境保护和其他公众利益的必须严格执行的强制性规定汇集在一起，是《建设工程质量管理条例》的一个配套文件。

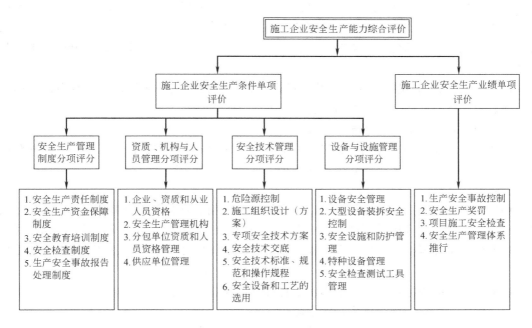

图 1-1 施工企业安全生产能力综合评价内容和体系

施工企业安全生产条件单项评价等级划分　　　　表 1-1

评价等级	评价项		
	分项评分表中的实得分为零的评分项目数(个)	各分项评分实得分	单项评分实得分
合格	0	≥70	≥75
基本合格	0	≥65	≥70
不合格	出现不满足基本合格条件的任意一项时		

施工企业安全生产业绩单项评价等级划分　　　　表 1-2

评价等级	评价项	
	单项评分表中的实得分为零的评分项目数(个)	评分实得分
合格	0	≥75
基本合格	≤1	≥70
不合格	出现不满足基本合格条件的任意一项或安全事故累计死亡人数 3 人及以上或安全事故造成直接经济损失累计 30 万元以上	

施工企业安全生产能力综合评价等级划分　　　　表 1-3

评价等级	评价项	
	施工企业安全生产条件单项评价等级	施工企业安全生产业绩单项评价等级
合格	合格	合格
基本合格	单项评价等级均为基本合格或一个合格、一个基本合格	
不合格	单项评价等级有不合格	

《工程建设标准强制性条文》（房屋建筑部分）（2002版）包括八篇，分别为建筑设计、建筑防火、建筑设备、勘察和地基基础、结构设计、房屋抗震设计、施工质量、施工安全。其中施工安全篇包括：临时用电、高处作业、机械使用、脚手架、提升机、地基基础六个部分。

在2000年以后新批准发布的工程建设标准，凡有强制性条文的，在文本中都以黑体字明确表示。强制性条文必须严格执行。

（4）施工现场环境保护法律与标准

与建筑施工相关的环境保护法律有《中华人民共和国环境保护法》、《中华人民共和国水污染防治法》、《中华人民共和国固体废物污染环境防治法》和《中华人民共和国噪声污染环境防治法》。

环境标准通常指为了防治环境污染、维护生态平衡、保护社会物质财富和人体健康、保障自然资源的合理利用对环境保护中需要统一规定的各项技术规范和技术要求的总称。环境标准分国家环境标准、地方环境标准和国家环境保护总局标准。国家环境保护总局标准又称环保行业标准。

环境标准又分为环境质量标准和污染物排放标准。

1）《中华人民共和国固体废物污染环境防治法》

固体废物，是指在生产、生活和其他活动中产生的丧失原有利用价值或者虽未丧失利用价值但被抛弃或者放弃的固态、半固态和置于容器中的气态的物品、物质以及法律、行政法规规定纳入固体废物管理的物品、物质。固体废物是一个复杂的废物体系。

施工工地常见的固体废物有：①建筑渣土：包括砖瓦、碎石、渣土、混凝土碎块、废钢铁、碎玻璃、废屑、废弃装饰材料等。②废弃的散装建筑材料：包括散装水泥、石灰等。③生活垃圾：包括炊厨废物、丢弃食品、废纸、生活用具、玻璃、陶瓷碎片、废电池、废旧日用品、废塑料制品、煤灰渣、废交通工具。④设备、材料等的废弃包装材料。⑤粪便。

固体废物对环境的危害是全方位的。主要表现在：侵占土地、污染土壤、污染水体、污染大气以及影响环境卫生等几个方面。

固体废物处理的基本思想是采取资源化、减量化和无害化的处理，对固体废物产生的全过程进行控制。

《中华人民共和国固体废物污染环境防治法》第四十六条明确规定：工程施工单位应当及时清运工程施工过程中产生的固体废物，并按照环境卫生行政主管部门的规定进行利用或者处置。

2）《中华人民共和国噪声污染环境防治法》

建筑施工噪声，是指在建筑施工过程中产生的干扰周围生活环境的声音。《噪声污染环境防治法》对建筑施工噪声的污染防治有明确的条文规定：

① 城市市区范围内向周围生活环境排放建筑施工噪声的，应当符合国家规定的建筑施工场界环境噪声排放标准。

② 在城市市区范围内，建筑施工过程中使用机械设备，可能产生环境噪声污染的，施工单位必须在工程开工15日以前向工程所在地县级以上地方人民政府环境保护行政主管部门申报该工程的项目名称、施工场所和期限、可能产生的环境噪声值以及所采取的环

境噪声污染防治措施的情况。

③ 在城市市区噪声敏感建筑物集中区域内，禁止夜间进行产生环境噪声污染的建筑施工作业，抢修、抢险作业和因生产工艺上要求或者特殊需要必须连续作业的，必须有县级以上人民政府或者其有关主管部门的证明，并必须公告附近居民。

3)《建筑施工现场环境与卫生标准》(JGJ 146—2004)

该标准对建筑施工现场的环境保护和环境卫生提出了相关规定，环境保护重点是防大气污染、水土污染和施工噪声污染。

4)《建筑施工场界噪声限值》(GB 12523—90)、《建筑施工场界噪声测量方法》(GB 12524—90)

这两个标准明确规定了城市建筑施工期间，施工场地产生的噪声限值及其具体测量方法。

(5)《建筑业安全卫生公约》(第 167 号公约)

《建筑业安全卫生公约》(第 167 号公约)是国际劳工组织为规范其会员国的建筑安全卫生活动而制定的重要国际劳工条约。我国是国际劳工组织常任理事国，2001 年 10 月 27 日第九届全国人民代表大会常务委员会第二十四次会议决定：批准于 1988 年 6 月 20 日经第 75 届国际劳工大会通过，并于 1991 年 1 月 11 日生效的《建筑业安全卫生公约》在我国实施（暂不适用于特别行政区）。

《公约》就会员国、雇主、独立劳动者在建筑安全和卫生方面承担的义务，同一建筑工地雇主之间的合作关系，以及工人享有的权利、承担的责任和义务等方面作了规定。

《公约》还对涉及建筑安全与卫生的：工作场所安全，脚手架梯子，起重机械和升降附属装置，运输机械、土方和材料搬运设备，固定装置、机械、设备和手用工具，高空包括屋顶作业，挖方工程、竖井、土方工程、地下工程和隧道，潜水箱和沉箱，在压缩空气中工作，构架和模板，水上作业，拆除工程，照明，电，炸药，健康危害，防火，个人防护用具和防护服，急救，福利，信息与培训，事故与疾病的报告等 22 个方面的预防和保护措施规定了一系列详尽的条款。

思 考 题

1. 怎样理解"安全第一、预防为主、综合治理"的安全生产方针？
2. 我国现行主要的安全生产法律、法规、标准有哪些？
3. 我国安全技术主要的国家标准有哪些？
4. 建筑施工安全常见有哪些强制性标准条文？
5. 《建筑法》确立了哪些制度来规范对建筑施工的安全生产管理？
6. 《劳动法》中涉及劳动保护安全生产方面的主要条款有哪些？
7. 《安全生产法》确立了哪几项安全生产的基本制度？

二、建筑业企业安全生产管理

安全生产管理是企业管理的重要组成部分，是为保证施工生产顺利进行，防止伤亡事故和职业病，实现安全生产而采取的各种对策和措施的总称。要实现安全生产，企业必须抓住五个要素：建设安全文化、遵守安全法规、落实安全责任、注重安全科技、保证安全投入。

（一）建筑施工安全生产

1. 建筑施工安全生产的特点及施工现场不安全因素

（1）建筑施工安全生产的特点

1）产品的固定性导致作业空间的局限性

建筑产品建造在固定的位置上，在连续几个月或几年的时间里，需要在有限的场地和空间上集中大量的人力、物资、机具、多个分包单位来进行交叉作业，作业空间的局限性，容易产生物体打击等伤亡事故。

2）露天作业导致作业环境的恶劣性

建筑工程露天作业量约占整个工作量的 70%，高处作业量约占整个工作量的 90%，致使现场易受自然环境因素影响，工作环境相当艰苦恶劣，容易发生高处坠落等伤亡事故。

3）手工操作多、体力消耗大、劳动强度高带来了个体劳动保护的艰巨性

建筑施工作业环境恶劣，施工过程手工操作多，体能耗费大，劳动时间和劳动强度都比其他行业要大，致使作业人员容易疲劳、注意力分散和出现误操作，其职业危害严重，带来了个人劳动保护的艰巨性。

4）大型施工机械和设备使用带来机械伤害的不确定性

现代建筑施工使用大型施工机械和设备较多，容易产生机械伤害。

5）施工流动性带来了安全管理的困难性

建筑施工流动性大，施工现场变化频繁，加之劳务分包队伍的不固定、施工操作人员的素质参差不齐、文化层次较低、安全意识淡薄，容易出现违章作业和冒险蛮干，带来施工安全管理的困难性。这就要求安全管理举措必须及时、到位。

6）产品多样性、施工工艺多变性要求安全技术措施和安全管理具有保证性

建筑工程的多样性，施工生产工艺的复杂多变性，使得施工过程的不安全的因素不尽相同。同时，随着工程建设进度，施工现场的不安全因素和风险也在随时变化，要求施工单位必须针对工程进度和施工现场实际情况不断及时地采取安全技术措施和安全管理措施予以保证。

施工安全生产的上述特点，决定了施工生产的不安全隐患多存在于高处作业、交叉作业、垂直运输、个体劳动保护以及使用电气工具上，伤亡事故也多发生在高处坠落、物体打击、机械伤害、起重伤害、触电、坍塌等方面。同时，超高层、新、奇、个性化的建筑

产品的出现，给建筑施工带来了新的挑战，也给建设工程安全管理和安全防护技术提出了新的要求。

（2）施工现场不安全因素

1）人的不安全因素

人的不安全因素可分为人的不安全因素和人的不安全行为两个大类。

人的不安全因素是指人员的心理、生理、能力中所具有不能适应工作、作业岗位要求的影响安全的因素。个人的不安全因素主要包括：

①心理上的不安全因素，是指人在心理上具有影响安全的性格、气质和情绪，如懒散、粗心等。

②生理上的不安全因素，包括视觉、听觉等感觉器官、体能、年龄、疾病等不适合工作或作业岗位要求的影响因素。

③能力上的不安全因素，包括知识技能、应变能力、资格等不能适应工作和作业岗位要求的影响因素。

人的不安全行为在施工现场的类型，按《企业职工伤亡事故分类标准》（GB 6441—86），可分为13个大类：

①操作失误、忽视安全、忽视警告；

②造成安全装置失效；

③使用不安全设备；

④手代替工具操作；

⑤物体存放不当；

⑥冒险进入危险场所；

⑦攀坐不安全位置；

⑧在起吊物下作业、停留；

⑨在机器运转时进行检查、维修、保养等工作；

⑩有分散注意力行为；

⑪没有正确使用个人防护用品、用具；

⑫不安全装束；

⑬对易燃易爆等危险物品处理错误。

2）物的不安全状态

物的不安全状态是指能导致事故发生的物质条件，包括机械设备等物质或环境所存在的不安全因素。物的不安全状态的类型有：

①防护等装置缺乏或有缺陷；

②设备、设施、工具、附件有缺陷；

③个人防护用品用具缺少或有缺陷；

④施工生产场地环境不良。

3）管理上的不安全因素

也称为管理上的缺陷，也是事故潜在的不安全因素，作为间接的原因共有以下方面：

①技术上的缺陷；

②教育上的缺陷；

③ 生理上的缺陷；

④ 心理上的缺陷；

⑤ 管理工作上的缺陷；

⑥ 教育和社会、历史上的原因造成的缺陷。

（3）建筑施工安全生产的基本思想

人的不安全行为与物的不安全状态在同一时间和空间相遇就会导致事故出现。因此预防事故可采取的方式无非是：

1）约束人的不安全行为

① 建立安全生产责任制度，包括各级、各类人员的安全生产责任及各横向相关部门的安全生产责任。

② 建立安全生产教育制度。

③ 执行特种作业管理制度，包括特种作业人员的分类、培训、考试、取证及复审等。

2）消除物的不安全状态

① 安全防护管理制度，包括土方开挖、基坑支护、脚手架工程、临边洞口作业、高处作业及料具存放等的安全防护要求。

② 机械安全管理制度，包括塔吊及主要施工机械的安全防护技术及管理要求。

③ 临时用电安全管理制度，包括临时用电的安全管理、配电线路、配电箱、各类用电设备和照明的安全技术要求。

3）同时约束人的不安全行为，消除物的不安全状态

通过安全技术管理，包括安全技术措施和施工方案的编制、审核、审批，安全技术交底，各类安全防护用品、施工机械、设施、临时用电工程等的验收等来予以实现。

4）采取隔离防护措施

使人的不安全行为与物的不安全状态不相遇，如各种劳动防护管理制度。

2. 建筑施工现场安全生产基本要求

长期以来，建筑施工现场总结制定了一些行之有效的安全生产基本要求和规定，主要的有：

（1）安全生产六大纪律

1）进入现场必须戴好安全帽，扣好帽带；并正确使用个人劳动防护用品。

2）2m 以上的高处、悬空作业，无安全设施的，必须系好安全带、扣好保险钩。

3）高处作业时，不准往下或向上乱抛材料和工具等物件。

4）各种电动机械设备必须有可靠有效的安全接零（地）和防雷装置，方能开动使用。

5）不懂电气和机械的人员，严禁使用和玩弄机电设备。

6）吊装区域非操作人员严禁入内，吊装机械必须完好，吊臂垂直下方不准站人。

（2）施工现场"十不准"

1）不准从正在起吊、运吊中的物件下通过。

2）不准从高处往下跳或奔跑作业。

3）不准在没有防护的外墙和外壁板等建筑物上行走。

4）不准站在小推车等不稳定的物体上操作。

5）不得攀登起重臂、绳索、脚手架、井字架、龙门架和随同运料的吊盘及吊装物

上下。

6）不准进入挂有"禁止出入"或设有危险警示标志的区域、场所。

7）不准在重要的运输通道或上下行走通道上逗留。

8）未经允许不准私自进入非本单位作业区域或管理区域，尤其是存有易燃易爆物品的场所。

9）严禁在无照明设施、无足够采光条件的区域、场所内行走、逗留。

10）不准无关人员进入施工现场。

（3）安全生产十大禁令

1）严禁穿木屐、拖鞋、高跟鞋及不戴安全帽人员进入施工现场作业。

2）严禁一切人员在提升架、提升机的吊篮下或吊物下作业、站立、行走。

3）严禁非专业人员私自开动任何施工机械及驳接、拆除电线、电器。

4）严禁在操作现场（包括车间、工地）玩耍、吵闹和从高处抛掷材料、工具、砖石、砂浆等一切物件。

5）严禁土方工程的偷岩取土及不按规定放坡或不加支撑的深基坑开挖施工。

6）严禁在不设栏杆或无其他安全措施的高空作业。

7）严禁在未设安全措施的同一部位上同时进行上下交叉作业。

8）严禁带小孩进入施工现场（包括车间、工地）作业。

9）严禁在靠近高压电源的危险区域进行冒险作业及不穿绝缘鞋进行机动水磨石等作业，严禁用手直接提拿灯头。

10）严禁在有危险品、易燃易爆品的场所和木工棚、仓库内吸烟、生火。

（4）十项安全技术措施

1）按规定使用安全"三宝"。

2）机械设备防护装置一定要齐全有效。

3）塔吊等起重设备必须有限位保险装置，不准"带病"运转，不准超负荷作业，不准在运转中维修保养。

4）架设电线线路必须符合当地电业局的规定，电气设备必须全部接零或接地。

5）电动机械和手持电动工具要设置漏电保护装置。

6）脚手架材料及脚手架的搭设必须符合规程要求。

7）各种缆风绳及其设置必须符合规程要求。

8）在建工程楼梯口、电梯口、预留洞口、通道口必须有防护设施。

9）严禁赤脚或穿高跟鞋、拖鞋进入施工现场，高空作业不准穿硬底和带钉易滑的鞋靴。

10）施工现场的悬崖、陡坎等危险地区应设警戒标志，夜间要设红灯示警。

（5）防止违章和事故的十项操作要求规定

1）新工人未经三级安全教育，复工换岗人员未经安全岗位教育，不盲目操作。

2）特殊工种人员、机械操作工未经专门安全培训，无有效安全上岗操作证，不盲目操作。

3）施工环境和作业对象情况不清，施工前无安全措施或作业前安全交底不清，不盲目操作。

4）新技术、新工艺、新设备、新材料、新岗位无安全措施，未进行安全培训教育、交底，不盲目操作。

5）安全帽、安全带等作业所必需的个人防护用品不落实，不盲目操作。

6）脚手架、吊篮、塔吊、井字架、龙门架、外用电梯、起重机械、电焊机、钢筋机械、木工机械、搅拌机、打桩机等设施设备和现浇混凝土模板支撑，搭设安装后，未经验收合格，不盲目操作。

7）作业场所安全防护措施不落实，安全隐患不排除，威胁人身和财产安全时，不盲目操作。

8）凡上级或管理干部违章指挥，有冒险作业情况时，不盲目操作。

9）高处作业、带电作业、禁火区作业、易燃易爆作业、爆破性作业、有中毒或窒息危险的作业和科研实验等其他危险作业的，均应由上级指派，并经安全交底；未经指派批准、未经安全交底和无安全防护措施，不盲目操作。

10）隐患未排除，有伤害自己、伤害他人、被他人伤害的不安全因素存在时，不盲目操作。

（6）防止触电伤害的十项基本安全操作要求

根据安全用电"装得安全、拆得彻底、用得正确、修得及时"的基本要求，为防止触电伤害的操作要求有：

1）非电工严禁私拆乱接电气线路、插头、插座、电气设备、电灯等。

2）使用电气设备前必须检查线路、插头、插座、漏电保护装置是否完好。

3）电气线路或机具发生故障时，应由电工处理，非电工不得自行修理或排除故障。对配电箱、开关箱进行检查、维修时，必须将其前一级相应的电源开关分闸断电，并悬挂停电标志牌，严禁带电作业。

4）使用振捣器等手持电动机械和其他电动机械从事潮湿作业时，要由电工接好电源，安装上漏电保护器，操作者必须穿戴好绝缘鞋、绝缘手套后再进行作业。

5）搬迁或移动电气设备必须先切断电源。

6）搬运钢筋、钢管及其他金属物时，严禁触碰到电线。

7）禁止在电线上挂晒物料。

8）禁止使用照明器烘烤、取暖，禁止擅自使用电炉等大功率电器和其他电加热器。

9）在架空输电线路附近工作时，应停止输电，不能停电时，应有隔离措施，要保持安全距离，防止触碰。

10）电线必须架空，不得在地面、施工楼面随意乱拖，若必须通过地面、楼面时应有过路保护，物料、车、人不准压踏碾磨电线。

（7）起重吊装"十不吊"规定

1）起重臂吊起的重物下面有人停留或行走，不准吊。

2）起重指挥应由技术培训合格的专职人员担任，无指挥或信号不清，不准吊。

3）钢筋、型钢、管材等细长和多根物件必须捆扎牢靠，多点起吊。单头绑扎或捆扎不牢靠，不准吊。

4）多孔板、积灰斗、手推翻斗车不用四点起吊或大模板外挂板不用卸甲不准吊。预制钢筋混凝土楼板不准双拼吊。

5）吊砌块必须使用安全可靠的砌块夹具，吊砖必须使用砖笼，并堆放整齐。木砖、预埋件等零星物件要用盛器堆放稳妥。叠放不齐不准吊。

6）楼板、大梁等吊物上站人不准吊。

7）埋入地面的板桩、井点管等以及粘连、附着的物件不准吊。

8）多机作业，应保证所吊重物距离不小于3m。在同一轨道上多机作业，无安全措施不准吊。

9）六级以上强风区不准吊。

10）斜拉重物或超过机械允许荷载不准吊。

（8）气割、电焊"十不烧"规定

1）焊工必须持证上岗，无金属焊接、切割特种作业操作证的人员，不准进行焊、割作业。

2）凡属一、二、三级动火范围的焊、割，未经办理动火审批手续，不准进行焊、割。

3）焊工不了解焊、割现场周围情况的，不得进行焊、割。

4）焊工不了解焊件内部是否安全时，不得进行焊、割。

5）各种装过可燃气体、易燃液体和有毒物质的容器，未经彻底清洗、排除危险性之前，不准进行焊、割。

6）用可燃材料作保温层、冷却层、隔热设备的部位，或火星能飞溅的地方，在未采取切实可靠的安全措施之前，不准焊、割。

7）有压力或密闭的管道、容器，不准焊、割。

8）焊、割部位附近有易燃易爆物品，在未作清理或未采取有效的安全措施之前，不准焊、割。

9）附近有与明火作业相抵触的工种作业时，不准焊、割。

10）与外单位相连的部位，在没有弄清有无险情，或明知存在危险而未采取有效的措施之前，不准焊、割。

（9）防止机械伤害的"一禁、二必须、三定、四不准"

1）不懂电器和机械的人员严禁使用和摆弄机电设备。

2）机电设备应完好，必须有可靠有效的安全防护装置。

3）机电设备停电、停工休息时必须拉闸关机，开关箱按要求上锁。

4）机电设备应做到定人操作、定人保养、检查。

5）机电设备应做到定机管理、定期保养。

6）机电设备应做到定岗位和岗位职责。

7）机电设备不准带病运转。

8）机电设备不准超负荷运转。

9）机电设备不准在运转时维修保养。

10）机电设备运行时，操作人员严禁将头、手、身伸入运转的机械行程范围内。

（10）防止车辆伤害的十项基本安全操作要求

1）未经劳动、公安等部门培训合格持证人员，不熟悉车辆性能者不得驾驶车辆。

2）应坚持做好例行保养工作，车辆制动器、喇叭、转向系统、灯光等影响安全的部件如作用不良不准出车。

3）严禁翻斗车、自卸车车厢乘人，严禁人货混装，车辆载货应不超载、超高、超宽，捆扎应牢固可靠，应防止车内物体失稳跌落伤人。

4）乘坐车辆应坐在安全处，头、手、身不得露出车厢外，要避免车辆启动、制动时跌倒。

5）车辆进出施工现场，在场内掉头、倒车，在狭窄场地行驶时应有专人指挥。

6）现场行车进场要减速，并做到"四慢"即：道路情况不明要慢，线路不良要慢，起步、会车、停车要慢，在狭路、桥梁、弯路、坡路、叉道、行人拥挤地点及出入大门时要慢。

7）在临近机动车道的作业区和脚手架等设施以及在道路中的路障应加设安全色标、安全标志和防护措施，并要确保夜间有充足的照明。

8）装卸车作业时，若车辆停在坡道上，应在车轮两侧用楔形木块加以固定。

9）人员在场内机动车道应避免右侧行走，并做到不平排结队有碍交通；避让车辆时，禁止避让于两车交会之中，不站于旁有堆物无法退让的死角。

10）机动车辆不得牵引无制动装置的车辆，牵引物体时物体上不得有人，人不得进入正在牵引的物与车之间；坡道上牵引时，车和被牵引物下方不得有人作业和停留。

3. 建筑施工安全管理的基本要求

要实现建筑施工的安全生产，其基本点在于建立健全完善的安全生产管理制度，并加以落实。安全生产管理制度可分为政府部门的监督管理制度和企业的责任制度两个层面。

（1）政府部门监督管理制度

1）安全生产许可证制度

国家对高危险的重点行业实行安全生产许可制度，建立安全生产市场准入机制，《建设工程安全生产管理条例》规定施工单位应当具备安全生产条件，《安全生产许可证条例》进一步明确规定，国家对矿山企业、建筑施工企业和危险化学品、烟花爆竹、民用爆破器材生产企业实行安全生产许可制度，上述企业未取得安全生产许可证的，不得从事生产活动。

2）安全生产费用保障制度

安全生产费用是指企业按照规定标准提取，在成本中列支，专门用于完善和改进企业安全生产条件的资金，按照"企业提取、政府监管、确保需要、规范使用"的原则进行财务管理。

2006年12月8日，财政部、国家安全生产监督管理总局联合发布了《高危行业企业安全生产费用财务管理暂行办法》（财企〔2006〕478号），进一步确立在矿山开采、建筑施工、危险品生产以及道路交通运输行业全面实行安全费用制度。明确指出建筑施工是指土木工程、建筑工程、井巷工程、线路管道和设备安装及装修工程的新建、扩建、改建以及矿山建设。

该暂行办法自2007年1月1日开始实施后，建筑施工企业以建筑安装工程造价为计提依据，提取的安全费用列入工程造价，在竞标时不得删减。各工程类别安全费用提取标准为：房屋建筑工程、矿山工程为2.0%；电力工程、水利水电工程、铁路工程为1.5%；市政公用工程、冶炼工程、机电安装工程、化工石油工程、港口与航道工程、公路工程、通信工程为1.0%。

暂行办法明确安全费用应当按照以下规定范围使用：完善、改造和维护安全防护设备、设施支出；配备必要的应急救援器材、设备和现场作业人员安全防护物品支出；安全生产检查与评价支出；重大危险源、重大事故隐患的评估、整改、监控支出；安全技能培训及进行应急救援演练支出；其他与安全生产直接相关的支出。

为了确保安全费用的正常使用，《暂行办法》要求企业提取安全费用应当专户核算，按规定范围安排使用。建立健全内部安全费用管理制度，明确安全费用使用、管理的程序、职责及权限，接受安全生产监督管理部门和财政部门的监督。集团公司经过履行内部决策程序，可以对所属企业提取的安全费用按照一定比例集中管理，统筹使用。

《暂行办法》还指出，企业应当为从事高危作业人员办理团体人身意外伤害保险或个人意外伤害保险，所需保险费用直接列入成本（费用），不在安全费用中列支。企业为职工提供的职业病防治、工伤保险、医疗保险所需费用，不在安全费用中列支。

3）安全生产管理机构和专职人员制度（施工企业的各级安全管理组织机构及体系的设置）

安全生产管理机构是指施工单位专门负责安全生产管理的内设机构，其人员即为专职人员。管理机构的职责是负责落实国家有关安全生产的法律法规和工程建设强制性标准，监督安全生产措施的落实，组织施工单位进行内部的安全生产检查活动，及时整改各种安全事故隐患以及日常的安全生产检查。

专职安全生产管理人员是指施工单位专门负责安全生产管理的人员，是国家法律、法规、标准在本单位实施的具体执行者，其职责是负责对安全生产进行现场监督检查。发现安全事故隐患，应当及时向项目负责人和安全生产管理机构报告；对于违章指挥、违章操作的，应当立即制止。

《建筑施工企业安全生产管理机构设置及专职安全生产管理人员配备办法》（建质[2004]213号）中作了如下规定：

① 建设工程项目应当成立由项目经理负责的安全生产管理小组，小组成员应包括企业派驻到项目的专职安全生产管理人员，专职安全生产管理人员的配置为：1 万 m^2 及以下的工程至少 1 人；1～5 万 m^2 的工程至少 2 人；5 万 m^2 以上的工程至少 3 人，应当设置安全主管，按土建、机电设备等专业设置专职安全生产管理人员。

② 工程项目采用新技术、新工艺、新材料或致害因素多、施工作业难度大的工程项目，施工现场专职安全生产管理人员的数量应当根据施工实际情况，在上述规定的配置标准上增配。

③ 劳务分包企业建设工程项目施工人员 50 人以下的，应当设置 1 名专职安全生产管理人员；50～200 人的，应设 2 名专职安全生产管理人员；200 人以上的，应根据所承担的分部分项工程施工危险实际情况增配，并不少于企业总人数的 5‰。

④ 施工作业班组应设置兼职安全巡查员，对本班组的作业场所进行安全监督检查。

4）特种作业人员持证上岗制度

《劳动法》第五十五条规定：从事特种作业的劳动者必须经过专门培训并取得特种作业资格。特种作业是指容易发生人员伤亡事故，对操作者本人、他人及周围设施的安全可能造成重大危害的作业。直接从事特种作业的人员称为特种作业人员。

根据国家安全生产监督管理局《关于特种作业人员安全技术培训考核工作的意见》

（安监管人字〔2002〕124号文）规定，涉及建筑施工企业的特种作业人员包括：

① 电工作业。含发电、送电、变电、配电工，电气设备的安装、运行、检修（维修）、试验工。

② 金属焊接、切割作业。含焊接工，切割工。

③ 起重机械（含电梯）作业。含起重机械（含电梯）司机，司索工，信号指挥工，安装与维修工。

④ 企业内机动车辆驾驶。含在企业内及码头、货场等生产作业区域和施工现场行驶的各类机动车辆的驾驶人员。

⑤ 登高架设作业。含2m以上登高架设、拆除、维修工，高层建（构）筑物表面清洗工。

⑥ 锅炉作业（含水质化验）。含承压锅炉的操作工，锅炉水质化验工。

⑦ 压力容器作业。含压力容器灌装工、检验工、运输押运工，大型空气压缩机操作工。

⑧ 制冷作业。含制冷设备安装工、操作工、维修工。

⑨ 爆破作业。含地面工程爆破、井下爆破工。

⑩ 危险物品作业。含危险化学品、民用爆炸品、放射性物品的操作工、运输押运工、储存保管员。

⑪ 经国家安全生产监督管理局批准的其他的作业工。

特种作业人员必须按照国家有关规定，经过专门的安全作业培训，并取得特种作业操作资格证书后，方可上岗作业。

值得注意的是，国家质量监督检验检疫总局70号令《特种设备作业人员监督管理办法》中的"特种设备作业人员"与上述"特种作业人员"所界定的范围和管辖权限虽有所不同，但同样要求必须经培训考核合格，取得《特种设备作业人员证》，方可从事相应的作业或者管理工作。

5）三类人员考核任职制度

《安全生产法》规定：建筑施工单位的主要负责人和安全生产管理人员，应当由有关主管部门对其安全生产知识和管理能力考核合格后方可任职。建设部《建筑施工企业主要负责人、项目负责人、专职安全生产管理人员安全生产考核管理暂行规定》（建质〔2004〕59号）进一步明确，三类人员是指施工单位的主要负责人、项目负责人和安全生产管理人员，必须经建设行政主管部门对其安全知识和管理能力考核合格后方可任职。

6）意外伤害保险制度

《建筑法》规定：建筑施工企业必须为从事危险作业的职工办理意外伤害保险，支付保险费。由施工单位作为投保人与保险公司订立保险合同，支付保险费，以本单位从事危险作业的人员作为被保险人，当被保险人在施工作业发生意外伤害事故时，由保险公司依照合同约定向被保险人或者受益人支付保险金。该项保险是法定的强制性保险，以维护施工现场从事危险作业人员的利益。

建设部《关于加强建筑意外伤害保险工作的指导意见》（建质〔2003〕107号）对建筑意外伤害保险的投保范围、保险期限等作了详细规定，并明确指出：保险费应当列入建筑安装工程费用。保险费由施工企业支付，施工企业不得向职工摊派。

7）安全事故报告制度

安全事故的报告制度，《安全生产法》、《建设工程安全生产管理条例》都有明确要求，具体规定有：《企业职工伤亡事故报告和处理规定》（国务院75号令）、《工程建设重大事故报告和调查程序规定》（建设部3号令）。因此，发生安全事故的施工单位应按规定，及时、如实地向负责安全生产的监督管理部门、建设行政主管部门或者其他有关部门报告；特种设备发生事故的，还应当同时向特种设备安全监督管理部门报告。实行施工总承包的建设工程，由总承包单位负责上报事故。

上述制度同时也是建筑业企业应当积极配合履行的安全制度。

（2）企业的责任制度

根据《建设工程安全生产管理条例》的要求，施工单位应建立的基本安全管理制度有：

1）安全生产责任制度

安全生产责任制度是指企业中针对各级领导、各个部门、各类人员所规定的在他们各自职责范围内对安全生产应负责任的制度。其内容应充分体现责、权、利相统一的原则。建立以安全生产责任制为核心的各项安全管理制度，是保障安全生产的重要手段。

2）安全生产教育培训制度

安全生产教育培训制度是指对从业人员进行安全生产教育和安全生产技能的培训，并将这种教育和培训制度化、规范化，以提高全体人员的安全意识和安全生产的管理水平，减少、防止生产安全事故的发生。

3）安全技术措施制度

安全技术措施是指为防止工伤事故和职业病的危害，从技术上采取的措施，是建设工程项目管理实施规划或施工组织设计的重要组成部分。

安全技术措施包括：防火、防毒、防爆、防洪、防尘、防雷击、防触电、防坍塌、防物体打击、防机械伤害、防溜车、防高空坠落、防交通事故、防寒、防暑、防疫、防环境污染等方面的措施。

4）专项施工方案专家论证审查制度

对于结构复杂、危险性较大、特性较多的特殊工程，如深基坑工程、地下暗挖工程、高大模板工程等，必须编制专项施工方案，并附具安全验算结果，经施工单位技术负责人、总监理工程师签字后，还应当组织专家进行论证审查，经审查同意后，方可施工。

5）安全技术交底制度

又称施工前详细说明制度。指在施工前，施工项目技术负责人将工程概况、作业特点、施工方法、危险点、安全技术措施，以及发生事故后应及时采取的避难和急救措施等情况向作业工长、作业班组、作业人员进行详细的讲解和说明。

6）消防安全责任制度

消防安全责任制度指施工项目确定消防安全责任人，制定用火、用电、使用易燃易爆材料等各项消防安全管理制度和操作规程，施工现场设置消防通道、消防水源，配备消防设施和灭火器材，并在施工现场入口处设置明显标志。

7）防护用品及设备管理制度

防护用品及设备管理制度，是指施工单位采购、租赁的安全防护用具、机械设备、施工机具及配件，应当具有生产（制造）许可证、产品合格证，并在进入现场前进行查验。同时，做好防护用品和设备的维修、保养、报废和资料档案管理。

8）起重机械和设备设施验收登记制度

施工单位在使用施工起重机械和整体提升脚手架、模板等自升式架设设施前，应当组织有关单位进行验收，也可以委托具有相应资质的检验检测机构进行验收；使用租赁的机械设备和施工机具及配件的，由施工总承包单位、分包单位、出租单位和安装单位共同进行验收，验收合格后方可使用。施工单位应自验收合格之日起 30 日之内，还应向建设行政主管部门或者其他有关部门登记。

9）安全事故应急救援制度

施工单位应当制定本单位生产安全事故应急救援预案，建立应急救援组织或者配备应急救援人员，配备必要的应急救援器材、设备，并定期组织演练。

实行施工总承包的，由总承包单位统一组织编制建设工程生产安全事故应急救援预案，工程总承包单位和分包单位按照应急救援预案，各自建立应急救援组织或者配备应急救援人员，配备救援器材、设备，并定期组织演练。

4. 建筑施工安全管理的高层次要求

建筑施工安全管理的高层次要求是建立起科学、规范，并具有持续改进功能的职业健康安全管理体系。传统的提法称"施工现场安全生产保证体系"，上海市建委曾于 1998 年组织编制了 DBJ 08—903—98《施工现场安全生产保证体系》地方标准，2003 年，经修编后批准为上海市建设规范（DGJ 08—903—2003）。这是我国目前以工程项目部为主体面向施工现场的，惟一的施工现场安全生产保证体系地方标准。

职业健康安全管理体系是与质量管理体系、环境管理体系并列的三大管理体系之一，是世界各国目前广泛推行的一种先进的现代安全生产管理方法。它强调通过系统化的预防管理机制，彻底消除各种事故和疾病隐患，以最大限度地减少事故和职业病的发生。

2001 年，国家标准化委员会和国家认证认可委员会联合发布了《职业健康安全管理体系规范》（GB/T 28001—2001）。这个国家标准是在综合国内外职业健康安全管理工作经验的基础上结合中国国情而制定的。其核心思想是：通过建立和保持职业健康安全管理体系，控制和降低职业健康安全风险，从而达到预防和减少事故与职业病的最终目的。

建筑企业建立职业健康安全管理体系工作的相关内容详见本书第六章"现代安全生产管理"中相关内容。

（二）安全生产责任制

安全生产责任制是根据"管生产必须管安全"，"安全生产、人人有责"的原则，明确规定各级领导、各职能部门、岗位、各工种人员在生产活动中应负的安全职责的管理制度。安全生产责任制是各项安全管理制度的核心，是企业岗位责任制的一个重要组成部分，是企业安全管理中最基本的制度，是保障安全生产的重要组织措施。

1. 各级人员安全生产责任制

（1）企业法人代表

企业是安全生产的责任主体，实行法人代表负责制。企业法人代表要严格落实安全生产责任制，使安全生产真正成为企业的一项自觉行动。

1）认真贯彻执行国家、行业和地方有关安全生产的方针政策和法规、规范，掌握本企业安全生产动态，定期研究安全工作，对本企业安全生产负全面领导责任。

2）领导编制和实施本企业中、长期整体规划及年度、特殊时期安全工作实施计划。建立健全和完善本企业的各项安全生产管理制度及奖惩办法。

3）建立健全安全生产的保证体系，保证安全技术措施经费的落实。

4）领导并支持安全管理人员或部门的监督检查工作。

5）在事故调查组的指导下，领导、组织本企业有关部门或人员，做好特大、重大伤亡事故调查处理的具体工作，监督防范措施的制定和落实，预防事故重复发生。

（2）企业主要负责人

企业经理（厂长）和主管生产的副经理（副厂长）对本企业的劳动保护和安全生产负全面领导责任：

1）认真贯彻执行劳动保护和安全生产政策、法令和规章制度。

2）定期分析研究、解决安全生产中的问题，定期向企业职工代表会议报告企业安全生产情况和措施。

3）制定安全生产工作规划和企业的安全责任制等制度，建立健全安全生产保证体系。

4）保证安全生产的投入及有效实施。

5）组织审批安全技术措施计划并贯彻实施。

6）定期组织安全检查和开展安全竞赛等活动，及时消除安全隐患。

7）对职工进行安全和遵章守纪及劳动保护法制教育。

8）督促各级领导干部和各职能单位的职工做好本职范围内的安全工作。

9）总结与推广安全生产先进经验。

10）及时、如实地报告生产安全事故，主持伤亡事故的调查分析，提出处理意见和改进措施，并督促实施。

11）组织制定企业的安全事故救援预案，组织演习及实施。

（3）企业总工程师

1）企业总工程师（技术负责人）对本企业劳动保护和安全生产的技术工作负领导责任。

2）组织编制和审批施工组织设计（施工方案），以及专项安全施工方案（技术措施）。

3）负责提出改善劳动条件的项目和实施措施，并付诸实施。

4）对职工进行安全技术教育。

5）编制审查企业的安全操作技术规程，及时解决施工中的安全技术问题。

6）参加重大伤亡事故的调查分析，提出技术鉴定意见和改进措施。

（4）项目经理

1）项目经理（工地负责人）对承包工程项目的安全生产负全面领导责任。

2）在项目施工生产全过程中，认真贯彻落实安全生产方针、政策、法律法规和各项规章制度。结合项目特点，提出有针对性的安全管理要求，严格履行安全考核指标和安全生产奖惩办法。

3）认真落实施工组织设计中安全技术管理的各项措施，严格执行安全技术措施审批制度、施工项目安全交底制度和设施、设备交接验收使用制度。

4）领导组织安全生产检查，定期研究分析项目施工中存在的不安全生产问题，并及时落实解决。

5）发生事故，及时上报，保护好现场，做好抢救工作，积极配合调查，认真落实纠正和预防措施，并认真吸取教训。

（5）项目技术负责人

1）对本工程项目的劳动保护、安全生产、文明施工技术工作负总的责任。在编制和审核施工组织设计（施工方案）和采用新技术、新工艺、新设备时负责制定相应的安全技术措施。

2）负责提出改善劳动条件的项目和措施，并付诸实施。

3）对职工进行安全技术教育，及时解决安全达标和文明施工中的安全技术问题。

4）参与重大伤亡事故的调查分析，提出整改技术措施。

（6）项目安全员

1）在项目经理领导下，负责施工现场的安全管理工作。

2）做好安全生产的宣传教育工作，组织好安全生产、文明施工达标活动，经常开展安全检查。

3）掌握施工进度及生产情况，研究解决施工中的不安全隐患，并提出改进意见和措施。

4）按照施工组织设计方案中的安全技术措施，督促检查有关人员贯彻执行。

5）协助有关部门做好新工人、特种作业人员、变换工种人员的安全技术、安全法规及安全知识的培训、考核、发证工作。

6）制止违章指挥、违章作业的现象，遇有危及人身安全或财产损失险情时，有权暂停生产，并立即向有关领导报告。

7）组织或参与进入施工现场的劳保用品防护设施、器具、机械设备的检验检测及验收工作。

8）参与本工程发生的伤亡事故的调查、分析、整改方案（或措施）的制定及事故登记和报告工作。

（7）项目施工员

1）认真贯彻上级审批的安全技术措施和施工组织设计，在施工与安全防护发生冲突时，应积极主动地配合，坚持做到先防护、后施工的原则，坚决制止违章、侥幸、冒险的行为。

2）熟练掌握"建筑施工安全检查标准"及有关规定，在分管的分部分项工程，对工人进行安全技术措施交底及教育，并付诸实施。

3）随时制止违章行为，对施工过程中发现的不安全隐患要及时处理并提出合理化建议，对坚持错误的班组和个人有权责令其停工。在发生险情时，要及时上报，并配合有关部门做好善后处理工作。

4）发生施工伤亡事故，要立即上报，保护现场，抢救伤员，协助调查整改工作的进行。

（8）项目质量员

1）贯彻执行有关安全生产法律、法规、规范和标准，正确认识安全与质量的关系。

2）督促班组（人员）遵守安全生产技术措施和有关安全技术操作规程，有责任制止违章指挥、违章作业。

3）发现事故隐患，首先责令班组（人员）进行整改，或者停止作业，并及时汇报给工长和安全员进行处理，并跟踪整改落实情况。

4）发生事故后，要立即上报，并保护现场，参与调查与分析。

（9）项目材料员

1）贯彻执行有关安全生产的法律、法规、规范和标准，树立良好的工作作风，做好本职工作。

2）熟悉建筑施工安全防护用品、设施、器具的有关标准、性能、技术参数、检验检测方法、质量鉴别，不断提高业务水平。

3）对采购的安全防护用品、设施器具和材料、配料及质量负有直接的安全责任。禁止采购影响安全的不合格材料和用品。

4）做好安全防护用品、施工机具等入库的保养、保管、发放、检查工作，对不合格的产品有权拒绝进入施工现场。

5）查验采购产品的生产许可证、质量合格证、安监证。

6）配合安监部门做好安全防护产品的抽检工作，发现质量问题及时向领导反映，确保安全防护产品的安全性、可靠性。

（10）项目预算员

1）熟悉和遵守国家、地方有关部门的安全生产法律、法规、规范、标准。

2）按《建筑施工安全检查标准》（JGJ 59—99）和工程项目实际，编制安全技术措施费，并按计划准确地提供给财务部门。

3）审核材料员所购安全防护产品备料清单是否符合项目实际需要及是否列入计划。

4）根据工伤事故报告，准确地做好安全事故所带来的直接损失、间接损失及整改所需费用的预算。

5）对所购入安全防护产品因质量问题带来的经济损失，应及时向项目经理汇报，并建议追查有关责任人或厂家责任，挽回经济损失。

（11）项目设备员

1）负责宣传贯彻国家、省、市有关安全生产的法律、法规、规范、标准及管理规定，做好机械设备管理、维修、保养工作，确保性能良好、安全装置齐全完好、灵敏可靠。

2）负责编制垂直运输机械设备的装、拆安全施工方案和验收工作，并监督实施。

3）配合有关部门对机操工进行"十字"作业（清洁、紧固、润滑、调整、防腐）、安全技术操作、遵章守纪的教育和培训考核。

4）经常对机械设备进行安全检查，发生隐患及时排除，禁止机械设备带病运转。

5）禁止无有效证件的人员操作机械设备，制止违章作业、违章指挥。参与有关工伤事故的调查、分析，并提出整改措施。

（12）项目劳资员

1）认真执行国家、省、市有关安全生产、教育培训的法律、法规、规范、标准，努力做好对职工安全生产的宣传、教育、培训工作。

2）配合有关部门编制职工安全教育培训计划及协助组织新工人入场三级教育，变换工种、特种作业人员的技能训练培训、考核工作。

3）积极开展预防工伤、职业病的宣传、教育工作，提出改善职工作业环境、实现劳逸结合的合理化建议。

4）组织或参与职工或新工人入场前、变换工种等身体检查。关心因工伤、职业病的职工，并建议安排合适的工作。

5）做好女职工的卫生保健及计划生育工作。

6）及时发放劳保防护用品和费用。

（13）施工工长

1）对所管单位工程或分部工程的安全生产负直接领导责任。

2）向作业班组进行书面的分部分项工程安全技术交底，工长、安全员、班组长在交底书上签字。

3）组织实施安全技术措施。

4）参加所管工程施工现场的脚手架、物料提升机、塔吊、外用电梯、模板支架、临时用电设备线路的检查验收，合格后方准使用。

5）参加每周的安全检查，边查边改。

6）有权拒绝使用无特种作业操作证人员上岗作业。

7）经常组织职工学习安全技术操作规程，随时纠正违章作业和违纪行为。

8）有权拒绝使用伪劣防护用品。

9）发生工伤事故立即组织抢救和向项目经理报告，并保护好现场。

10）负责实施文明施工。

（14）班组长

1）班组长要模范遵守安全生产规章制度，领导本班组安全作业。

2）认真遵守安全操作规程和有关安全生产制度。根据本组人员的技术、体力、思想等情况合理安排工作，认真执行安全技术交底。有权拒绝违章作业。

3）组织搞好安全活动日，开好班前、班后安全会，支持班组安全员的工作，对新调入的工人进行现场第三级安全教育，并在未熟悉工作环境前，指定专人帮助其搞好本身的安全。

4）班前对所使用的机具、设备、防护用具及作业环境进行安全检查，发现问题立即采取改进措施，及时消除事故隐患。对不能解决的问题要采取临时控制措施，并及时上报。

5）组织本组人员学习安全规程和制度，不违章蛮干；不擅自动用机械、电气、脚手架等设备。

6）发生工伤事故立即组织抢救和上报，要保护好伤亡事故的现场，事后要组织全组人员认真分析，提出防范措施。

7）拒绝违章指令。

8）听从专职安全员的指导，接受改进措施，教育全组人员坚守岗位，严格执行安全规程和制度。

9）发动全组人员，提出促进安全生产和改善劳动条件的合理化建议。

（15）操作工人

1) 接受安全教育培训，认真学习和掌握本工种的安全操作规程及有关方面的安全知识，努力提高安全知识和安全技能。

2) 严格执行安全技术操作规程，自觉遵守安全生产规章制度，不违章作业，服从安全人员的指导，做到三不伤害（不伤害自己，不伤害他人，不被他人伤害）。

3) 正确使用防护用品和安全设施、工具，爱护安全标志，不随便开动他人操作的机械、电气设备，不无证进行特种作业。

4) 随时检查工作岗位的环境和使用的工具、材料、电气、机械设备，做好文明施工和各种机具的维护保养工作，发现隐患及时处理或上报。

5) 发生伤亡和未遂事故，要保护现场并立即上报。

6) 有权拒绝违章指令；提出防止事故发生，促进安全作业，改善劳动条件等方面的合理化建议。

7) 发扬团结友爱精神，在安全生产方面做到互相帮助、互相监督。对新工人要积极传授安全生产知识。

2. 职能部门安全生产责任制

（1）生产计划部门

1) 在编制下达生产计划时，要考虑工程特点和季节气候条件，合理安排，并会同有关部门提出相应的安全要求和注意事项。安排月、旬作业计划时，要将支、拆安全网，拆、搭脚手架等列为正式工作，给予时间保证。

2) 在检查月、旬生产计划的同时，要检查安全措施的执行情况。

3) 在排除生产障碍时，要贯彻"安全第一"的思想，同时消除不安全隐患，遇到生产与安全发生矛盾时，生产必须服从安全，不得冒险违章作业。

4) 对改善劳动条件的工程项目必须纳入生产计划，视同生产任务并优先安排，在检查生产计划完成情况时，一并检查。

5) 加强对现场的场容、场貌管理，做到安全生产、文明施工。

（2）技术部门

1) 对施工生产中的有关技术问题负安全责任。

2) 对改善劳动条件、减轻笨重体力劳动、消除噪声、治理尘毒危害等情况，负责制定技术措施。

3) 严格按照国家有关安全技术规程、标准，编制、审批施工组织设计、施工方案、工艺等技术文件，使安全措施贯穿在施工组织设计、施工方案、工艺卡的内容里。负责解决施工中的疑难问题，从技术措施上保证安全生产。

4) 对新工艺、新技术、新设备、新施工方法要制定相应的安全措施和安全操作规程。

5) 会同劳动、教育部门编制安全技术教育计划，对职工进行安全技术教育。

6) 参加安全检查，对查出的隐患因素提出技术改进措施，并检查执行情况。

7) 参加伤亡事故和重大未遂事故的调查，针对事故原因提出技术措施。

（3）机械设备部门

1) 制定安全措施，保证机、电、起重设备、锅炉、压力容器安全运行。对所有现用的安全防护装置及一切附件，经常检查其是否齐全、灵敏、有效，并督促操作人员进行日常维护。

2）对严重危及职工安全的机械设备，应会同技术部门提出技术改进措施，并付诸实施。

3）新购进的机械、锅炉、压力容器等设备的安全防护装置必须齐全、有效。出厂合格证及技术资料必须完整，使用前要制定安全操作规程。

4）负责对机、电、起重设备的操作人员，锅炉、压力容器的运行人员定期培训、考核并签发作业合格证。制止无证上岗。

5）认真贯彻执行机、电、起重设备、锅炉、压力容器的安全规程和安全运行制度。对违章作业人员要严肃处理，发生机、电设备事故应认真调查分析。

（4）材料供应部门

1）供施工生产使用的一切机具和附件等，在购入时必须有出厂合格证明，发放时必须符合安全要求，回收后必须检修。

2）采购的劳动保护用品，必须符合规格标准。

3）负责采购、保管、发放和回收劳动保护用品，并向本单位劳动部门提供使用情况。

4）对批准的安全设施所用材料应纳入计划，及时供应。

5）对所属职工经常进行安全意识和纪律教育。

（5）劳动部门

1）负责对劳动保护用品发放标准的执行情况进行监督检查，并根据上级有关规定，修改和制定劳保用品发放标准实施细则。

2）严格审查和控制上报职工加班、加点和营养补助，以保证职工劳逸结合和身体健康。

3）会同有关部门对新工人做好入场安全教育，对职工进行定期安全教育和培训考核。

4）对违反劳动纪律、影响安全生产者应加强教育，经说服无效或屡教不改的应提出处理意见。

5）参加伤亡事故调查处理，认真执行对责任者的处理决定，并将处理材料归档。

（6）安全管理部门

1）贯彻执行安全生产和劳动保护方针、政策、法规、条例及企业的规章制度。

2）做好安全生产的宣传教育和管理工作，总结交流推广先进经验。

3）经常深入基层，指导下级安全技术人员的工作，掌握安全生产情况，调查研究生产中的不安全问题，提出改进意见和措施。

4）组织安全活动和定期安全检查，及时向上级领导汇报安全情况。

5）参加审查施工组织设计（施工方案）和编制安全技术措施计划，并对贯彻执行情况进行督促检查。

6）与有关部门共同做好新工人、转岗工人、特种作业人员的安全技术训练、考核、发证工作。

7）进行工伤事故统计、分析和报告，参加工伤事故的调查和处理。

8）制止违章指挥和违章作业，遇有严重险情，有权暂停生产，并报告领导处理。

（7）工会

1）向员工宣传国家的安全生产方针、政策、法律、法规、标准以及企业的安全生产规章制度，对员工进行遵章守纪安全意识和安全卫生知识教育。

2）监督检查企业安全生产经费的投入，督促改善安全生产条件项目的落实情况。

3）发现违章指挥，强令工人冒险作业，或发现明显重大事故隐患和职业危害，危及职工生命安全和身体健康时，有权代表职工向企业主要负责人或现场指挥人员提出解决的建议，如无效，应支持和组织职工停止作业，撤离危险现场。

4）把本单位安全生产和职业卫生议题，纳入职工代表大会的重要议程，并作出相应决议。

5）督促和协助企业负责人严格执行国家有关保护女职工的规定，切实做好女职工的"四期"保护工作。

6）组织职工开展安全生产竞赛活动，发动职工为安全生产提供合理化建议和举报事故隐患。评选先进时，严把安全关，凡违章指挥、强令工人冒险作业而造成死亡事故的单位不能评为先进集体，责任者不能评为先进个人。

7）参加职工伤亡事故和职业病的调查工作，协助查清事故原因，总结经验教训，采取防范措施。有权代表职工和家属对事故主要责任者提出控告，追究其行政、法律的责任。

3. 总、分包单位安全生产责任制

（1）总包单位安全生产责任

1）审查分包单位的安全生产保证体系与条件，对不具备安全生产条件的，不得发包工程。

2）对分包的工程，承包合同要明确安全责任。

3）对外包工承担的工程要做详细的安全交底，提出明确的安全要求，并认真监督检查。

4）对违反安全规定冒险蛮干的分包单位，要勒令停工。

5）凡总包单位产值中包括外包工完成的产值的，总包单位要统计上报外包工单位的伤亡事故，并按承包合同的规定，处理外包工单位的伤亡事故。

（2）分包单位安全生产责任

1）分包单位行政领导对本单位的安全生产工作负责，认真履行承包合同规定的安全生产责任。

2）认真贯彻执行国家和当地政府有关安全生产的方针、政策、法规、规定。

3）服从总包单位关于安全生产的指挥，执行总包单位有关安全生产的规章制度。

4）及时向总包单位报告伤亡事故，并按承包合同的规定调查处理伤亡事故。

（三）安 全 教 育

1. 安全教育的分类和时间要求

（1）安全教育的分类

1）安全法制教育

通过对员工进行安全生产、劳动保护方面的法律、法规的宣传教育，使每个人从法制的角度去认识搞好安全生产的重要性，明确遵章守法守纪是每个员工应尽职责，而违章违规的本质也是一种违法行为，轻则会受到批评教育，造成严重后果的，还将受到法律的制裁。

2）安全思想教育

通过对员工进行深入细致的思想工作，提高对安全生产重要性的认识。各级管理人员，特别是领导干部要加强对员工安全思想教育，要从关心人、爱护人、保护人的生命与健康出发，重视安全生产，做到不违章指挥；工人要增强自我保护意识，施工过程中要做到互相关心、互相帮助、互相督促，共同遵守安全生产规章制度，做到不违章操作。

3）安全知识教育

安全知识教育是让员工了解施工生产中的安全注意事项、劳动保护要求，掌握一般安全基础知识，是最基本、最普通和经常性的安全教育。

安全知识教育的主要内容有：本企业生产的基本情况，施工流程及施工方法，施工中的主要危险区域及其安全防护的基本常识，施工设施、设备、机械的有关安全常识，电气设备安全常识，车辆运输安全常识，高处作业安全知识，施工过程中有毒有害物质的辨别及防护知识，防火安全的一般要求及常用消防器材的使用方法，特殊类专业（如桥梁、隧道、深基础、异形建筑等）施工的安全防护知识，工伤事故的简易施救方法和报告程序及保护事故现场等规定，个人劳动防护用品的正确穿戴、使用常识等。

4）安全技能教育

安全技能教育是在安全知识教育基础上，进一步开展的专项安全教育，其侧重点是在安全操作技术方面。是通过结合本工种特点、要求，以培养安全操作能力，而进行的一种专业安全技术教育。主要内容包括安全技术、安全操作规程和劳动卫生规定等。

根据安全技能教育的对象不同，这种教育主要可分为以下两类：

① 对一般工种进行的安全技能教育。即除国家规定的特种作业人员以外的所有工种的教育。

② 对特殊工种作业人员的安全技能教育。根据国家标准（GB 5306—85）《特种作业人员安全技术考核管理规则》的规定，特种作业人员需要由专门机构进行安全技术培训教育，并对受教育者进行考试，合格后方可持证从事该工种的作业。同时，还必须按期进行审证复训。

5）事故案例教育

事故案例教育是通过对一些典型事故进行原因分析、事故教训及预防事故发生所采取的措施，来教育职工引以为戒、不蹈覆辙。是一种运用反面事例，进行正面宣传的独特的安全教育方法。教育中要注意：

① 事故应具有典型性，即施工现场常见的、有代表性的、又具有教育意义的、因违章引起的典型事故，阐明违章作业不出事故是偶然的，出事故是必然的。

② 事故应具有教育性。事故案例应当以教育职工遵章守纪为主要目的，不应过分渲染事故的恐怖性、不可避免性，减少事故的负面影响。

以上安全教育的内容往往不是单独进行的，而是根据对象、要求、时间等不同情况，有机地结合开展的。

（2）安全教育与培训的时间要求

根据建设部《建筑企业职工安全培训教育暂行规定》（建教［1997］83 号）的要求：

1）企业法人代表、项目经理每年不少于 30 学时；

2）专职管理和技术人员每年不少于 40 学时；

3）其他管理和技术人员每年不少于 20 学时；

4）特殊工种每年不少于 20 学时；

5）其他职工每年不少于 15 学时；

6）待、转、换岗重新上岗前，接受一次不少于 20 学时的培训；

7）新工人的公司、项目、班组三级培训教育时间分别不少于 15 学时、15 学时、20 学时。

2．安全教育的对象

（1）三类人员（建筑施工企业的主要负责人、项目负责人、专职安全生产管理人员）

依据建设部《建筑施工企业主要负责人、项目负责人、专职安全生产管理人员安全生产考核管理暂行规定》（建质〔2004〕59 号）的规定，为贯彻落实《安全生产法》、《建设工程安全生产管理条例》和《安全生产许可证条例》，提高建筑施工企业主要负责人、项目负责人、专职安全生产管理人员安全生产知识水平和管理能力，保证建筑施工安全生产，对建筑施工企业三类人员进行考核认定。三类人员应当经建设行政主管部门或者其他有关部门考核合格后方可任职，考核内容主要是安全生产知识和安全管理能力。

1）建筑施工企业主要负责人

指对本企业日常生产经营活动和对安全生产全面负责、有生产经营决策权的人员，包括企业法定代表人、经理、企业分管安全生产工作的副经理等。其安全教育的重点是：

① 国家有关安全生产的方针政策、法律法规、部门规章、标准及有关规范性文件，本地区有关安全生产的法规、规章、标准及规范性文件；

② 建筑施工企业安全生产管理的基本知识和相关专业知识；

③ 重、特大事故防范、应急救援措施，报告制度及调查处理方法；

④ 企业安全生产责任制和安全生产规章制度的内容、制定方法；

⑤ 国内外安全生产管理经验。

2）建筑施工企业项目负责人

指由企业法定代表人授权，负责建设工程项目管理的项目经理或负责人等。其安全教育的重点是：

① 国家有关安全生产的方针政策、法律法规、部门规章、标准及有关规范性文件，本地区有关安全生产的法规、规章、标准及规范性文件；

② 工程项目安全生产管理的基本知识和相关专业知识；

③ 重大事故防范、应急救援措施，报告制度及调查处理方法；

④ 企业和项目安全生产责任制和安全生产规章制度内容、制定方法；

⑤ 施工现场安全生产监督检查的内容和方法；

⑥ 国内外安全生产管理经验；

⑦ 典型事故案例分析。

3）建筑施工企业专职安全生产管理人员

指在企业专职从事安全生产管理工作的人员，包括企业安全生产管理机构的负责人及其工作人员和施工现场专职安全生产管理人员。其安全教育的重点是：

① 国家有关安全生产的方针政策、法律法规、部门规章、标准及有关规范性文件，本地区有关安全生产的法规、规章、标准及规范性文件；

② 重大事故防范、应急救援措施，报告制度，调查处理方法以及防护、救护方法；

③ 企业和项目安全生产责任制和安全生产规章制度；

④ 施工现场安全监督检查的内容和方法；

⑤ 典型事故案例分析。

（2）特种作业人员

特种作业是指容易发生人员伤亡事故，对操作者本人、他人及周围设施的安全有重大危害的作业。包括：电工作业，金属焊接切割作业，起重机械（含电梯）作业，企业内机动车辆驾驶，登高架设作业，锅炉作业（含水质化验），压力容器操作，制冷作业，爆破作业，矿山通风作业（含瓦斯检验），矿山排水作业（含尾矿坝作业）；以及由省、自治区、直辖市安全生产综合管理部门或国务院行业主管部门提出，并经前国家经济贸易委员会批准的其他作业。如垂直运输机械作业人员、安装拆卸工、起重信号工等，都应当列为特种作业人员。

特种作业人员必须按照国家有关规定，经过专门的安全作业培训，并取得特种作业操作资格证书后，方可上岗作业。专门的安全作业培训，是指由有关主管部门组织的专门针对特种作业人员的培训，也就是特种作业人员在独立上岗作业前，必须进行与本工种相适应的、专门的安全技术理论学习和实际操作训练。经培训考核合格，取得特种作业操作资格证书后，才能上岗作业。特种作业操作资格证书在全国范围内有效，离开特种作业岗位一定时间后，应当按照规定重新进行实际操作考核，经确认合格后方可上岗作业。对于未经培训考核，即从事特种作业的，《建设工程安全生产管理条例》第六十二条规定了行政处罚；造成重大安全事故，构成犯罪的，对直接责任人员，依照刑法的有关规定追究刑事责任。

（3）入场新工人

每个刚进企业的新工人必须接受首次安全生产方面的基本教育，即三级安全教育。三级一般是指公司（即企业）、项目（或工程处、施工队、工区）、班组这三级。

三级安全教育一般是由企业的安全、教育、劳动、技术等部门配合进行的。受教育者必须经过考试，合格后才准予进入生产岗位；考试不合格者不得上岗工作，必须重新补课并进行补考，合格后方可工作。

为加深新工人对三级安全教育的感性认识和理性认识。一般规定，在新工人上岗工作六个月后，还要进行安全知识复训，即安全再教育。复训内容可以从原先的三级安全教育的内容中有重点地选择，复训后再进行考核。考核成绩要登记到本人劳动保护教育卡上，不合格者不得上岗工作。

施工企业必须给每一名职工建立职工劳动保护（安全）教育卡，教育卡应记录包括三级安全教育、变换工种安全教育等的教育及考核情况，并由教育者与受教育者双方签字后入册，作为企业及施工现场安全管理资料备查。

1）公司安全教育

公司级的安全培训教育时间不得少于15学时。主要内容是：

① 国家和地方有关安全生产、劳动保护的方针、政策、法律、法规、规范、标准及规章；

② 企业及其上级部门（主管局、集团、总公司、办事处等）印发的安全管理规章

制度；

③ 安全生产与劳动保护工作的目的、意义等。

2）项目（施工现场）安全教育

按规定，项目安全培训教育时间不得少于 15 学时。主要内容是：

① 建设工程施工生产的特点，施工现场的一般安全管理规定、要求；

② 施工现场主要事故类别，常见多发性事故的特点、规律及预防措施，事故教训等；

③ 本工程项目施工的基本情况（工程类型、施工阶段、作业特点等），施工中应当注意的安全事项。

3）班组教育

按规定，班组安全培训教育时间不得少于 20 学时，班组教育又称岗位教育。主要内容是：

① 本工种作业的安全技术操作要求；

② 本班组施工生产概况，包括工作性质、职责、范围等；

③ 本人及本班组在施工过程中，所使用、所遇到的各种生产设备、设施、电气设备、机械、工具的性能、作用、操作要求、安全防护要求；

④ 个人使用和保管的各类劳动防护用品的正确穿戴、使用方法及劳防用品的基本原理与主要功能；

⑤ 发生伤亡事故或其他事故，如火灾、爆炸、设备及管理事故等，应采取的措施（救助抢险、保护现场、报告事故等）要求。

（4）变换工种的工人

施工现场变化大，动态管理要求高，随着工程进度的进展，部分工人的工作岗位会发生变化，转岗现象较普遍。这种工种之间的互相转换，有利于施工生产的需要。但是，如果安全管理工作没有跟上，安全教育不到位，就可能给转岗工人带来伤害事故。因此，必须对他们进行转岗安全教育。根据建设部的规定，企业待岗、转岗、换岗的职工，在重新上岗前，必须接受一次安全培训，时间不得少于 20 学时，其安全教育的主要内容是：

1）本工种作业的安全技术操作规程。

2）本班组施工生产的概况介绍。

3）施工区域内各种生产设施、设备、工具的性能、作用、安全防护要求等。

3. 安全教育的类别与形式

（1）经常性教育

经常性的安全教育是施工现场开展安全教育的主要形式，目的是提醒、告诫职工遵章守纪，加强责任心，消除麻痹思想。

经常性安全教育的形式多样，可以利用班前会进行教育，也可以采取大小会议进行教育，还可以用其他形式，如安全知识竞赛、演讲、展览、黑板报、广播、播放录像等进行。总之，要做到因地制宜、因材施教、不摆花架子、不搞形式主义、注重实效，才能使教育收到效果。

经常性教育的主要内容是：

1）安全生产法规、规范、标准、规定。

2）企业及上级部门的安全管理新规定。

3）各级安全生产责任制及管理制度。

4）安全生产先进经验介绍，最近的典型事故教训。

5）施工新技术、新工艺、新设备、新材料的使用及有关安全技术方面的要求。

6）最近安全生产方面的动态情况，如新的法律、法规、标准、规章的出台，安全生产通报、文件、批示等。

7）本单位近期安全工作回顾、讲评等。

（2）季节性教育

季节性施工主要是指夏季与冬期施工。

1）夏季施工安全教育

夏季高温、炎热、多雷雨，是触电、雷击、坍塌等事故的高发期。闷热的气候容易造成中暑，高温使得职工夜间休息不好，打乱了人体的"生物钟"，往往容易使人乏力、走神、瞌睡，较易引起伤害事故。因此，夏季施工安全教育的重点是：

① 用电安全教育，侧重于防触电事故教育；

② 预防雷击安全教育；

③ 大型施工机械、设施常见事故案例教育；

④ 基础施工阶段的安全防护教育，特别是基坑开挖的安全和支护安全；

⑤ 劳动保护的宣传教育。合理安排好作息时间，注意劳逸结合，白天上班避开中午高温时间，"做两头、歇中间"，保证职工有充沛的精力。

2）冬期施工安全教育

冬季气候干燥、寒冷，为了施工需要和取暖，使用明火、接触易燃易爆物品的机会增多，容易发生火灾、爆炸和中毒事故；寒冷使人们衣着笨重、反应迟钝、动作不灵敏，也容易发生事故。因此，冬期施工安全教育应从以下几方面进行：

① 针对冬期施工特点，注重防滑、防坠安全意识教育。

② 防火安全宣传。

③ 安全用电教育，侧重于防电气火灾教育。

④ 冬期施工，人们习惯于关闭门窗、封闭施工区域，在深基坑、地下管道、沉井、涵洞及地下室内作业时，应加强对作业人员的防中毒自我保护意识教育。教育职工识别一般中毒症状，学会解救中毒人员的安全基本常识。

（3）节假日加班教育

节假日期间，加班职工容易思想不集中，注意力分散，这给安全生产带来不利因素。

1）重点做好安全思想教育，稳定职工工作情绪，集中精力做好本职工作。

2）班组长做好班前安全教育，强调互相督促、互相提醒，共同注意安全。

3）对较易发生事故的薄弱环节，应进行专门的安全教育。

（4）安全教育的形式

开展安全教育应当结合建筑施工生产特点，采取多种形式，有针对性地进行，要考虑到安全教育的对象大部分是文化水平不高的工人，因此，教育的形式应当浅显、通俗、易懂。

1）会议形式。如安全知识讲座、座谈会、报告会、先进经验交流会、事故教训现场会、展览会、知识竞赛。

2）报刊形式。订阅安全生产方面的书报杂志，企业自编自印的安全刊物及安全宣传小册子。

3）张挂形式。如安全宣传横幅、标语、标志、图片、黑板报等。

4）音像制品。如电视录像片、VCD片、录音磁带等。

5）固定场所展示形式。如劳动保护教育室、安全生产展览室等。

6）文艺演出形式。

7）现场观摩演示形式。如安全操作方法、消防演习、触电急救方法演示等。

思 考 题

1. 我国当前的安全生产管理体制是什么？

2. 建筑施工安全管理的基本要求是什么？

3. 什么是安全生产责任制？

4. 怎样贯彻安全生产责任制？

5. 建设部发出的《建筑业企业职工安全培训教育暂行规定》的主要内容有哪些？

6. 前国家经贸委发布的《特种作业人员安全技术培训考核管理办法》主要内容有哪些？

7. 安全教育的对象有哪些人？

8. 简述安全教育的内容。

9. 简述安全教育的形式。

三、施工现场管理与文明施工

施工现场的管理与文明施工是安全生产的重要组成部分。文明施工是现代化施工的一个重要标志,是施工企业的一项基础性管理工作。修改后颁布的《建筑施工安全检查标准》(JGJ 59—99)增加了文明施工检查评分的内容,把文明施工作为考核安全目标的重要内容之一。《建筑施工现场环境与卫生标准》(JGJ 146—2004)也有明确规定。

(一)文明施工管理内容

1. 文明施工规定

(1)现场围挡

1)施工现场必须采用封闭围挡,高度不得小于1.8m。建造多层、高层建筑的,还应设置安全防护设施。在市区主要路段和市容景观道路及机场、码头、车站广场设置的围栏其高度不得低于2.5m,在其他路段设置的围栏,其高度不得低于1.8m。

2)围挡使用的材料应保证围栏稳固、整洁、美观。市政工程项目工地,可按工程进度分段设置围栏,或按规定使用统一的连续性护栏设施。施工单位不得在工地围栏外堆放建筑材料、垃圾和工程渣土。在经批准临时占用的区域,应严格按批准的占地范围和使用性质存放、堆卸建筑材料或机具设备,临时区域四周应设置高于1m的围栏。

3)在有条件的工地,四周围墙、宿舍外墙等地方,必须张挂、书写反映企业精神、时代风貌的醒目宣传标语。

(2)封闭管理

1)施工现场进出口应设置大门,门头按规定设置企业标志(施工现场工地的门头、大门,各企业须统一标准,施工企业可根据各自的特色,标明集团、企业的规范简称)。

2)门口要有门卫并制定门卫制度。来访人员应进行登记,禁止外来人员随意出入;进出料要有收发手续。

3)进入施工现场的工作人员按规定佩戴工作标识卡。

(3)施工场地

1)施工现场的主要道路必须进行硬化处理,土方应集中堆放。裸露的场地和集中堆放的土方应采取覆盖、固化或绿化等措施。

2)道路应保持畅通。

3)建筑工地应设置排水沟或下水道,排水应保持通畅。

4)制定防止泥浆、污水、废水外流以及堵塞下水道和排水河道的措施。实行二级沉淀、三级排放。

5)工地地面应平整,不得有积水。

6)工地应按要求设置吸烟处,有烟缸或水盆,禁止流动吸烟。

7)工地内长期裸露的土质区域,南方地区四季要有绿化布置,北方地区温暖季节要有绿化布置,绿化实行地栽。

（4）材料堆放

1）建筑材料、构件、料具应按总平面布局堆放。

2）料堆要堆放整齐并按规定挂置名称、品种、规格、数量、进货日期等标牌以及状态标识：①已检合格；②待检；③不合格。

3）工作面每日应做到工完料尽场地清。

4）建筑垃圾应在指定场所堆放整齐并标出名称、品种，做到及时清运。

5）易燃易爆物品应设置危险品仓库，并做到分类存放。

（5）现场住宿

1）工地宿舍要符合文明施工的要求，在建建筑物内不得兼作宿舍。

2）施工作业区域必须有醒目的警示标志且与非施工区域（生活、办公区域）严格分隔。生活区应保持整齐、整洁、有序、文明，并符合安全消防、防台（风）防汛、卫生防疫、环境保护等方面的规定。

3）宿舍内应保证有必要的生活空间，室内净高不得小于2.4m，通道宽度不得小于0.9m，每间宿舍居住人员不得超过16人。

4）施工现场宿舍必须设置可开启式窗户，宿舍内的床铺不得超过2层，严禁使用通铺。

5）宿舍内应设置生活用品专柜，有条件的宿舍宜设置生活用品储藏室。

6）宿舍内应设置垃圾桶，宿舍外宜设置鞋柜或鞋架，生活区内应提供为作业人员晾晒衣物的场地。

7）冬季，北方严寒地区的宿舍应有保暖和防止煤气中毒措施；夏季，宿舍应有消暑和防蚊虫叮咬措施。

8）宿舍不得留宿外来人员，特殊情况必须经有关领导及行政主管部门批准方可留宿，并报保卫人员备查。

（6）现场防火

1）制定防火安全措施及管理制度，施工区域和生活、办公区域应配备足够数量的灭火器材。

2）根据消防要求，在不同场所合理配置种类合适的灭火器材。严格管理易燃、易爆物品，设置专门仓库存放。

3）高层建筑应按规定设置消防水源并能满足消防要求，即：高度24m以上的工程须有水泵、水管与工程总体相适应，有专人管理，落实防火制度和措施。

4）施工现场需动用明火作业的，如：电焊、气焊、气割、熬炼沥青等，必须严格执行三级动火审批手续并落实动火监护和防火措施。按施工区域、层次划分动火级别，动火必须具有"二证一器一监护"，即：焊工证、动火证、灭火器、监护人。

5）在防火安全工作中，要建立防火安全组织、义务消防队和防火档案，明确项目负责人、管理人员及各操作岗位的防火安全职责。

（7）治安综合治理

1）生活区应按精神文明建设的要求设置学习和娱乐场所，配备电视机、报刊杂志和文体活动用品。

2）建立健全治安保卫制度，责任分解到人。

3）落实治安防范措施，杜绝失窃偷盗、斗殴赌博等违法乱纪事件。

4）要加强治安综合治理，做到目标管理、制度落实、责任到人。施工现场治安防范措施有力、重点要害部位防范设施到位。与施工现场的外包队伍须签订治安综合治理协议书，加强法制教育。

（8）施工现场标牌

1）施工现场入口处的醒目位置，应当公示"五牌一图"（工程概况牌、管理人员名单及监督电话牌、消防保卫牌、安全生产牌、文明施工牌、施工现场总平面图）。标牌书写字迹要工整规范，内容要简明实用。标志牌规格：宽1.2m、高0.9m，标牌底边距地高为1.2m。

2）《建筑施工安全检查标准》对"五牌"的具体内容未作具体规定，各结合本地区、本企业、本工程的特点进行设置。如有的地区又增加了卫生须知牌、卫生包干图、夜间施工的安民告示牌等。

3）在施工现场的明显处，应有必要的安全内容标语。

4）施工现场应设置"两栏一报"，即宣传栏、读报栏和黑板报，及时反映工地内外各类动态。按文明施工的要求，宣传教育用字须规范，不使用繁体字和不规范的词句。

（9）生活设施

1）卫生设施

① 施工现场应设置水冲式或移动式厕所，厕所地面应硬化，门窗应齐全。蹲位之间宜设置隔板，隔板高度不宜低于0.9m。

② 厕所大小应根据作业人员的数量设置。高层建筑施工超过8层以后，每隔4层宜设置临时厕所。厕所应设专人负责清扫、消毒，化粪池应及时清掏。

③ 淋浴间内应设置满足需要的淋浴喷头，可设置储衣柜或挂衣架。

④ 盥洗设施应设置满足作业人员使用的盥洗池，并应使用节水龙头。

2）食堂

① 食堂必须有卫生许可证，炊事人员必须持身体健康证上岗。

② 食堂应设置在远离厕所、垃圾站、有毒有害场所等污染源的地方。

③ 食堂应设置独立的制作间、储藏间，门扇下方应设不低于0.2m的防鼠挡板。

④ 制作间灶台及其周边应贴瓷砖，所贴瓷砖高度不宜小于1.5m，地面应做硬化和防滑处理。

⑤ 粮食存放台距墙和地面应大于0.2m。

⑥ 食堂应配备必要的排风设施和冷藏设施。

⑦ 食堂的燃气罐应单独设置存放间，存放间应通风良好并严禁存放其他物品。

⑧ 食堂制作间的炊具宜存放在封闭的橱柜内，刀、盆、案板等炊具应生熟分开。食品应有遮盖，遮盖物品应有正反面标识。各种佐料和副食应存放在密闭器皿内，并应有标识。

⑨ 食堂外应设置密闭式泔水桶，并应及时清运。

3）其他

① 落实卫生责任制及各项卫生管理制度。

② 生活区应设置开水炉、电热水器或饮用水保温桶；施工区应配备流动保温水桶。

③ 生活垃圾应有专人管理，及时清理、清运；应分类盛放在有盖的容器内，严禁与建筑垃圾混放。

④ 文体活动室应配备电视机、书报、杂志等文体活动设施、用品。

（10）保健急救

1）工地应按规定设置医务室或配备符合要求的急救箱。医务人员对生活卫生要起到监督作用，定期检查食堂饮食等卫生情况。

2）落实急救措施和急救器材（如担架、绷带、止血带、夹板等）。

3）培训急救人员，掌握急救知识，进行现场急救演练。

4）适时开展卫生防病宣传教育，保障施工人员健康。

（11）社区服务

1）制定防止粉尘飞扬和降低噪声的方案或措施。

2）夜间施工除张挂安民告示牌外，还应按当地有关部门的规定，执行许可证制度。

3）现场严禁焚烧有毒、有害物质。

4）切实落实各类施工不扰民措施，消除泥浆、噪声、粉尘等影响周边环境的因素。

2. 建筑工程安全防护、文明施工费用管理规定

2005 年 9 月 1 日开始施行的《建筑工程安全防护、文明施工措施费用及使用管理规定》（建办 [2005] 89 号）要求：

（1）费用管理

1）费用构成及用途

① 安全防护、文明施工措施费用，是指按照国家现行的建筑施工安全、施工现场环境与卫生标准和有关规定，购置和更新施工安全防护用具及设施、改善安全生产条件和作业环境所需要的费用。建设单位对建筑工程安全防护、文明施工措施有其他要求的，所发生费用一并计入安全防护、文明施工措施费。

② 安全防护、文明施工措施费用是由《建筑安装工程费用项目组成》（建标 [2003] 206 号）中措施费所含的文明施工费、环境保护费、临时设施费、安全施工费组成。

③ 其中安全施工费由临边、洞口、交叉、高处作业安全防护费，危险性较大工程安全措施费及其他费用组成。

2）费用计取

① 建设单位、设计单位在编制工程概（预）算时，应当合理确定工程安全防护、文明施工措施费。

② 招标文件单独列出安全防护、文明施工措施项目清单。

③ 投标方应当对工程安全防护、文明施工措施项目单独报价，其报价不得低于依据工程所在地工程造价管理机构测定费率计算所需费用总额的 90%。

④ 建设单位与施工单位应当在施工合同中明确安全防护、文明施工措施项目总费用，以及费用预付、支付计划、使用要求、调整方式等条款。

（2）使用管理

1）施工单位应当确保安全防护、文明施工措施费专款专用，在财务管理中单独列出安全防护、文明施工措施项目费用清单备查。施工单位安全生产管理机构和专职安全生产管理人员负责对建筑工程安全防护、文明施工措施的组织实施进行现场监督检查，并有权向建设主管部门反映情况。

2）总承包单位与分包单位应当在分包合同中明确安全防护、文明施工措施费用由总承包单位统一管理。安全防护、文明施工措施由分包单位实施的，由分包单位提出专项安全防护措施及施工方案，经总承包单位批准后及时支付所需费用。总承包单位不按本规定和合同约定支付费用，造成分包单位不能及时落实安全防护措施导致发生事故的，由总承包单位负主要责任。

（3）监督管理

1）建设单位申请领取建筑工程施工许可证时，应当将施工合同中约定的安全防护、文明施工措施费用支付计划作为保证工程安全的具体措施提交建设行政主管部门，未提交的，建设行政主管部门不予核发施工许可证。

2）工程监理单位应当对施工单位落实安全防护、文明施工措施情况进行现场监理。发现施工单位未落实施工组织设计及专项施工方案中安全防护和文明施工措施的，有权责令其立即整改；对拒不整改或未按期限要求完成整改的，应当及时向建设单位和建设行政主管部门报告，必要时责令其暂停施工。

3）建设行政主管部门应当按照现行标准规范对施工现场安全防护、文明施工措施落实情况进行监督检查，并对建设单位支付及施工单位使用安全防护、文明施工措施费用情况进行监督。

（4）安全防护、文明施工措施项目（表3-1）

（二）环 境 保 护

1991年12月5日建设部令第15号发布实施的《建设工程施工现场管理规定》第三十一条明确规定：施工单位应当遵守国家有关环境保护的法律规定，采取措施控制施工现场的各种粉尘、废气、废水、固体废弃物以及噪声、振动对环境的污染和危害。

1. 防治大气污染

（1）产生大气污染的施工环节

1）扬尘污染，应当重点控制的施工环节有：

① 搅拌桩、灌注桩施工的水泥扬尘；

② 土方施工过程及土方堆放的扬尘；

③ 建筑材料（砂、石、黏土砖、塑料泡沫、膨胀珍珠岩粉等）堆放的扬尘；

④ 脚手架清理、拆除过程的扬尘；

⑤ 混凝土、砂浆拌制过程的水泥扬尘；

⑥ 木工机械作业的木屑扬尘；

⑦ 道路清扫扬尘；

⑧ 运输车辆扬尘；

⑨ 砖槽、石切割加工作业扬尘；

⑩ 建筑垃圾清扫扬尘；

⑪ 生活垃圾清扫扬尘。

2）空气污染。主要发生在：

① 某些防水涂料施工过程；

类别	项目名称		具 体 要 求
文明施工与环境保护	安全警示标志牌		在易发伤亡事故(或危险)处设置明显的、符合国家标准要求的安全警示标志牌
	现场围挡		(1)现场采用封闭围挡,高度不小于 1.8 m; (2)围挡材料可采用彩色定型钢板、砖、混凝土砌块等墙体
	五板一图		在进门处悬挂工程概况、管理人员名单及监督电话、安全生产、文明施工、消防保卫五板;施工现场总平面图
	企业标志		现场出入的大门应设有本企业标识
	场容场貌		(1)道路畅通; (2)排水沟、排水设施通畅; (3)工地地面硬化处理; (4)绿化
	材料堆放		(1)材料、构件、料具等堆放时,悬挂有名称、品种、规格等的标牌。 (2)水泥和其他易飞扬细颗粒建筑材料应密闭存放或采取覆盖等措施。 (3)易燃、易爆和有毒、有害物品分类存放
	现场防火		消防器材配置合理,符合消防要求
	垃圾清运		施工现场应设置密闭式垃圾站,施工垃圾、生活垃圾应分类存放。施工垃圾必须采用相应容器或管道运输
临时设施	现场办公、生活设施		(1)施工现场办公、生活区与作业区分开设置,保持安全距离。 (2)工地办公室、现场宿舍、食堂、厕所、饮水、休息场所符合卫生和安全要求
	施工现场临时用电	配电线路	(1)按照 TN-S 系统要求配备五芯电缆、四芯电缆和三芯电缆。 (2)按要求架设临时用电线路的电杆、横担、瓷夹、瓷瓶等,或电缆埋地的地沟。 (3)对靠近施工现场的外电线路,设置木质、塑料等绝缘体的防护设施
		配电箱、开关箱	(1)按三级配电要求,配备总配电箱、分配电箱、开关箱三类标准电箱。开关箱应符合一机、一箱、一闸、一漏。三类电箱中的各类电器应是合格品。 (2)按两级保护的要求,选取符合容量要求和质量合格的总配电箱和开关箱中的漏电保护器
		接地保护装置	施工现场保护零线的重复接地应不少于三处
安全施工	临边、洞口、交叉、高处作业防护	楼板、屋面、阳台等临边防护	用密目式安全立网全封闭,作业层另加两边防护栏杆和18cm高的踢脚板
		通道口防护	设防护棚,防护棚应为不小于 5cm 厚的木板或两道相距 50cm 的竹笆。两侧应沿栏杆架用密目式安全网封闭
		预留洞口防护	用木板全封闭;短边超过 1.5m 长的洞口,除封闭外四周还应设有防护栏杆
		电梯井口防护	设置定型化、工具化、标准化的防护门;在电梯井内每隔两层(不大于 10m)设置一道安全平网
		楼梯边防护	设 1.2m 高的定型化、工具化、标准化的防护栏杆,18cm 高的踢脚板
		垂直方向交叉作业防护	设置防护隔离棚或其他设施
		高空作业防护	有悬挂安全带的悬索或其他设施;有操作平台;有上下的梯子或其他形式的通道
其他			由各地自定

② 化学加固施工过程;

③ 油漆涂料施工过程;

④ 施工现场的机械设备、车辆的尾气排放;

⑤ 工地擅自焚烧对空气有污染的废弃物。

(2) 防止大气污染的主要措施

1) 施工现场的主要道路必须进行硬化处理,土方应集中堆放。裸露的场地和集中堆放的土方应采取覆盖、固化或绿化等措施。

2）使用密目式安全网对在建建筑物、构筑物进行封闭，防止施工过程扬尘；拆除旧有建筑物时，应采用隔离、洒水等措施防止扬尘，并应在规定期限内将废弃物清理完毕。

3）从事土方、渣土和施工垃圾运输应采用密闭式运输车辆或采取覆盖措施；施工现场出入口处应采取保证车辆清洁的措施。

4）施工现场应根据风力和大气湿度的具体情况，进行土方回填、转运作业。

5）水泥和其他易飞扬的细颗粒建筑材料应密闭存放，砂石等散料应采取覆盖措施。

6）施工现场混凝土搅拌场所应采取封闭、降尘措施。

7）建筑物内施工垃圾的清运，必须采用相应容器或管道运输，严禁凌空抛掷。

8）施工现场应设置密闭式垃圾站，施工垃圾、生活垃圾应分类存放，并及时清运出场。

9）城区、旅游景点、疗养区、重点文物保护地及人口密集区的施工现场应使用清洁能源。

10）施工现场的机械设备、车辆的尾气排放应符合国家环保排放标准要求。

11）施工现场严禁焚烧各类废弃物。

2. 防治水污染

（1）产生水污染的施工环节

1）桩基施工、基坑护壁施工过程的泥浆；

2）混凝土（砂浆）搅拌机械、模板、工具的清洗产生的水泥浆污水；

3）现浇水磨石施工的水泥浆；

4）油料、化学溶剂泄漏；

5）生活污水。

（2）水污染的防治

1）施工现场应设置排水沟及沉淀池，现场废水不得直接排入市政污水管网和河流；

2）现场存放的油料、化学溶剂等应设有专门的库房，地面应进行防渗漏处理；

3）食堂应设置隔油池，并应及时清理；

4）厕所的化粪池应进行抗渗处理；

5）食堂、盥洗室、淋浴间的下水管线应设置隔离网，并应与市政污水管线连接，保证排水通畅。

3. 防治施工噪声污染

施工现场应按照现行国家标准《建筑施工场界噪声限值》（GB 12523）及《建筑施工场界噪声测量方法》（GB 12524）制定降噪措施，并应对施工现场的噪声值进行监测和记录。

施工现场的强噪声设备宜设置在远离居民区的一侧。

对因生产工艺要求或其他特殊需要，确需在 22 时至次日 6 时期间进行强噪声工作的，施工前建设单位和施工单位应到有关部门提出申请，经批准后方可进行夜间施工，并公告附近居民。

夜间运输材料的车辆进入施工现场，严禁鸣笛，装卸材料应做到轻拿轻放；对产生噪声和振动的施工机械、机具的使用，应当采取消声、吸声、隔声等有效措施控制和降低噪声。

4. 防治施工照明污染

夜间施工严格按照建设行政主管部门和有关部门的规定执行，对施工照明器具的种类、灯光亮度加以严格控制，特别是在城市市区居民居住区内，减少施工照明对城市居民的危害。

5. 防治施工固体废弃物污染

施工车辆运输砂石、土方、渣土和建筑垃圾，采取密封、覆盖措施，避免泄露、遗撒，并按指定地点倾卸，防止固体废物污染环境。

（三）文明工地的创建

1. 确定文明工地管理目标

工程建设项目部创建文明工地，管理目标一般应包括：

（1）安全管理目标

1）负伤事故频率、死亡事故控制指标；

2）火灾、设备、管线以及传染病传播、食物中毒等重大事故控制指标；

3）标准化管理达标情况。

（2）环境管理目标

1）文明工地达标情况；

2）重大环境污染事件控制指标；

3）扬尘污染物控制指标；

4）废水排放控制指标；

5）噪声控制指标；

6）固体废弃物处置情况；

7）社会相关方投诉的处理情况。

（3）制定文明工地管理目标时，应综合考虑的因素

1）项目自身的危险源与不利环境因素识别、评价和结果；

2）适用法律法规、标准规范和其他要求识别结果；

3）可供选择的技术方案；

4）经营和管理上的要求；

5）社会相关方（社区、居民、毗邻单位等）的要求和意见。

2. 建立创建文明工地的组织机构

工程项目经理部要建立以项目经理为第一责任人的创建文明工地责任体系，健全文明工地管理组织机构。

（1）工程项目部文明工地领导小组，由项目经理、副经理、工程师以及安全、技术、施工等主要部门（岗位）负责人组成。

（2）文明工地工作小组，主要有：

1）综合管理工作小组；

2）安全管理工作小组；

3）质量管理工作小组；

4）环境保护工作小组；

5）卫生防疫工作小组；

6）防台（风）防汛工作小组等。各地可以根据当地气候、环境等因素建立相关工作小组。

3. 制定创建文明工地的规划措施及实施要求

（1）规划措施

文明施工规划措施应与施工组织设计同时按规定进行审批。主要规划措施包括：

1）施工现场平面布置与划分；

2）环境保护方案；

3）交通组织方案；

4）卫生防疫措施；

5）现场防火措施；

6）综合管理；

7）社区服务；

8）应急预案。

（2）实施要求

工程项目部在开工后，应严格按照文明施工方案（措施）进行施工，并对施工现场管理实施控制。

工程项目部应将有关文明施工的承诺张榜公示，向社会作出遵守文明施工规定的承诺，公布并告知开、竣工日期，投诉和监督电话，自觉接受社会各界的监督。

工程项目部要强化民工教育，提高民工安全生产和文明施工的素质。利用横幅、标语、黑板报等形式，加强有关文明施工的法律、法规、规程、标准的宣传工作，使得文明施工深入人心。

工程项目部在对施工人员进行安全技术交底时，必须将文明施工的有关要求同时进行交底，并在施工作业时督促其遵守相关规定，高标准、严要求地做好文明工地创建工作。

4. 加强创建过程的控制与检查

对创建文明工地的规划措施的执行情况，项目部要严格执行日常巡查和定期检查制度，检查工作要从工程开工做起，直到竣工交验为止。

工程项目部每月检查应不少于四次。检查按照国家、行业《建筑施工安全检查标准》（JGJ 59—99）、地方和企业有关规定，对施工现场的安全防护措施、环境保护措施、文明施工责任制以及各项管理制度、现场防火措施等落实情况进行重点检查。

在检查中发现的一般安全隐患和违反文明施工的现象，要按"三定"（定人，定期限，定措施）原则予以整改；对各类重大安全隐患和严重违反文明施工的问题，项目部必须认真地进行原因分析，制订纠正和预防措施，并对实施情况进行跟踪验证。

5. 文明工地的评选

施工企业内部的文明工地评选，应参照有关文明工地检查评分标准以及本企业有关文明工地评选规定进行。

参加省、市级文明工地的评选，应按照建设行政主管部门的有关规定，实行预申报与推荐相结合、定期评查与不定期抽查相结合的方式进行评选。

申报文明工地的工程，其书面推荐资料应包括：

（1）工程中标通知书。

（2）施工现场安全生产保证体系审核认证通过证书。

（3）安全标准化管理工地结构阶段复验合格审批单。

（4）文明工地推荐表。

参加文明工地评选的工地，不得在工作时间内停工待检，不得违反有关廉洁自律规定。

思 考 题

1. 现场文明施工管理包括哪些内容？

2. 施工现场环境保护的主要内容有哪些？

3. 文明工地的创建应注意哪些方面的工作？

四、建筑职业病预防

我国的职业病危害已经成为突出问题，据有关部门统计，全国现有约 1600 万家企业存在着有毒有害作业场所，受不同程度职业病危害的职工总数约 2 亿人。建筑与装饰装修等行业，已成为职业病危害的重点行业。加强劳动保护，预防职业病，是安全生产管理的重要内容。

（一）劳动保护与职业卫生

1. 劳动保护与职业卫生的法律法规

（1）劳动保护概念

劳动保护，是在生产过程中为保护劳动者的安全与健康，改善劳动条件，预防工伤事故和职业危害，实现劳逸结合，加强女工保护等所进行的一系列技术措施和组织管理措施。概括地说，劳动保护就是对劳动者在生产过程中的安全与健康所执行的保护。

劳动保护在国际劳工组织和某些国家也称为"职业安全卫生"。但是，准确地说，职业卫生不能等同于劳动保护，它仅仅是劳动保护的重要内容之一。

"劳动保护"和"安全生产"两概念在一般情况下可以通用，严格讲是有区别的。"劳动保护"不仅包括人身安全的内容，同时还包括劳动卫生等方面的内容。"安全生产"不仅指劳动者的人身安全，同时还包含有设备、财产的安全等方面的内容。

劳动保护是安全技术、劳动卫生、个人保护工作的总称。

（2）劳动保护与职业卫生法律法规

建国以来，党和政府一贯重视安全生产工作，颁布了一系列有关安全生产和劳动保护的法律、法规和规章。把关心和保护劳动者的安全和健康定为我国的一项基本政策。国务院在 1956 年 5 月制定并发布了"三大规程"——《工厂安全卫生规程》、《建筑安装工程安全技术规程》和《工人职员伤亡事故报告规程》。1963 年 3 月，国务院又发布了《关于加强企业生产中安全工作的几项规定》，明确了：安全生产责任制；编制劳动保护措施计划；安全生产教育；安全生产定期检查；伤亡事故的调查和处理的相关规定，即所谓"五项规定"。

1）法律规定

《中华人民共和国宪法》第四十二条规定："国家通过各种途径，创造劳动就业条件，加强劳动保护，改善劳动条件。"

《中华人民共和国职业病防治法》规定："劳动者依法享有职业卫生保护的权利；用人单位应当为劳动者创造符合国家职业卫生标准和卫生要求的工作环境和条件，并采取措施保障劳动者获得职业卫生保护；用人单位应当建立、健全职业病防治责任制，加强对职业病防治的管理，提高职业病防治水平，对本单位产生的职业病危害承担责任；用人单位必须依法参加工伤社会保险。"

《中华人民共和国妇女权益保障法》规定："任何单位均应根据妇女的特点，依法保护妇女在工作和劳动时的安全和健康，不得安排不适合妇女从事的工作和劳动。妇女在经期、孕期、产期、哺乳期受特殊保护。"

《中华人民共和国全民所有制工业企业法》第四十一条指出："企业必须贯彻安全生产制度，改善劳动条件，做好劳动保护和环境保护工作，做到安全生产和文明生产。"第四十九条规定："职工有依法享受劳动保护、劳动保险、休息、休假的权利……女职工有依照国家规定享受特殊劳动保护和劳动保险的权利。"

《中华人民共和国私营企业暂行条例》有关条文规定："私营企业必须执行国家有关劳动保护的规定，建立必要的规章制度，提供劳动安全、卫生设施，保障职工安全和健康；私营企业对从事关系到人身健康、生命安全的行业或者工种的职工，必须按国家规定向保险公司投保；私营企业实行八小时工作制。"

2002 年 6 月《中华人民共和国安全生产法》中第六条、三十六条、三十七条、三十九条、四十四条、四十五条、四十六条、四十七条、四十八条、四十九条等有关条文再一次重申了保障从业人员劳动安全、防止职业危害的各项要求。

2）法规

1963 年，国务院《关于加强企业生产中安全工作的几项规定》（国经薄字 244 号）中指出：企业劳动保护工作机构或专职人员职责之一就是："组织有关部门研究执行防止职业中毒和职业病的措施；督促有关部门做好劳逸结合和女工保护工作。"

卫生部、劳动部、中华全国总工会 1960 年 7 月联合发布《防暑降温措施暂行办法》对防暑降温工作基本原则、技术措施、保健措施、组织措施等都作了明确规定。

1987 年 11 月，卫生部、劳动人事部、财政部、中华全国总工会联合发布了关于修订颁发《职业病范围和职业病患者处理办法的规定》的通知。文中规定了职业病的范围；职业病的诊断方法；职业病患者的待遇及企业对职业病患者的管理办法等。

劳动部《女职工禁忌劳动范围的规定》（劳安字 ［1990］ 2 号）1990 年 1 月 18 日颁布执行。文中对女职工禁忌从事的劳动范围、女职工在月经期间禁忌从事的劳动范围、已婚待孕女职工禁忌从事的劳动范围、怀孕女职工禁忌从事的劳动范围以及乳母禁忌从事的劳动范围都作了详细的规定。

3）部门规章

2005 年 9 月 1 日起施行的《劳动防护用品监督管理规定》（国家安全生产监督管理总局 1 号令）明确规定：

① 劳动防护用品，是指由生产经营单位为从业人员配备的，使其在劳动过程中免遭或者减轻事故伤害及职业危害的个人防护装备。

② 劳动防护用品分为特种劳动防护用品和一般劳动防护用品。特种劳动防护用品目录由国家安全生产监督管理总局确定并公布；未列入目录的劳动防护用品为一般劳动防护用品。

③ 生产经营单位应当按照《劳动防护用品选用规则》（GB 11651）和国家颁发的劳动防护用品配备标准以及有关规定，为从业人员配备劳动防护用品。为从业人员提供的劳动防护用品，必须符合国家标准或者行业标准，不得超过使用期限。

④ 生产经营单位应当安排用于配备劳动防护用品的专项经费。不得以货币或者其他物品替代应当按规定配备的劳动防护用品。

⑤ 生产经营单位应当督促、教育从业人员正确佩戴和使用劳动防护用品。从业人员在作业过程中，必须按照安全生产规章制度和劳动防护用品使用规则，正确佩戴和使用劳动防护用品；未按规定佩戴和使用劳动防护用品的，不得上岗作业。

2. 职业危害因素与职业病

（1）职业危害因素

职业危害因素是指与生产有关的劳动条件，包括生产过程、劳动过程和生产环境中，对劳动者健康和劳动能力产生有害作用的职业因素。职业危害因素按其性质可分为以下几种：

1）物理性有害因素

① 异常气候条件包括高温、高湿、低温、高气压、低气压等；

② 电磁辐射，如红外线、紫外线、激光、微波、高频电磁场等；

③ 电离辐射，如 X 射线、γ 射线；

④ 噪声和振动。

2）化学性有害因素

① 毒物，如铅、汞、苯、一氧化碳等；

② 生产性粉尘，如矽尘、石棉尘、煤尘等。

3）生物性有害因素

如皮毛上的碳疽杆菌及森林脑炎病毒、布氏杆菌等。

4）其他有害因素

① 劳动组织和制度不合理；

② 劳动强度过大或生产定额不当；

③ 个体个别器官或系统过度紧张；

④ 生产场所建筑设施不符合设计卫生标准要求；

⑤ 缺乏适当的机械通风、人工照明等安全技术措施；

⑥ 缺乏防尘、防毒、防暑降温、防寒保暖等设施，或设施不完善；

⑦ 安全防护或防护器具有缺陷。

（2）职业病的范围

职业病通常是指由国家规定的在劳动过程中接触职业危害因素而引起的疾病。职业病与生活中的常见病不同，一般认为应具备下列三个条件：

1）致病的职业性，疾病与其工作场所的生产性有害因素密切相关；

2）致病的程度性，接触有害因素的剂量，已足以导致疾病的发生；

3）发病的普遍性，在受同样生产性有害因素作用的人群中有一定的发病率，一般不会只出现个别病人。

职业病具有一定的范围，即国家规定的法定职业病。病人在治疗和休息期间，均应按劳动保险条例有关规定给予劳保待遇。

应当注意，职业性多发病（又称与工作有关的疾病）与职业病是有区别的。职业性多发病系指职业因素影响了健康，从而促使潜在的常见疾病暴露和加重，而职业危害因素仅是该病发生或发展的原因之一，但不是惟一的直接原因。例如在潮湿的地下和坑道施工，工人易患消化性溃疡和风湿疾病，建筑工人易患肌肉骨骼疾病（如腰酸背疼）等，这些都属于职业性多发病。

1987 年 11 月 5 日卫生部、劳动人事部、财政部和中华全国总工会联合发出（87）卫防字第 60 号文通知，对 1957 年 2 月 28 日卫生部颁发的《职业病范围和职业病患者处理办法》进行了修订，并于 1988 年 1 月 1 日实行。其职业病规定为：

1) 职业中毒。如锰及其化合物中毒。

2) 尘肺。如矽肺、水泥尘肺、电焊工尘肺等。

3) 物理因素职业病。如中暑、局部振动病、放射性疾病等。

4) 职业性传染病。如炭疽、森林脑炎等。

5) 职业性皮肤病。如接触性皮炎、电光性皮炎等。

6) 职业性眼病。如化学性眼部烧伤、电光性眼炎等。

7) 职业性耳鼻喉病。如噪声聋。

8) 职业性肿瘤。如石棉所致肺癌、间皮瘤等。

9) 其他职业病。如化学灼伤、职业性哮喘等。

（二）建筑业职业病及其防治

1. 建筑职业病

建筑职业病的种类及其主要危害工种如表 4-1 所示。

2. 建筑职业病的防治

（1）尘肺及其防治

尘肺是因为作业人员在劳动生产过程中，长期吸入较高浓度的某些生产性粉尘引起的以肺组织纤维化为主的全身疾病。尘肺是生产性粉尘危害人体健康的最重要的病变。目前，医学界对尘肺尚无特别有效的治疗手段。因此，防护工作极为重要。

1) 建筑业尘肺分类

① 矽肺　吸入含有游离二氧化硅（原称"矽"）粉尘而引起的尘肺称为矽肺。建筑业接触矽尘的作业如隧道施工、凿岩、放炮、出渣、水泥制品厂的碎石、施工现场的砂石、石料加工、玻璃打磨等。矽肺发病比较缓慢，大多在接触矽尘 5～10 年后，有的要长达 15～20 年。矽肺患者在脱离矽尘作业后还可继续发展，有的甚至在离开矽尘作业后才发病。

② 硅酸盐肺　吸入含有硅酸盐粉尘而引起的尘肺称为硅酸盐肺。建筑行业发病较多的是水泥尘肺和石棉尘肺。水泥尘肺的发病的工龄较长，一般在 10～20 年，临床表现为胸痛、气急、咳嗽、咳痰，无特殊体征。

③ 混合性尘肺　吸收含有游离二氧化硅粉尘和其他粉尘而引起的尘肺，称为混合性尘肺。

④ 焊工尘肺　焊工尘肺是电焊工人长期吸入焊尘所致。焊工尘肺发病缓慢，一般在 5～20 年不等，发病时间长短与接触焊尘的浓度有关，在通风不良的场所电焊时，发病工龄显著缩短，而在露天敞开场所焊接，则大大延长发病工龄，一般在 40 年以上。焊工尘肺临床症状多数轻微，表现为鼻干、咽干、轻度咳嗽、头晕、乏力胸闷、气短。

⑤ 其他尘肺　吸入其他粉尘而引起的尘肺称为其他尘肺。如：金属尘肺、木屑尘肺等。

有害因素分类	主要危害	次要危害	危害的主要工种或工作
粉尘	矽尘	岩石尘、黄泥沙尘、噪声、振动、三硝基甲苯	石工、碎石机工、碎砖工、掘进工、风钻工、炮工、出渣工
		高温	筑炉工
		高温、锰、磷、铅、三氧化硫等	型砂工、喷砂工、清砂工、浇铸工、玻璃打磨工等
	水泥尘	振动、噪声、苯、甲苯、二甲苯环氧树脂	混凝土搅拌司机、砂浆搅拌司机、水泥上料工、搬运工、料库工、建材(建筑)科研所试验工、各公司材料试验工
	石棉尘	矿渣棉、玻纤尘	安装保温工、石棉瓦拆除工
	金属尘	噪声、金刚砂尘	砂轮磨锯工、金属打磨工、钢窗校直工、金属除锈工、钢模板校平工
	木屑尘	噪声及其他粉尘	制材工、平刨机工、压刨机工、平光机工、开榫机工、凿眼机工
	其他粉尘	噪声	生石灰过筛工、河砂运料、上料工
铅	铅尘、铅烟、铅蒸气	硫酸、环氧树脂、乙二胺甲苯	充电工、铅焊工、熔铅、制铝板、除铝锈、锅炉管端退火工、白铁工、通风工、电缆头制作工、印刷工、铸字工、管道灌铅工、油漆工、喷漆工
四乙铅	四乙铅	汽油	驾驶员、汽车修理工、油库工
苯、甲苯、二甲苯		环氧树脂、乙二胺、铅	油漆工、喷漆工、环氧树脂涂刷工、油库工、冷沥青涂刷工、浸漆工、烤漆工、塑料件制作和焊接工
高分子化合物	聚氯乙烯	铅及化合物、环氧树脂、乙二胺	粘结、塑料、制管、焊接、玻璃瓦、热补胎
锰	锰尘、锰烟	红外线、紫外线	电焊工、点焊工、对焊工、气焊工、自动保护焊、惰性气体保护焊、冶炼
铅氧化合物	六阶铬、锌、酸、碱、铅	六阶铬、锌、酸、碱、铅	电镀工、镀锌工
氨			制冷安装、冷冻法施工、晒图
汞	汞及其化合物		仪表安装工、仪表监测工
氮氧化合物	二氧化碳	硝酸	密闭管道、球罐、气柜内电焊烟雾、放炮、硝酸试验工
二氧化硫			硫酸酸洗工、电镀工、充电工、钢筋等除锈工、冶炼工
一氧化碳	CO	CO_2	煤气管道修理工、冬季施工暖棚、冶炼、铸造
辐射	非电离辐射	紫外线、红外线、可见光、激光、射频辐射	电焊工、气焊工、不锈钢焊接工、电焊配合工、木材烘干工、医院同位素工作人员
	电离辐射	X射线、γ射线、α射线、超声波	金属和非金属探伤试验工、氩弧焊工、放射科工作人员
噪声		振动、粉尘	离心制管机、混凝土振动棒、混凝土平板振动机、电锤、汽锤、铆枪、打桩机、打夯机、风钻、发电机、空压机、碎石机、砂轮机、推土机、剪板机、带锯、圆锯、平刨、压刨、模板校平工、钢窗校平工
振动	全身振动	噪声	电、气锻工、桩工、打桩机(推土机、汽车、小翻斗车、吊车、打夯机、挖掘机、铲运机)司机、离心制管工
	局部振动	噪声	风钻工、风铲工、电钻工、混凝土振动棒、混凝土平板振动机、手提式砂轮机、钢模板校平工、钢窗校平工、铆枪

2）建筑业尘肺防治

① 综合防尘　改革和革新生产工艺、生产设备，尽量做到机械化、密闭化、自动化、遥控化，用无矽物质替代石英，尽可能采用湿式作业等。如对水泥、木屑、金属粉尘场所采取除尘措施。

② 建立经常监测生产环境空气中粉尘浓度的制度。

③ 对职工进行就业前的体格检查。定期对从事粉尘作业的职工进行职业性健康检查，发现有不宜从事粉尘作业的疾患者，应及时调离。

④ 对已确诊为尘肺的病人，应立即调离原作业岗位，给予合理的休养、营养、治疗，并对病人的劳动能力进行鉴定和处理。

（2）职业中毒及其防护

1）职业中毒的类型

职业中毒按其发病过程，可分为急性、慢性和亚急性中毒三个类型。

① 急性中毒，是因为短时间内（如几秒乃至几小时内），有大量毒物侵入人体后，突然发生的病变，这种病变具有发病急、变化快和病情重的特点，多数是由于未采取预防措施，或工人违反安全操作规程所致。

② 慢性中毒，长期接触低浓度的毒物，逐渐引起的病变，称为慢性中毒。绝大部分是由于蓄积性毒物引起的，如铅、汞、锰等。

③ 亚急性中毒，介于急性与慢性中毒之间，病情较急性长，发病症状较急性缓和，如二硫化碳、汞中毒等。

2）建筑业职业中毒及其防护

① 铅及四乙铅中毒　建筑业可能产生铅中毒的主要是油漆和铅管作业。防止铅中毒的具体措施有：

A. 消除或减少铅毒的发生源，如油漆中的颜料可以用锌钡白代替铅白，以铁红代替铅丹做防锈漆，用塑料管代替铅管等。

B. 改进工艺，使生产过程机械化、密闭化，减少对铅尘或铅烟的接触机会；采取密闭抽风装置，抽出的烟尘采取沉淀净化处理，防止污染大气。

C. 控制熔铅炉的温度，以减少铅蒸气的大量产生，采取湿式法作业，坚持湿式清扫，防止铅尘飞扬。

D. 加强个人防护和个人卫生，接触铅作业工人应戴过滤式防铅尘、铅烟口罩，并定期更换和经常清洗滤料，一般八层纱布口罩只能用于分散度较低的粉状或雾状毒物。

② 锰中毒　在建筑施工中，锰中毒主要危及各类焊工及其辅助工。主要是发生在高锰焊条和高锰钢焊接中，预防锰中毒主要应采取以下防护措施：

A. 加强机械通风或安装锰烟抽风装置，以降低现场锰烟浓度。

B. 尽量采用低尘、低毒的焊条或无锰焊条；用自动焊代替手工焊等。

C. 工作时戴手套、口罩；饭前洗手漱口；下班后全身淋浴；不在工作场所吸烟、喝水、进食；在密闭的狭窄环境下，电焊工人应戴送风式头盔或利用移动式抽风机抽出密闭场所的烟尘；流动电焊作业应在通风良好的场所，选择上风方向进行操作。

③ 苯中毒　在建筑工地上接触苯的工种很多，如油漆、喷漆、粘结、塑料以及机电的浸洗等。预防苯中毒应采取下列主要措施：

A. 喷漆可采用密闭喷漆间，个人在车间外操纵微机控制，用机械手自动作业。

B. 通风不良的车间、地下室、防水池内或容器内等场所涂刷各种防水涂料或环氧树脂玻璃钢等作业，必须根据场地大小，采取机械通风、送氧及抽风措施，不断稀释空气中的毒物浓度。如果只送风不抽风，就会形成毒气"满溢"而无法排出，造成中毒。

C. 施工现场的油漆配料房，应改善自然通风条件，减少连续配制时间，防止苯中毒和铅中毒。

D. 在较小的室内进行小件喷漆，可以采用水幕隔离防护措施。即工人在水幕外操纵喷枪，喷嘴在水幕内喷漆，这样既可看清喷漆情况，又可隔离苯蒸气外溢的危害。

（3）噪声及其治理

1）建筑工地的噪声种类

① 机械性的噪声。如风钻凿岩、混凝土搅拌、木材加工、电锯断料等的声音。

② 空气动力性噪声。如通风机、鼓风机、空气压缩机等的声音。

③ 电磁性噪声。如发电机、变压器发出的声音。

1979 年 8 月，卫生部与国家劳动总局联合颁布的《工业企业噪声卫生标准》（试行草案）规定：对于新建企业、车间的噪声标准不得超过 85dB（A）。这样，使 95% 以上的工人长期工作不致耳聋，绝大多数的工人不会因噪声引起心血管疾病和神经系统疾病。

2）噪声的治理

① 消除和减弱生产中的噪声源。从改革工艺着手，以无声的工具代替有声的工具，如用焊接代替铆接。

② 控制噪声的传播。将高噪声作业场所进行隔离。

③ 采取消声、吸声、隔声等措施。

④ 加强个人防护。如及时戴耳塞、耳罩、头盔等防噪声用品。

（4）局部振动病及其预防

局部振动病是长期使用振动工具，因受强烈振动，而引起的神经末梢循环障碍，而出现肢端血管痉挛造成局部缺血，导致血管营养障碍。初期为功能性改变，可以恢复；长期作用下小动脉血管内膜下纤维组织增生，管腔狭窄，遇冷出现白指。我国现定名为"局部振动病"，分为轻度和重度两种。

1）接触振动作业和振动源的有：

① 使用振动工具的作业，如电钻、振动棒等。

② 建筑工地上的推土机、挖土机等。

2）预防局部振动病主要应采取以下措施：

① 改革工艺或设备，或采取隔振措施。

② 对振动工具的重量、频率和振幅等作必要的限制，或间歇地使用振动工具。

③ 保证作业场所的温度。因为低温能促使振动病的发生。一般室温在 18℃ 时不会发生局部振动病。

④ 做好个人防护。操作时应使用防振手套（多层手套、泡沫塑料手套），振动工具外加防振垫，以减少振动。

（5）中暑及防暑降温措施

中暑可分为热射病、热痉挛和日射病，统称为中暑。

1) 中暑表现

① 先兆中暑。在高温作业一定时间后，如出现大量出汗、口渴、头昏、耳鸣、胸闷、心悸、恶心、软弱无力等症状，体温正常或略有升高（不超过 37.5℃），有发生中暑的可能性。此时如能及时离开高温环境，经短时间的休息后，症状可以消失。

② 轻度中暑。除先兆中暑症状外，如有下列症候群之一，而被迫停止劳动者称为轻度中暑：

A. 体温在 38℃ 以上。

B. 有面色潮红、皮肤灼热等现象。

C. 有呼吸、循环衰竭的症状，如面色苍白、恶心、呕吐、大量出汗、皮肤湿冷、血压下降、脉搏快而微弱等。轻度中暑经治疗 4～5h 内可恢复。

③ 重度中暑。除有轻度中暑症状外，还出现昏倒或痉挛、皮肤干燥无汗，体温 40℃ 以上。

2) 防暑降温应采取综合性措施

① 组织措施。合理安排工作时间，实行工间休息制度，早晚干活，中午延长休息时间等。

② 技术措施。改革工艺，减少工人与热源接触的机会。

③ 通风降温。自然通风或机械通风，露天作业采取挡阳措施。

④ 卫生保健措施。最好的办法是供给含盐饮料。

3. 女工保护

（1）职业危害因素对女工的影响

职业危害因素对女性体格和生理功能方面的影响，可以分为以下几种类型：

1) 对妇女某些生理功能的影响。主要妇女负重作业、长时间定位作业和从事有毒作业。

2) 对月经功能的影响。主要是化学物质（苯、二甲苯、铅、无机汞、三氯乙烯等）对女性生殖系统影响。

3) 对生育功能的影响。主要指化学物的诱变、致畸、致癌作用而影响胚胎。

4) 对新生儿和哺乳儿的影响。通过母乳而进入乳儿体内，已获得证明的有铅、汞、砷、二硫化碳和其他有机溶剂。

（2）女工职业危害的预防措施

1) 坚决贯彻执行党和国家妇女劳动保护政策，合理安排女工的劳动和休息。切实维护妇女的合法权益。

2) 做好妇女经期、已婚待孕期、孕期、哺乳期的保护。

① 经期禁止安排冷水、低温作业，《体力劳动强度分级》标准中第Ⅲ级体力劳动强度的作业，《高处作业分级》标准中第Ⅱ级（含Ⅱ级）以上的作业。

② 已婚待孕期禁止从事铅、汞、锡等作业场所属于《有毒作业分级》标准中第Ⅲ、Ⅳ级的作业。

③ 怀孕期禁止从事作业场所空气中铅及其化合物、汞及其化合物、苯、镉、铍、砷、氰化物、氮氧化物、一氧化碳、二硫化碳、氯、苯胺、甲醛等有毒物质浓度超过国家卫生标准的作业；人力进行的土方和石方作业；《体力劳动强度分级》标准中第Ⅲ级体力劳动

强度的作业；伴有全身强烈振动的作业，如风钻、捣固机等作业以及拖拉机驾驶等；工作中需要频繁弯腰、攀高、下蹲的作业，如焊接作业；《高处作业分级》标准所规定的高处作业等等。

④ 乳母禁止从事作业场所空气中铅及其化合物、汞及其化合物、苯、镉、铍、砷、氰化物、氮氧化物、一氧化碳、二硫化碳、氯、苯胺、甲醛等有毒物质浓度超过国家卫生标准的作业；《体力劳动强度分级》标准中第Ⅲ级体力劳动强度的作业；作业场所空气中锰、氟、溴、甲醇、有机磷化合物、有机氯化合物的浓度超过国家卫生标准的作业。

思 考 题

1. 什么是劳动保护？
2. 劳动保护与职业卫生有哪些法律法规？
3. 建筑职业病的种类及其主要危害工种有哪些？
4. 防暑降温措施有哪些？
5. 女工保护有哪些方面的要求？

五、施工现场安全员业务

施工现场安全员是协助项目经理履行安全生产职责的专职助理，其主要职责是协助项目经理做好安全管理工作，其中除了前几章提到的安全法律法规的宣传、安全教育、指导班组开展安全生产、职业病防护、施工现场管理与文明施工外，其具体业务工作还包括：参与施工安全技术措施的编制和审查，进行施工现场的安全检查、负责事故管理、以及安全生产资料的管理等。

（一）安全员的岗位职责、职业道德和素质

1. 安全员的岗位职责

（1）认真贯彻执行《建筑法》和有关的建筑工程安全生产法令、法规，坚持"安全第一、预防为主、综合治理"的安全生产基本方针，在职权范围内对各项安全生产规章制度的落实，以及环境及安全施工措施费用的合理使用进行组织、指导、督促、监督和检查。

（2）配合有关部门做好对施工人员的各类安全教育和特殊工种培训取证工作，并记录在案。指导班组开展安全活动，提供安全技术咨询。

（3）参与施工安全技术措施的编制和审查。组织、参与对施工班组和分包单位的安全技术交底。

（4）贯彻安全保证体系中的各项安全技术措施，组织参与安全设施、施工用电、施工机械的验收。

（5）参加定期安全检查，经常巡视施工现场，制止违章作业，及时发现安全隐患，参与制定纠正和预防措施，并对其实施进行跟踪验证。

（6）对施工全过程的安全实施控制，掌握安全动态，并做好记录，健全各种安全管理台账。

（7）参与施工现场管理与对文明施工的监督，注重施工现场的环境保护，控制施工现场的各种粉尘、废气、废水、固体废弃物以及噪声、振动对环境的污染和危害。

（8）加强劳动保护，督促个人防护用品的发放和使用，会同有关部门人员做好防尘、防毒、防暑降温和女工保护工作，预防职业病。

（9）负责事故管理，组织、指导施工现场的安全救护，参与一般事故的调查、分析，提出处理意见，协助处理重大工伤事故、机械事故。

（10）参与组织施工现场应急预案的演练，熟悉应急救援的组织、程序、措施及协调工作。

2. 安全员的职业道德

职业道德是人们在职业活动中形成的并应遵守的道德准则和行为规范，是一般社会道德在特定职业岗位上的具体化，是从业人员职业思想、职业技能、职业责任和职业纪律的综合反映。安全管理不仅要管理好设备的安全，环境的安全，更重要的是人身的安全，高尚的职业道德是对安全员的基本要求。因此，"爱岗敬业、诚实守信、办事公道、服务群

众、奉献社会"的一般职业道德规范具体到安全员岗位，有：

（1）树立安全第一和预防为主的高度责任感，本着"对上级负责、对职工负责、对自己负责"的态度做好每一项工作，为抓好安全生产工作尽职尽责；

（2）严格遵守职业纪律，以身作则，带头遵章守纪；

（3）实事求是，作风严谨，不弄虚作假，不姑息任何事故隐患的存在；

（4）坚持原则，办事公正，讲究工作方法，严肃对待违章、违纪行为；

（5）胸怀宽阔，不怕讽刺中伤，不怕打击报复，不因个人好恶影响工作；

（6）按规定接受继续教育，充实、更新知识，提高职业能力；

（7）不允许他人以本人名义随意签字、盖章。

3. 安全员应当具备的素质

安全是施工生产的基础，是企业取得效益的保证。一个合格的安全员应当具备以下素质：

（1）正确的政治思想方向

安全管理是一门政策性很强的管理学科，这就要求安全员应具有高度的政治责任感，认真贯彻执行国家的安全生产方针、政策、法律、法规和各项生产规章制度，始终把安全工作摆在各项工作的首位，坚决贯彻执行"安全第一、预防为主、综合治理"的方针，严格履行安全检查监督职责，维护国家和人民生命财产安全，坚决抵制任何违反安全管理的违章、违纪行为。没有坚定正确的政治思想方向，就不可能把国家和人民的生命财产看得重于一切，也不会有与违法、违章、违纪行为作斗争的决心和勇气。因此，正确的政治思想是安全员应具备的最基本素质。

（2）良好的业务素质

安全管理又是一门技术性很强的管理学科，过硬的业务能力是安全员应具有的必备素质。目前，不少企业的安全员都是"半路出家"，因此必须不断地学习，丰富自身的安全知识，提高安全技能，增强安全意识。一个合格的安全员应具备如下知识：国家有关安全生产的法律、法规、政策及有关安全生产的规章、规程、规范和标准知识；安全生产管理知识、安全生产技术知识、劳动卫生知识和安全文化知识。还要了解本企业生产或施工专业知识；劳动保护与工伤保险的法律、法规知识；掌握伤亡事故和职业病统计、报告及调查处理方法。更进一步，还要学习事故现场勘验技术，应急处理、应急救援预案编制方法；学习先进的安全生产管理经验、心理学、人际关系学、行为科学等知识。

良好的业务素质还要求安全员必须有一定的文字写作能力，企业安全管理离不开文字材料的编写，现代安全管理还离不开计算机应用能力。

（3）健康的身体素质

安全工作是一项既要腿勤又要脑勤的管理工作。无论晴空万里，还是风雨交加；无论是寒风凛冽，还是烈日炎炎；无论是正常上班，还是放假休息。只要有人上班，安全员就得工作，检查事故隐患，处理违章现象。显然，没有良好的身体素质就无法干好安全工作。

（4）良好的心理素质

良好的心理素质包括：意志、气质、性格三个方面。

安全员在管理中时常会遇到很多困难，比如说，对职工安全违纪苦口婆心的教导，职工却毫不理解；进行处罚，别人会有抵触情绪，产生误会；发现隐患几经"开导"仍不进行处理；事故调查"你遮我掩"。面对众多的困难和挫折不畏难，不退缩，不赌气撂挑子，这需要坚强的意志，安全员必须在工作中不断地进行磨炼。

气质是一个人的"脾气"和"性情"，是决定一个人心理活动的全部动力，是个体独有的心理特点。气质影响着人们智力活动方式，决定人们心理活动过程的速度、稳定性、适应能力和灵活程度。安全员应具有长期的、稳定的、灵活的气质特点，并且性格外向。

安全员必须具有豁达的性格，工作中做到巧而不滑、智而不奸、踏实肯干、勤劳愿干。安全工作是原则性很强的工作，是管人的工作，总有那么一些人会不服管，不理解安全工作，会发生各种各样的矛盾冲突、争执，甚至受到辱骂、指责、诬告、陷害等不公平事件。因此安全员应当具有"大肚能容天下事"的性格，有苦中作乐的毅力，时刻激励自己保持高昂的工作风貌。

（5）正确应对"突发事件"的素质

建筑施工安全生产形势千变万化，即使安全管理再严格，手段再到位，网络再健全，都有不可预测的风险。作为基层安全员，还必须树立"反应敏捷"的意识。不论在何时、何地，遇到何人，事故发生后都能迅速反应，及时处理，把各种损失降低到最大限度。目前，因事故处理不及时、不果断而造成人员伤亡、设备损坏，或是扩大事故后果的教训时有发生。因此，安全员必须具备突发事件发生时临危不乱的应急处理素质。

（二）安全技术措施审查

1. 常规安全技术措施

（1）单位工程施工组织设计中的安全技术措施

所有单位工程在编制施工组织设计时，应当根据工程特点制定相应的安全技术措施。安全技术措施要针对工程特点、施工工艺、作业条件以及队伍素质等，按施工部位列出施工的危险点，对照各危险点制定具体的防护措施和安全作业注意事项，并将各种防护设施的用料计划一并纳入施工组织设计，安全技术措施必须经上级主管领导审批，并经专业部门会签。

（2）分部（分项）工程安全技术交底

1）安全技术交底主要包括两方面的内容：一是在施工方案的基础上进行的，按照施工方案的要求，对施工方案进行的细化和补充；二是对操作者的安全注意事项的说明，保证操作者的人身安全。交底内容不能过于简单、千篇一律、口号化，应按分部（分项）工程和针对作业条件的变化具体进行。

2）安全技术交底工作，是施工负责人向施工作业人员进行职责落实的法律要求，要严肃认真地进行，不能流于形式。

3）安全技术交底工作在正式作业前进行，不但口头讲解，同时应有书面文字材料，并履行签字手续，施工负责人、生产班组、现场安全员三方各留一份。

2. 安全专项施工方案

《建设工程安全生产管理条例》规定：对达到一定规模的危险性较大的分部分项工程应当编制安全专项施工方案，并附具安全验算结果，经施工单位技术负责人、总监理工程师签字后实施，由专职安全生产管理人员进行现场监督。其中特别重要的专项施工方案还必须组织专家进行论证、审查，建设部发布的《危险性较大工程安全专项施工方案编制及专家论证审查办法》（建质〔2004〕213号）对需进行论证审查的范围作了进一步的明确。

（1）编制范围

应当编制安全专项施工方案的分部分项工程见表5-1。

施工安全专项施工方案编制项目 表5-1

序号	应当编制安全专项施工方案的分部分项工程	应当组织专家进行论证、审查的安全专项施工方案
一	基坑支护与降水工程	开挖深度超过5m（含5m）的基坑（槽）并采用支护结构施工的工程； 或基坑虽未超过5m，但地质条件和周围环境复杂、地下水位在坑底以上的工程
二	土方开挖工程	开挖深度超过5m（含5m）的基坑（槽）的土方开挖
三	模板工程； 各类工具式模板工程，包括滑模、爬模、大模板等； 水平混凝土构件模板支撑系统及特殊结构模板工程	高大模板工程 水平混凝土构件模板支撑系统高度超过8m，或跨度超过18m，施工总荷载大于10kN/m²，或集中线荷载大于15kN/m的模板支撑系统
四	起重吊装工程	
五	脚手架工程 高度超过24m的落地式钢管脚手架； 附着式升降脚手架，包括整体提升与分片式提升； 悬挑式脚手架； 门型脚手架； 挂脚手架； 吊篮脚手架； 卸料平台	30m及以上高空作业的工程
六	拆除、爆破工程； 采用人工、机械拆除或爆破拆除的工程	城市房屋拆除爆破和其他土石大爆破工程
七	其他危险性较大的工程； 建筑幕墙的安装施工； 预应力结构张拉施工； 特种设备施工； 网架和索膜结构施工； 6m以上的边坡施工； 采用新技术、新工艺、新材料，可能影响建设工程质量安全，已经行政许可，尚无技术标准的施工	

（2）编制原则

安全专项施工方案的编制，必须考虑现场的实际情况、施工特点及周围作业环境，措施要有针对性。凡施工过程中可能发生的危险因素及建筑物周围外部环境的不利因素等，都必须从技术上采取具体且有效的措施予以预防。

安全专项施工方案除应包括相应的安全技术措施外，还应当包括监控措施、应急方案以及紧急救护措施等内容。

（3）审批

1）编制审核

建筑施工企业专业工程技术人员编制的安全专项施工方案，由施工企业技术部门的专业技术人员及监理单位专业监理工程师进行审核，审核合格，由施工企业技术负责人、监理单位总监理工程师签字。

2）专家论证审查

属于《危险性较大工程安全专项施工方案编制及专家论证审查办法》所规定范围的分部分项工程，要求：

① 建筑施工企业应当组织不少于 5 人的专家组，对已编制的安全专项施工方案进行论证审查。

② 安全专项施工方案专家组必须提出书面论证审查报告，施工企业应根据论证审查报告进行完善，施工企业技术负责人、总监理工程师签字后，方可实施。

③ 专家组书面论证审查报告应作为安全专项施工方案的附件，在实施过程中，施工企业应严格按照安全专项方案组织施工。

（4）实施

施工过程中，必须严格遵照安全专项施工方案组织施工，做到：

1）施工前，应严格执行安全技术交底制度，进行分级交底；相应的施工设备设施搭建、安装完成后，要组织验收，合格后才能投入使用。

2）施工中，对安全施工方案要求的监测项目（如标高、垂直度等），要落实监测，及时反馈信息；对危险性较大的作业，还应安排专业人员进行安全监控管理。

3）施工完成后，应及时对安全专项施工方案进行总结。

（三）施工现场安全检查及评分

1. 安全检查的目的与内容

（1）安全检查的目的

1）了解安全生产的状态，为分析研究、加强安全管理提供信息依据。

2）发现问题、暴露隐患，以便及时采取有效措施，保障安全生产。

3）发现、总结及交流安全生产的成功经验，推动地区乃至行业安全生产水平的提高。

4）利用检查，进一步宣传、贯彻、落实安全生产方针、政策和各项安全生产规章制度。

5）增强领导和群众安全意识，制止违章指挥，纠正违章作业，提高安全生产的自觉性和责任感。

（2）安全检查的内容

查思想、查制度、查机械设备、查安全设施、查安全教育培训、查操作行为、查劳保用品使用、查伤亡事故处理等。

2. 安全检查的形式、方法与要求

（1）安全检查的主要形式

1）项目每周或每旬由主要负责人带队组织定期的安全大检查。

2）施工班组每天上班前由班组长和安全值日人员组织的班前安全检查。

3）季节更换前由安全生产管理小组和安全专职人员、安全值日人员等组织的季节劳动保护安全检查。

4）由安全管理小组、职能部门人员、专职安全员和专业技术人员组成对电气、机械设备、脚手架、登高设施等专项设施设备，高处作业，用电安全，消防保卫等进行的专项安全检查。

5）由安全管理小组成员、安全专兼职人员和安全值日人员进行的日常安全检查。

6) 对塔机等起重设备、井架、龙门架、脚手架、电气设备、吊篮、现浇混凝土模板及支撑等设施设备在安装搭设完成后进行的安全验收检查。

（2）安全检查的主要方法

1）"听"：听基层安全管理人员或施工现场安全员汇报安全生产情况，介绍现场安全工作经验、存在问题及今后努力方向。

2）"看"：主要查看管理记录、持证上岗、现场标识、交接验收资料、"三宝"使用情况、"洞口"、"临边"防护情况、设备防护装置等。

3）"量"：主要是用尺实测实量。

4）"测"：用仪器、仪表实地进行测量。

5）"现场操作"：由司机对各种限位装置进行实际运行验证，检验其灵敏程度。

（3）安全检查的要求

1）根据检查内容配备力量，抽调专业人员，确定检查负责人，明确分工。

2）应有明确的检查目的和检查项目、内容及检查标准、重点、关键部位。对大面积或数量多的项目可采取系统的观感和一定数量的测点相结合的检查方法。检查时尽量采用检测工具，用数据说话。

3）对现场管理人员和操作工人不仅要检查是否有违章指挥和违章作业行为，还应进行"应知应会"的抽查，以便了解管理人员及操作工人的安全素质。对于违章指挥、违章作业行为，检查人员可以当场指出、进行纠正。

4）认真、详细进行检查记录，特别是对隐患的记录必须具体，如隐患的部位、危险性程度及处理意见等。采用安全检查评分表的，应记录每项扣分的原因。

5）检查中发现的隐患应该进行登记，并发出隐患整改通知书，引起整改单位重视，并作为整改的备查依据。对凡是有即发性事故危险的隐患，检查人员应责令其停工，被查单位必须立即整改。

6）尽可能系统、定量地作出检查结论，进行安全评价。以利受检单位根据安全评价研究对策、进行整改、加强管理。

7）检查后应对隐患整改情况进行跟踪复查，查被检单位是否按"三定"原则（定人、定期限、定措施）落实整改，经复查整改合格后，进行销案。

3.《建筑施工安全检查标准》

1999 年发布的《建筑施工安全检查标准》使安全检查由传统的定性评价上升到定量评价，使安全检查进一步规范化、标准化。

（1）《建筑施工安全检查标准》的内容

1）建筑施工安全检查评分标准的结构

建筑施工安全检查评分标准的结构由汇总表和检查评分表两个层次的表格构成，如图5-1 所示。相应的评分汇总表见表5-2。

2）检查评分表

检查评分表是进行具体检查时用以进行评分记录的表格，与汇总表中的 10 个分项内容相对应，但由于一些分项所对应的检查内容不止一项，所以实际共有 17 张检查评分表。

检查评分表的结构形式分为两类，一类是自成体系的系统，如脚手架、施工用电等检查评分表，规定的各检查项目之间有内在的联系，因此，按结构重要程度的大小，把影响安全的关键项目列为保证项目，其他项目列为一般项目；另一类是各检查项目之间无相互联系的逻辑关系，因此没有列出保证项目，如"三宝"、"四口"防护和施工机具2张检查表。

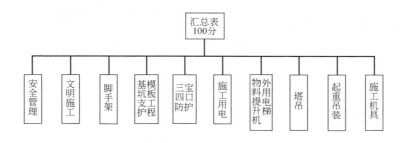

图 5-1　建筑施工安全检查评分标准的结构

建筑施工安全检查评分汇总表　　　　　　　　　　　表 5-2

企业名称：　　　　　　　　　　　经济类型：　　　　　　　　资质等级：

单位工程（施工现场）名称	建筑面积(m²)	结构类型	总计得分(满分分值100分)	项目名称及分值									
				安全管理(满分分值为10分)	文明施工(满分分值为20分)	脚手架(满分分值为10分)	基坑支护与模板工程(满分分值为10分)	"三宝"、"四口"防护(满分分值为10分)	施工用电(满分分值为10分)	物料提升机与外用电梯(满分分值为10分)	塔吊(满分分值为10分)	起重吊装(满分分值为5分)	施工机具(满分分值为5分)
评语：													
检查单位		负责人			受检项目			项目经理					

　　　　　　　　　　　　　　　　　　　　　　　　　　　　　年　　月　　日

每张检查评分表的满分都是 100 分；分为保证项目和一般项目的检查表，保证项目满分都是 60 分，一般项目满分 40 分。当保证项目中有一项不得分，或保证项目小计得分不足 40 分时，此检查评分表不得分。

检查评分采用扣分制，各检查项目所扣分数之和不得超过该项应得分数，即不得采用负分值。

多人对检查评分表中的同一检查项目进行评分时，应按加权评分方法确定其得分值，专职安全人员的权数为 0.6，其他人员的权数为 0.4。

3）汇总表

汇总表是对 10 个分项内容检查结果的汇总，利用汇总表所得分值，来确定和评价工程项目的安全生产工作情况。汇总表满分也是 100 分，因此，各分项的检查评分表的得分要折算到汇总表中的相应的子项。各分项内容在汇总表中所占分值比例，依据对因工伤亡事故类型的统计分析结果，并考虑分值的计算简便，将文明施工分项定为 20 分、起重吊装分项定为 5 分、施工机具分项定为 5 分外，其他各分项都确定为 10 分。

(2) 分值的计算方法

1) 汇总表中各项实得分数计算方法

$$在汇总表中各分项项目实得分 = \frac{该分项在汇总表中应得满分值 \times 该分项在检查评分表中实得分}{100} \quad (5-1)$$

【例 5-1】 "安全管理"检查评分表实得 76 分，换算在汇总表中"安全管理"分项实得分为多少？

$$分项实得分 = \frac{10 \times 76}{100} = 7.6（分）$$

2) 汇总表中遇有缺项时，汇总表总分计算方法

$$遇有缺项时汇总表总得分 = \frac{实查项目实得分值之和}{实查项目应得分值之和} \times 100 \quad (5-2)$$

【例 5-2】 某工地没有塔吊，则塔吊在汇总表中有缺项，其他各分项检查在汇总表的实得分为 84 分，计算该工地汇总表实得分为多少？

$$缺项的汇总表得分 = \frac{84}{90} \times 100 = 93.33（分）$$

3) 检查评分表中遇有缺项时，评分表合计分计算方法：

$$遇有缺项时评分表得分 = \frac{实查子项目实得分值之和}{实查子项目应得分值之和} \times 100 \quad (5-3)$$

【例 5-3】 "施工用电"检查评分表中，"外电防护"缺项（该项应得分值为 20 分），其他各项检查实得分为 64 分，计算该评分表实得多少分？换算到汇总表中应为多少分？

$$缺项的"施工用电"评分表得分 = \frac{64}{100-20} \times 100 = 80（分）$$

$$汇总表中"施工用电"分项实得分 = \frac{10 \times 80}{100} = 8（分）$$

4) 对有保证项目的检查评分表，当保证项目中有一项不得分时，该评分表为零分；遇保证项目缺项时，保证项目小计得分不足 40 分，评分表为零分，具体计算方法为：实得分与应得分之比 <66.7%（40/60=66.7%）时，评分表得零分。

【例 5-4】 如在施工用电检查表中，外电防护这一保证项目缺项（该项为 20 分），其余的"保证项目"检查实得分合计为 20 分（应得分值为 40 分），该分项检查表是否能得分？

$$\because \frac{其余的保证项目实得分}{其余的保证项目应得分} \times 100 = \frac{20}{40} \times 100 = 50\% < 66.7\%$$

$$\therefore 该"施工用电"检查表为零分。$$

5) 在检查评分表中，遇有多个脚手架、塔吊、龙门架、井字架时，则该项得分应为各单项实得分数的算术平均值。

【例 5-5】 某工地有多种脚手架和多台塔吊，落地式脚手架实得分为 86 分、悬挑脚手架实得分为 80 分；甲塔吊实得分为 90 分、乙塔吊实得分为 85 分。计算汇总表中脚手架、塔吊实得分。

① "脚手架"检查表实得分 $= \frac{86+80}{2} = 83$（分）

换算到汇总表中"脚手架"项分值$=\dfrac{10 \times 83}{100}=8.3$（分）

②"塔吊"检查表实得分$=\dfrac{90+85}{2}=87.5$（分）

换算到汇总表中"塔吊"项分值$=\dfrac{10 \times 87.5}{100}=8.75$（分）

（3）等级的划分原则

施工安全检查的评定结论分为优良、合格、不合格三个等级，依据是汇总表的总得分和保证项目的达标情况。

1）优良

① 汇总表得分在 80 分（含 80 分）以上。

② 保证项目得分符合要求（即保证项目中不得有得零分的项，或保证项目小计得分不少于 40 分，下同）。

2）合格

① 保证项目得分符合要求，汇总表得分在 70 分及其以上。

② 有一检查评分表未得分，则汇总表得分必须在 75 分及其以上。

③ 当"起重吊装"检查评分表或"施工机具"检查评分表未得分，但汇总表得分在 80 分及其以上。

3）不合格

① 汇总表得分不足 70 分。

② 有一检查评分表未得分，汇总表得分在 75 分以下。

③"起重吊装"检查评分表或"施工机具"检查评分表未得分，汇总表得分在 80 分以下。

要注意的是，"检查评分表未得分"与"检查评分表缺项"是不同的概念，"缺项"是指被检查工地无此项检查内容，而"未得分"是指有此项检查内容，但实得分为零分。

（四）安全事故管理

1. 工伤事故的定义与分类

（1）事故的定义

事故是人们在实现其目的的行动过程中，突然发生的、迫使其有目的的行动暂时或永久终止的意外事件。这些意外事件包括人员死亡、伤害、职业病、财产损失或其他损失。

工伤事故按国家标准《企业职工伤亡事故分类》（GB 6441—86）定义，是指"职工在劳动过程中发生的人身伤害、急性中毒"。具体主要是指下列三种情况下发生的事故：

1）职工在本职生产和工作岗位上，或在与生产和工作有关的劳动场所发生的伤亡事故。

2）由于企业管理不善或他人在生产和工作中的不安全行为造成的职工伤亡事故。

3）企业生产和工作中发生突发事件，职工在抢救过程中所发生的伤亡事故。

建筑施工企业的事故，是指在建筑施工过程中，由于危险有害因素的影响而造成的工伤、中毒、爆炸、触电等，或由于各种原因造成的各类伤害。

（2）伤亡事故的分类

1）按伤害程度划分（表5-3）

工伤伤害程度定义 表 5-3

伤害程度	损失工作日	失　能　定　义
轻伤	<105 日的失能伤害	造成职工肢体伤残，或某器官功能性或器质性轻度损伤，表现为劳动能力轻度或暂时丧失的伤害
重伤	≥105 日的失能伤害	造成职工肢体残缺或视觉、听觉等器官受到严重损伤，一般能引起人体长期存在功能障碍，劳动能力有重大损失
死亡	定为 6000 工日	指事故发生后当即死亡（含急性中毒死亡）或负伤后在 30 天以内死亡的事故

2）按事故严重程度划分

① 轻伤事故——指只有轻伤的事故。

② 重伤事故——指有重伤而无死亡的事故。

③ 死亡事故——分重大伤亡事故和特大伤亡事故：

A. 重大伤亡事故——指一次事故死亡 1～2 人的事故。

B. 特大伤亡事故——指一次事故死亡 3 人以上的事故。

3）按伤害方式划分

物体打击；车辆伤害；机械伤害；起重伤害；触电；淹溺；灼烫；火灾；高处坠落；坍塌；冒顶片帮；透水；放炮；火药爆炸；瓦斯爆炸；锅炉爆炸；容器爆炸；其他爆炸；中毒和窒息；其他伤害。

4）按伤亡事故的等级划分

建设部 1989 年 3 号令《工程建设重大事故报告和调查程序规定》第三条规定：把重大事故分为四个等级，在死亡人数、重伤人数、直接经济损失方面具备相应条件之一者为该级别重大事故。各级事故的确定规则见表5-4。

工程建设重大事故分类 表 5-4

事故等级	死亡人数	重伤人数	直接经济损失
一级	30 人以上		300 万元以上
二级	10 人以上，29 人以下		100 万元以上，不满 300 万元
三级	3 人以上，9 人以下	20 人以上	30 万元以上，不满 100 万元
四级	2 人以下	3 人以上，19 人以下	10 万元以上，不满 30 万元

2. 事故的报告与统计

（1）事故报告

1）事故报告的时限与程序

发生伤亡事故后，负伤者或最先发现事故人，应立即报告领导。企业领导在接到重伤、死亡、重大死亡事故报告后，应按规定用快速方法，立即向工程所在地建设行政主管部门以及国家安全生产监督部门、公安、工会等相关部门报告。各有关部门接到报告后，应立即转报各自的上级主管部门。一般伤亡事故在 24 小时以内，重大和特大伤亡事故在 2 小时以内报到主管部门。事故报告程序见图5-2。

2）事故报告的内容

重大事故发生后，事故发生单位应根据建设部 3 号令的要求，在 24 小时内写出书面

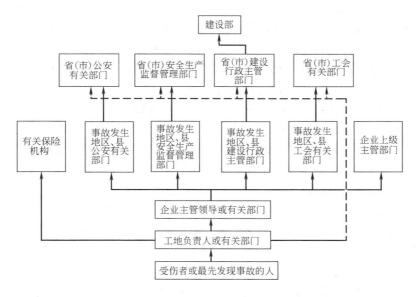

图 5-2　事故报告流程图

注：1. 一般伤亡事故在 24 小时内逐级上报。

2. 重、特大伤亡事故在 2 小时内除可逐级上报外，亦可越级上报。

报告，按规定逐级上报。重大事故书面报告（初报表）应当包括的内容有：

① 事故发生的时间、地点、工程项目、企业名称。

② 事故发生的简要经过、伤亡人数和直接经济损失的初步估计。

③ 事故发生原因的初步判断。

④ 事故发生后采取的措施及事故控制情况。

⑤ 事故报告单位。

3）重大事故的管辖

按照建设部监理司 ［1995］14 号文件要求，凡发生一次死亡 5 人以上的事故，由建设部主管处长到现场；10 人以上的事故，由建设部主管司局的司局长到现场；15 人以上的事故，由建设部主管部长亲自到现场。发生三级以上的重大事故，建设部按事故所属类别，分别派安全监督员代表建设部到事故现场了解情况，然后向建设部汇报。

在发生事故后一周内，事故发生地区要派人到建设部报告事故情况。其中 7 人以上的死亡事故，厅长、主任要亲自去。对于漏报、隐瞒和拖延不报或大事化小、小事化了的单位和个人，一经查出要严肃处理。

4）重大险肇事故的报告

① 重大险肇事故一般指的是：

A. 由于化学或物理因素引起的火灾、爆炸，虽未造成伤亡，但对职工、居民的安全、健康有严重威胁的事故。

B. 由于生产工艺不合理、操作不当等因素，发生毒物或易燃品大量外泄，虽未造成人员中毒或火灾、爆炸，但严重污染环境，影响职工及居民安全、健康的事故。

C. 由于设备存在缺陷或操作不当等因素，虽未造成人员伤亡，但严重影响生产和威胁职工及居民安全、健康的事故。

D. 由于机具设备的缺陷、失灵，操作人员疏忽等因素发生车翻、船沉，虽未造成人员伤亡，但对职工、居民安全造成严重影响或存在潜在威胁的事故。

E. 由于缺乏安全技术措施，操作人员失误等因素，发生脚手架、井架、塔吊等倒塌，虽未造成人员伤亡，但对职工、居民的安全造成严重影响和对社会影响较大的事故。

F. 其他虽未造成人员伤亡，但性质特别严重，社会影响较大的事故。

② 重大险肇事故的报告　生产经营单位发生重大险肇事故后，单位负责人应立即以电话或其他快速方法，报告企业上级主管部门及工程所在地建设行政主管部门、安全生产监察局、公安、工会等部门；必要时，发生事故的单位可越级上报。各有关部门接到报告后，应立即转报各自的上级主管部门，并立即派员赴事故现场进行处理。

③ 重大险肇事故报告的内容　报告的内容包括事故发生单位、时间、地点、经过和发生原因，已采取的抢救、处理措施，可能造成的进一步危害以及要求帮助解决的问题。此外，还应随时报告处理过程中的重大变化情况。

（2）事故的统计上报

发生事故，应按职工伤亡事故统计、报告。职工发生的伤亡大体分成两类，一类是因工伤亡，即因生产或工作而发生的伤亡；另一类是非因工伤亡。在具体工作中，主要要区别下述四种情况：

1）区别好与生产（工作）有关和无关的关系。如职工参加体育比赛或政治活动发生伤亡事故，因与生产无关，不作职工伤亡事故统计、报告。

2）区别好因工与非因工的关系。一般来说，职工在工作时间、工作岗位、为了工作而遭受外来因素造成的伤亡事故都应按职工伤亡事故统计、报告；职工虽不在本职工作岗位或本职工作时间，但由于企业设备或其他安全、劳动条件等因素在企业区域内致使职工伤亡，也应按企业职工伤亡事故统计、报告。

3）区别好负伤与疾病的关系。职工在生产（工作）中突发脑溢血、心脏病等急性病引起死亡的不按职工伤亡事故统计、报告。

4）区别好统计、报告和善后待遇的关系。一般来说，凡是统计、报告的事故，均属工伤事故，都可享受因工待遇。而不属统计、报告范围的事故，不等于不按因工待遇处理。例如职工受指派到某地完成某工作，途中发生伤亡事故，虽不按伤亡事故统计，但应按因工伤亡待遇处理。

3. 安全事故的调查处理

（1）保护现场，组织调查组

1）事故现场的保护

事故发生后，事故发生单位应当立即采取有效措施，首先抢救伤员和排除险情，制止事故蔓延、扩大，稳定施工人员情绪。要做到有组织、有指挥。

一次死亡 3 人以上的事故，要按建设部有关规定，立即组织摄像和召开现场会，教育全体职工。

严格保护事故现场，即现场各种物件的位置、颜色、形状及其物理、化学性质等尽可能地保持原来状态，采取一切必要和可能的措施严加保护，防止人为或自然因素的破坏。因抢救伤员、疏导交通、排除险情等原因，需要移动现场物件时，应当作出标志，绘制现场简图并做出书面记录，妥善保存现场重要痕迹、物证，有条件的可以拍照或摄像。

清理事故现场，应在调查组确认无可取证，并充分记录及经有关部门同意后，方能进行。任何人不得借口恢复生产，擅自清理现场，掩盖事故真相。

2）组织事故调查组

《安全生产法》明确规定了生产安全事故调查处理的原则是：实事求是、尊重科学、及时准确。

① 对于轻伤和重伤事故，由用人单位负责人组织生产技术、安全技术和有关部门会同工会进行调查，确定事故原因和责任，提出处理意见和改进措施，并填写《职工伤亡事故登记表》。

② 发生一般伤亡事故和重大伤亡事故，由有管辖权的安全生产监督管理部门会同同级公安机关、监察机关、工会、行业主管部门组成伤亡事故调查组进行调查。其中重大伤亡事故，省级安全生产监督管理部门认为有必要的，由其组织调查。

③ 发生特大伤亡事故，按下列规定组成伤亡事故调查组进行调查：

A. 市、州及其以下所属单位，由市、州安全生产监督管理部门、公安机关、监察机关、工会、行业主管部门等组成伤亡事故调查组进行调查。

B. 省及省以上所属单位，由省级安全生产监督管理部门、公安机关、监察机关、工会、行业主管部门等组成伤亡事故调查组进行调查。

C. 省人民政府认为需要直接调查的特大伤亡事故，由省人民政府组成伤亡事故调查组进行调查，或由省人民政府指定的本级安全生产监督管理部门、公安机关、监察机关、工会、行业主管部门等组成伤亡事故调查组进行调查。急性中毒事故调查组应有卫生行政部门人员参加。

3）事故调查组成员应符合下列条件：

① 具有事故调查所需的某一方面的专长；

② 与所发生的事故没有直接利害关系。

4）伤亡事故调查组的职责

① 查明伤亡事故发生的原因、过程和人员伤亡、经济损失情况；

② 确定伤亡事故的性质和责任者；

③ 提出对伤亡事故有关责任单位或责任者的处理依据和提出防范措施的建议；

④ 向派出调查组的人民政府或安全生产监督管理部门提交调查组成员签名的伤亡事故调查报告书。

（2）现场勘查

事故发生后，调查组必须尽早到现场进行勘查。现场勘查是技术性很强的工作，涉及广泛的科技知识和实践经验，对事故现场的勘查应该做到及时、全面、细致、客观。现场勘察的主要内容有：

1）作出笔录

① 发生事故的时间、地点、气候等；

② 现场勘查人员姓名、单位、职务、联系电话等；

③ 现场勘查起止时间、勘查过程；

④ 设备、设施损坏或异常情况及事故前后的位置；

⑤ 能量逸散所造成的破坏情况、状态、程度等；

⑥ 事故发生前的劳动组合、现场人员的位置和行动。

2）现场拍照或摄像

① 方位拍摄，要能反映事故现场在周围环境中的位置；

② 全面拍摄，要能反映事故现场各部分之间的联系；

③ 中心拍摄，要能反映事故现场中心情况；

④ 细目拍摄，揭示事故直接原因的痕迹物、致害物等。

3）绘制事故图

根据事故类别和规模以及调查工作的需要应绘制出下列示意图：

① 建筑物平面图、剖面图；

② 事故时人员位置及疏散（活动）图；

③ 破坏物立体图或展开图；

④ 涉及范围图；

⑤ 设备或工、器具构造图等。

4）事故事实材料和证人材料搜集

① 受害人和肇事者姓名、年龄、文化程度、工龄等；

② 出事当天受害人和肇事者的工作情况，过去的事故记录；

③ 个人防护措施、健康状况及与事故致因有关的细节或因素；

④ 对证人的口述材料应经本人签字认可，并应认真考证其真实程度。

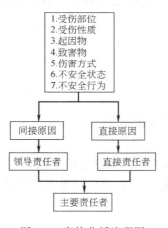

图 5-3　事故分析流程图

（3）分析事故原因，明确责任者

通过整理和仔细阅读调查材料，按事故分析流程图（图 5-3）中所列的七项内容进行分析。然后确定事故的直接原因、间接原因和事故责任者。

分析事故原因时，应根据调查所确认的事实，从直接原因入手，逐步深入到间接原因，通过对直接原因和间接原因的分析，确定事故的直接责任者和领导责任者，再根据其在事故发生过程中的作用，确定主要责任者。

1）事故的性质通常分为三类

① 责任事故，因有关人员的过失造成的事故。

② 非责任事故，由于自然界的因素而造成的不可抗拒的事故，或由于未知领域的技术问题而造成的事故。

③ 破坏事故，为达到一定目的而蓄意制造的事故。由公安机关和企业保卫部门认真追查破案，依法处理。

2）责任事故的责任划分

对责任事故，应根据事故调查所确认的事实，通过对事故原因的分析来确定事故的直接责任、领导责任和管理责任者。

① 直接责任者——其行为与事故的发生有直接因果关系的责任人。

② 领导责任者——对事故发生负有领导责任的责任人。

③ 管理责任者——对事故发生只有管理责任的责任人。

领导责任者和管理责任者中，对事故发生起主要作用的，为主要责任者。

（4）提出处理意见，写出调查报告

根据对事故原因的分析，对已确定的事故直接责任者和领导责任者，根据事故后果和事故责任人应负的责任提出处理意见。同时，应制定防范措施并加以落实，防止类似事故重复发生，切实做到"四不放过"，即：事故的原因分析不清不放过，事故责任者和群众没有受到教育不放过，没有防范措施不放过，事故的责任者没受到处罚不放过。

调查组应着重把事故的经过、原因、责任分析和处理意见以及本次事故教训和改进工作的建议等写成文字报告，经调查组全体人员签字后报批。如调查组内部意见有分歧，应在弄清事实的基础上，对照政策法规反复研究，统一认识。对于个别成员仍持有不同意见的，允许保留，并在签字时写明自己的意见。对此可上报上级有关部门处理直至报请同级人民政府裁决，但不得超过事故处理工作的时限。

伤亡事故调查报告书主要包括以下内容：

1）发生事故的时间、地点；

2）发生事故的单位（包括单位名称、所在地址、隶属关系等）和与发生事故有关的单位及有关的人员；

3）事故的人员伤亡情况和经济损失情况；

4）事故的经过及事故原因分析；

5）事故责任认定及对责任者（责任单位及责任人）的处理建议；

6）整顿和防范措施；

7）调查组负责人及调查组成员名单（签名），必要时在事故调查报告书中还应附相应的科学鉴定资料。

（5）事故的处理结案

调查组在调查工作结束后 10 日内，应当将调查报告送批准组成调查组的人民政府和建设行政主管部门以及调查组其他成员部门。经组成调查组的部门同意，调查组调查工作即告结束。

如果是一次死亡 3 人以上的事故，待事故调查结束后，应按建设部原监理司 1995 年 14 号文规定，事故发生地区要派人员在规定的时间内到建设部汇报。

建设部安全监督员按规定参与三级以上重大事故的调查处理工作，并负责对事故结案和整改措施等落实工作进行监督。

事故处理完毕后，事故发生单位应当尽快写出详细的处理报告，并按规定逐级上报。

对造成重大伤亡事故的责任者，由其所在单位或上级主管部门给予行政处分；构成犯罪的，由司法机关依法追究刑事责任。

对造成重大伤亡事故承担直接责任的有关单位，由其上级主管部门或当地建设行政主管部门，根据调查组的建议，责令其限期改善工程建设技术安全措施，并依据有关法规予以处罚。

对于连续 2 年发生死亡 3 人以上的事故；或发生一次死亡 3 人以上的重大死亡事故，万人死亡率超过平均水平一倍以上的单位，要按照《国务院关于特大安全事故行政责任追究的规定》（国务院令第 302 号），追究有关领导和事故直接责任者的责任，给予必要的行政、经济处罚，并对企业处以通报批评、停产整顿、停止投标、降低资质、吊销营业执照等处罚。

按照国务院 75 号令规定，事故处理应当在 90 日内结案，特殊情况不得超过 180 日。事故处理结案后，应将事故资料归档保存，其中包括：

1）职工伤亡事故登记表；

2）职工死亡、重伤事故调查报告及批复；

3）现场调查记录、图纸、照片；

4）技术鉴定和试验报告；

5）物证、人证材料；

6）直接和间接经济损失材料；

7）事故责任者自述材料；

8）医疗部门对伤亡人员的诊断书；

9）发生事故时的工艺条件、操作情况和设计资料；

10）有关事故的通报、简报及文件（包括处分决定和受处分人员的检查材料）；

11）注明参加调查组的人员姓名、职务、单位；

12）事故处理批复机关的批复意见。

4. 工伤保险

《安全生产法》规定，"生产经营单位必须依法参加工伤社会保险，为从业人员缴纳保险费"。2004 年 1 月 1 日起施行的《工伤保险条例》（国务院第 375 号令）则进一步具体化了工伤社会保险制度。工伤社会保险的目的，是为了保障因工作遭受事故伤害或者患职业病的职工获得医疗救治和经济补偿，促进工伤预防和职业康复，分散用人单位的工伤风险。在施工单位，工伤保险的业务一般由劳动工资部门负责，但作为工伤事故处理的善后环节，专职安全员应当对其相关知识有一定的了解，也可从另一个角度促使"安全第一、预防为主、综合治理"方针的落实。

（1）工伤社会保险的概念

1）工伤。指职工在工作过程中因工作原因受到事故伤害或者因工作原因和性质而患职业病。

2）工伤保险。指工伤职工从国家和社会获得必要的物质补偿的制度，即工伤职工获得医疗救治、经济补偿和职业康复的权利。

3）工伤社会保险。工伤保险实行社会统筹，设立工伤保险基金，对工伤职工提供经济补偿和实行社会化管理服务。

（2）工伤范围及其认定

1）《工伤保险条例》中明确规定，职工有下列情形之一的，应当认定为工伤：

① 在工作时间和工作场所内，因工作原因受到事故伤害的；

② 工作时间前后在工作场所内，从事与工作有关的预备性或者收尾性工作受到事故伤害的；

③ 在工作时间和工作场所内，因履行工作职责受到暴力等意外伤害的；

④ 患职业病的；

⑤ 因工外出期间，由于工作原因受到伤害或者发生事故下落不明的；

⑥ 在上下班途中，受到机动车事故伤害的；

⑦ 法律、行政法规规定应当认定为工伤的其他情形。

2）职工有下列情形之一的，视同工伤：

① 在工作时间和工作岗位，突发疾病死亡或者在 48 小时之内经抢救无效死亡的；

② 在抢险救灾等维护国家利益、公共利益活动中受到伤害的；

③ 职工原在军队服役，因战、因公负伤致残，已取得革命伤残军人证，到用人单位后旧伤复发的；

职工有上述①、②两项情形的，按有关规定享受工伤保险待遇；有第③项情形的，按有关规定享受除一次性伤残补助金外的工伤保险待遇。

3）职工有下列情形之一的，不得认定为工伤或者视同工伤：

① 因犯罪或者违反治安管理伤亡的；

② 醉酒导致伤亡的；

③ 自残或者自杀的。

（3）劳动能力鉴定

职工发生工伤，经治疗，伤情相对稳定后存在残疾、影响劳动能力的，应当进行劳动能力鉴定。劳动能力鉴定是指劳动功能障碍程度和生活自理障碍程度的等级鉴定。劳动功能障碍分为十个伤残等级，最重为一级，最轻为十级。生活自理障碍分为三个等级：生活完全不能自理、生活大部分不能自理和生活部分不能自理。

劳动能力的鉴定由用人单位、工伤职工或者其直系亲属向劳动能力鉴定委员会提出申请，并提供工伤认定决定和职工工伤医疗的有关资料。劳动能力鉴定委员会由省（自治区、直辖市）和设区的市级劳动保障行政部门、人事行政部门、卫生行政部门、工会组织、经办机构代表以及用人单位代表组成，鉴定结论按《工伤保险条例》的规定，根据专家组提出的鉴定意见，由鉴定委员会作出工伤职工劳动能力鉴定结论；必要时，可以委托具备资格的医疗机构协助进行有关诊断。

（4）工伤保险待遇

1）工伤医疗

职工因工作遭受事故伤害或者患职业病进行治疗的，享受工伤医疗待遇。职工治疗工伤应当在签订服务协议的医疗机构就医，情况紧急时可以先到就近的医疗机构急救。治疗工伤所需费用符合工伤保险诊疗项目目录、工伤保险药品目录、工伤保险住院服务标准的，从工伤保险基金支付。

职工住院治疗工伤的，由所在单位按本单位因公出差补助伙食标准的 70% 发给住院伙食补助费；经医疗机构出具证明，报经办机构同意，工伤职工到统筹地区以外就医的，所需交通、食宿费用由所在单位按照本单位职工因公出差标准报销。

工伤职工因日常生活或就业需要，经劳动能力鉴定委员会确认，可以安装假肢、矫形器、假眼、假牙和配置轮椅等辅助器具的，所需费用按国家规定的标准从工伤保险基金支付。

职工接受工伤医疗的，在停工留薪期内，原工资福利待遇不变，由所在单位按月支付。停工留薪期，一般不超过 12 个月。伤情严重或情况特殊，经设区的市级劳动能力鉴定委员会确认，可以适当延长，但延长不得超过 12 个月。

生活不能自理的工伤职工，在停工留薪期需要护理的，由所在单位负责。

工伤职工已经评定伤残等级并经劳动能力鉴定委员会确认需要生活护理的，从工伤保险基金按月支付生活护理费。生活护理费按照生活完全不能自理、生活大部分不能自理或者生活部分不能自理 3 个不同等级支付，其标准分别为统筹地区上年度职工月平均工资的 50％、40％、30％。

2）工伤待遇

① 职工因工致残被鉴定为一级至四级伤残的，保留劳动关系，退出工作岗位，享受以下待遇：

A. 从工伤保险基金按伤残等级支付一次性伤残补助金，标准为：一级伤残为 24 个月本人工资，二级为 22 个月，三级为 20 个月，四级为 18 个月。

B. 从工伤保险基金按月支付伤残津贴，标准为：一级伤残为本人工资的 90％，二级为 85％，三级为 80％，四级为 75％。

C. 工伤职工达到退休年龄并办理退休手续后，停发伤残津贴，享受基本养老保险待遇。

D. 由用人单位和职工个人以伤残津贴为基数，缴纳基本医疗保险费。

② 职工因工致残被鉴定为五级、六级伤残的，享受以下待遇：

A. 从工伤保险基金按伤残等级支付一次性伤残补助金，其标准为：五级伤残为 16 个月本人工资，六级为 14 个月本人工资。

B. 保留与用人单位的劳动关系，由用人单位安排适当工作。难以安排工作的，由用人单位按月发给伤残津贴，其标准为：五级伤残为本人工资的 70％，六级为 60％，并由用人单位按照规定为其缴纳应缴纳的各项社会保险费。

C. 经工伤职工本人提出，该职工可以与用人单位解除或者终止劳动关系，由用人单位支付一次性工伤医疗补助金和伤残就业补助金。

③ 职工因工致残被鉴定为七级至十级伤残的，享受以下待遇：

A. 从工伤保险基金按伤残等级支付一次性伤残补助金，其标准为：七级伤残为 12 个月本人工资，八级为 10 个月，九级为 8 个月，十级为 6 个月。

B. 劳动合同期满终止，或者职工本人提出解除劳动合同的，由用人单位支付一次性工伤医疗补助金和伤残就业补助金。

3）因工死亡补助

职工因工死亡，其直系亲属按下列规定从工伤保险基金领取丧葬补助金、供养亲属抚恤金和一次性工亡补助金：

① 丧葬补助金为 6 个月的统筹地区上年度职工月平均工资。

② 供养亲属抚恤金按照职工本人工资的一定比例发给由因工死亡职工生前提供主要生活来源、无劳动能力的亲属。标准为：配偶每月 40％，其他亲属每人每月 30％，孤寡老人或者孤儿每人每月在上述标准上增加 10％。核定的各供养亲属抚恤金之和不应高于工亡职工生前工资。

③ 一次性工亡补助金标准为 48 个月至 60 个月的统筹地区上年度职工月平均工资。四川省现为 48 个月。

4）工伤保险待遇的停止

工伤职工有下列情形之一的，停止享受工伤保险待遇：

① 丧失享受待遇条件的。

② 拒不接受劳动能力鉴定的。

③ 拒绝治疗的。

④ 被判刑正在收监执行的。

（5）工伤保险基金

工伤保险实行社会统筹，设立工伤保险基金。工伤保险费由企业按照职工工资总额的一定比例缴纳，职工个人不缴纳工伤保险费。目前企业缴纳的平均工伤保险费率一般不超过工资总额的1％。企业缴纳的工伤保险费实行差别费率和浮动费率。凡参加了工伤社会保险的单位的工伤职工医疗费、护理费、伤残抚恤金、一次性伤残补助金、残疾辅助器具费、丧葬补助金、供养亲属抚恤金、一次性工亡补助金，由工伤保险基金支付。目前暂未参加工伤社会保险的单位的工伤职工，均由职工所在单位按照相同标准支付（另有规定者除外）。

（6）工伤保险争议的处理

工伤职工与用人单位发生争议的，按劳动争议处理的有关规定办理。工伤职工或企业，对劳动行政部门作出的工伤认定和工伤保险经办机构的待遇支付决定不服的，按行政复议和行政诉讼的有关法律、法规办理。

（五）事故应急救援及预案

1. 事故应急救援的基本概念

事故应急救援，是指在发生事故时，采取的消除、减少事故危害和防止事故恶化，最大限度降低事故损失的措施。

事故应急救援预案，又称应急预案、应急计划（方案），是根据预测危险源、危险目标可能发生事故的类别、危害程度，为使一旦发生事故时应当采取的应急救援行动及时、有效、有序，而事先制定的指导性文件。是事故救援系统的重要组成部分。

（1）建立事故应急救援体系的必要性

《安全生产法》、国务院《关于进一步加强安全生产工作的决定》、《国务院关于特大安全事故行政责任追究的规定》（302号令）、《安全生产许可证条例》等法律、法规都对建立事故应急预案作出了相应的规定。建立事故应急预案已成为我国构建安全生产的"六个支撑体系"之一（其余五个分别是：法律法规、信息、技术保障、宣传教育、培训）。

1）建立应急预案具有强制性

《安全生产法》第六十九条要求危险物品的生产、经营、储存单位以及矿山、建筑施工单位应当建立应急救援组织；生产经营规模较小，可以不建立应急救援组织的，应当指定兼职的应急救援人员。

《安全生产法》规定生产经营单位应当教育和督促从业人员严格执行本单位的安全生产规章制度和安全操作规程；并向从业人员如实告知作业场所和工作岗位存在的危险因素、防范措施以及事故应急措施；生产经营单位的从业人员有权了解其作业场所和工作岗位存在的危险因素、防范措施及事故应急措施。

生产经营单位发生生产安全事故后，事故现场有关人员应当立即报告本单位负责人。

单位负责人接到事故报告后，应当迅速采取有效措施，组织抢救，防止事故扩大，减少人员伤亡和财产损失。

《中华人民共和国职业病防治法》规定："用人单位应当建立、健全职业病危害事故应急救援预案"。

《中华人民共和国消防法》要求：消防重点单位应当制定灭火和应急疏散预案，定期组织消防演练。

《建设工程安全生产管理条例》对建设施工单位提出"施工单位应当制定本单位生产安全事故应急救援预案，建立应急救援组织或者配备应急救援人员，配备必要的应急救援器材、设备，并定期组织演练"；"施工单位应当根据建设工程施工的特点、范围，对施工现场易发生重大事故的部位、环节进行监控，制定施工现场生产安全事故应急救援预案。实行施工总承包的，由总承包单位统一组织编制建设工程生产安全事故应急救援预案，工程总承包单位和分包单位按照应急救援预案，各自建立应急救援组织或者配备应急救援人员，配备救援器材、设备，并定期组织演练。"等要求。

《安全生产法》、《安全生产违法行为处罚办法》规定对不建立或者应急预案得不到实施的进行处罚，规定生产经营单位的主要负责人未组织制定并实施本单位生产安全事故应急救援预案的，责令限期改正，逾期未改正的，责令生产经营单位停产停业整顿；未按照规定如实向从业人员告知作业场所和工作岗位存在的危险因素、防范措施以及事故应急措施的，责令限期改正，逾期未改正的，责令停产停业整顿，可以并处 2 万元以下的罚款；危险物品的生产、经营、储存单位以及矿山企业、建筑施工单位"未建立应急救援组织的；未配备必要的应急救援器材、设备，并进行经常性维护、保养，保证正常运转的"，责令改正，可以并处一万元以下的罚款。

2）建立事故应急预案是减少因事故造成的人员伤亡和财产损失的重要措施

针对各种不同的紧急情况事先制定有效的应急预案，可以在事故发生时，指导应急行动按计划有序进行，防止因行动组织不力或现场救援工作的混乱而延误事故应急。不少事故一开始并不都是重大或特大事故，往往因为没有有效的救援系统和应急预案，事故发生后，惊慌失措，盲目应对，导致事故进一步扩大，甚至使救援人员伤亡。只要建立了事故应急预案，并按事先培训和演练的要求进行控制，绝大部分事故在初期都是能被有效控制的。

3）建立事故应急预案是由事故（突发事件）的基本特点所决定的

① 事故具有突发性　绝大多数的事故、灾害的发生都具有突发性，其表现为：发生时间的不确定性，发生空间的不确定性，某些关键设备突然失效的不确定性，操作人员重大失误的不确定性以及自然灾害、人为破坏的不确定性。

② 应急救援活动具有复杂性　首先，事故、灾害的影响因素与其演变规律具有不确定性和不可预见的多变性；其次，参与应急救援活动的单位和人员可能来自不同部门，在沟通、协调、授权、职责及其文化等方面都存在巨大差异；再者，应急响应过程中公众的反应能力、心理压力、公众偏向等突发行为同样具有复杂性。因此，如果没有事前的应急预案和相应的培训和演练，要想在事故突然发生后，实现应急行动的快速、有序、高效，几乎是不可能的。

（2）应急预案的分级

《安全生产法》规定县级以上地方各级人民政府应当组织有关部门制定本行政区域内特大生产安全事故应急救援预案，建立应急救援体系。国务院颁布的其他条例也对建立事故应急体系作出了规定。我国事故应急救援体系将事故应急救援预案分成 5 个级别。上级预案的编写应建立在下级预案的基础上，整个预案的结构是金字塔结构。其结构形式如图 5-4 所示。

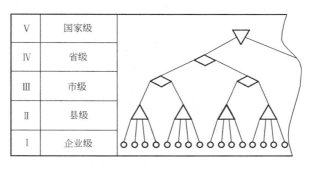

V	国家级
IV	省级
III	市级
II	县级
I	企业级

图 5-4 事故应急救援预案的分级结构形式

1）I 级（企业级），事故的有害影响局限于某个生产经营单位的厂界内，并且可被现场的操作者遏制和控制在该区域内。这类事故可能需要投入整个单位的力量来控制，但其影响预期不会扩大到社区（公共区）。

2）II 级（县、市级），所涉及的事故其影响可扩大到公共区，但可被该县（市、区）的力量，加上所涉及的生产经营单位的力量所控制。

3）III 级（市、地级），事故影响范围大，后果严重，或是发生在两个县或县级市管辖区边界上的事故。应急救援需动用地区力量。

4）IV 级（省级），对可能发生的特大火灾、爆炸、毒物泄漏事故，特大矿山事故以及属省级特大事故隐患、重大危险源的设施或场所，应建立省级事故应急预案。它可能是一种规模较大的灾难事故，或是一种需要用事故发生地的城市或地区所没有的特殊技术和设备进行处理的特殊事故。这类意外事故需用全省范围内的力量来控制。

5）V 级（国家级），对事故后果超过省、直辖市、自治区边界以及列为国家级事故隐患、重大危险源的设施或场所，应制定国家级应急预案。

2．事故应急救援预案的编制

（1）应急救援预案编制的宗旨

1）采取预防措施使事故控制在局部，消除蔓延条件，防止突发性重大或连锁事故发生。

2）能在事故发生后迅速有效地控制和处理事故，尽力减轻事故对人、财产和环境造成的影响。

（2）应急救援预案编制的原则

1）目的性原则。为什么制定，解决什么问题，目的要明确。制定的应急救援预案必须要有针对性，不能为制定而制定。

2）科学性原则。制定应急救援预案应当在全面调查研究的基础上，开展科学分析和论证，制定出严密、统一、完整的应急反应方案，使预案真正具有科学性。

3）实用性原则。制定的应急救援预案必须讲究实效，具有可操作性。应急救援预案应符合企业、施工项目和现场的实际情况，具有实用性，便于操作。

4）权威性原则。救援工作是一项紧急状态下的应急性工作，所制定的应急救援预案应明确救援工作的管理体系，救援行动的组织指挥权限和各级救援组织的职责和任务等一系列的行政性管理规定，保证救援工作的统一指挥。

5）从重、从大的原则。制定的事故应急救援预案要从本单位可能发生的最高级别或最大的事故考虑，不能避重就轻、避大就小。

6）分级的原则。事故应急救援预案必须分级制定，分级管理和实施。

（3）应急救援预案编制的内容

事故应急救援预案编写应有以下主要内容：

1）预案编制的原则、目的及所涉及的法律法规的概述；

2）施工现场的基本情况；

3）周边环境、社区的基本情况；

4）危险源的危险特性、数量及分布图；

5）指挥机构的设置和职责；

6）可能需要的咨询专家；

7）应急救援专业队伍和任务；

8）应急物资、装备器材；

9）报警、通讯和联络方式（包括专家名单和联系方式）；

10）事故发生时的处理措施；

11）工程抢险抢修；

12）现场医疗救护；

13）人员紧急疏散、撤离；

14）危险区的隔离、警戒与治安；

15）外部救援；

16）事故应急救援终止程序；

17）应急预案的培训和演练（包括应急救援专业队伍）；

18）相关附件。

（4）应急救援预案编制的程序

1）编制的组织

《安全生产法》第十七条规定：生产经营单位的主要负责人具有组织制定并实施本单位的生产事故应急救援预案的职责。具体到施工项目上，项目经理无疑是应急救援预案编制的责任人；作为安全员，应当参与编制工作。

2）编制的程序

① 成立应急救援预案编制组并进行分工，拟订编制方案，明确职责；

② 根据需要收集相关资料，包括施工区域的地理、气象、水文、环境、人口、危险源分布情况、社会公用设施和应急救援力量现状等；

③ 进行危险辨识与风险评价；

④ 对应急资源进行评估（包括软件、硬件）；

⑤ 确定指挥机构和人员及其职责；

⑥ 编制应急救援计划；

⑦ 对预案进行评估；

⑧ 修订完善，形成应急救援预案的文件体系；

⑨ 按规定将预案上报有关部门和相关单位；

⑩ 对应急救援预案进行修订和维护。

3. 事故应急救援预案的培训与演练

（1）培训与演练的目的

培训和演练是应急救援预案的重要组成部分，通过培训和演练，把应急救援预案加以验证和完善，确保事故发生时应急救援预案得以实施和贯彻。主要目的是：

1）测试预案和程序的完整程度，在事故发生前暴露预案和程序的缺点；

2）测试紧急装置、设备及物质资源供应，辨识出缺乏的资源（包括人力和设备）；

3）明确每个人各自岗位和职责，增强应急反应人员的熟练性和信心；

4）提高整体应急反应能力，以及现场内外应急部门的协调配合能力；

5）判别和改正预案的缺陷；

6）提高公众应急意识，在企业应急管理的能力方面获得大众的认可和信心；

7）改善各种反应人员、部门和机构之间的协调水平。努力增加企业应急救援预案与政府、社区应急救援预案之间的合作与协调。

（2）培训的方法与内容

培训可以通过自学、讲座、模拟受训、受训者和教师互动以及考试等方法进行，具体培训方法的采用必须根据培训对象和培训要求（如初训、再训）来决定。

培训的基本内容包括：要求应急人员了解和掌握如何识别危险、如何采取必要的应急措施、如何启动紧急警报系统、如何安全疏散人群等基本操作，尤其是火灾应急培训以及危险物质事故应急的培训，更要加强与灭火操作有关的训练，强调危险物质事故的不同应急方法和注意事项等内容。

常规的基本培训有：

1）报警

① 使应急人员了解并掌握如何利用身边的工具最快、最有效地报警，比如使用移动电话（手机）、固定电话或其他方式（哨音、警报器、钟声）报警。

② 使应急人员熟悉发布紧急情况通告的方法，如使用警笛、警钟、电话或广播等。

2）疏散

为避免事故中不必要的人员伤亡，应培训足够的应急队员在事故现场安全、有序地疏散被困人员或周围人员。

3）火灾应急培训

由于火灾的易发性和多发性，对火灾应急的培训显得尤为重要。要求应急队员必须掌握必要的灭火技术以便在着火初期迅速灭火，降低或减小导致灾难性事故的危险，掌握一般灭火器材的识别和使用。

（3）演练的方法与内容

应急救援演练是检测培训效果、测试设备和保证所制定的应急救援预案和程序有效性的最佳方法。它们的主要目的在于测试应急管理系统的充分性和保证所有反应要素都能全面应对任何应急情况。因此，应该以多种形式开展有规则的应急演练，使应急队员能进入"实战"状态，熟悉各类应急操作和整个应急行动的程序，明确自身的职责等。

1）单项演习

是为了熟练掌握应急操作或完成某种特定任务所需的技能而进行的演习。这种单项演习或演练是在完成对基本知识的学习以后才进行的。如：通信联络、通知、报告的程序；现场救护行动等。

2）组合演习

是一种检查应急组织之间及其与外部组织（如保障组织）之间的相互协调性而进行的演习。如扑灭火灾、公众撤离等。

3）全面演习或称综合演习

是应急救援预案内规定的所有任务单位或其中绝大多数单位参加的为全面检查执行预案状况而进行的演习。主要目的是验证各应急救援组织的执行任务能力，检查他们之间的相互协调能力，检验各类组织能否充分利用现有人力、物力来减小事故后果的严重度及确保公众的安全与健康。这种演习可展示和检验应急准备及行动的各方面情况。

演练结束后，应认真总结，肯定成绩，表彰先进，鼓舞士气，强化应急意识。同时，对演练过程中发现的不足和缺陷，要及时采取纠正措施，按程序修订、完善预案。

4. 事故救援预案的实施

事故发生时，应迅速甄别事故的类别、危害的程度，适时启动相应的应急救援预案，按照预案进行应急救援。实施时不能轻易变更预案，如有预案未考虑到的情况，应冷静分析、果断处置。一般应当：

（1）立即组织营救受害人员。抢救受害人员是应急救援的首要任务，在应急救援行动中，快速、有序、有效地实施现场急救与安全转送伤员，是降低伤亡率、减少事故损失的关键。

（2）指导群众防护，组织群众撤离。由于重大事故发生突然、扩散迅速、涉及范围广、危害大，应及时指导和组织群众采取各种措施进行自身防护，并迅速撤离出危险区或可能受到危害的区域。在撤离过程中，应积极组织群众开展自救和互救工作。

（3）迅速控制危险源，并对事故造成的危害进行检验、监测，测定事故的危害区域、危害性质及危害程度。及时控制造成事故的危险源是应急救援工作的重要任务，只有及时控制住危险源，防止事故的继续扩展，才能及时有效地进行救援。

（4）做好现场隔离和清理，消除危害后果。针对事故对人体、动植物、土壤、水源、空气造成的现实危害和可能的危害，迅速采取封闭、隔离、消洗等措施。对事故外溢的有毒、有害物质和可能对人和环境继续造成危害的物质，应及时组织人员予以清除，消除危害后果，防止对人的继续危害和对环境的污染。

（5）按规定及时向有关部门汇报情况。

（6）保存有关记录及实物，为后续事故调查工作做准备。

（7）查清事故原因，评估危害程度。事故发生后应及时调查事故的发生原因和事故性质，评估出事故的危害范围和危险程度，查明人员伤亡情况，做好事故调查。

开展事故应急救援具体步骤见图5-5。

5. 施工现场急救常识

施工现场急救主要包括触电急救、创伤救护、火灾急救、中毒及中暑急救以及传染病应急救援措施等，学习并掌握这些现场急救的基本常识，是安全员工作的一项重要内容。

（1）触电急救

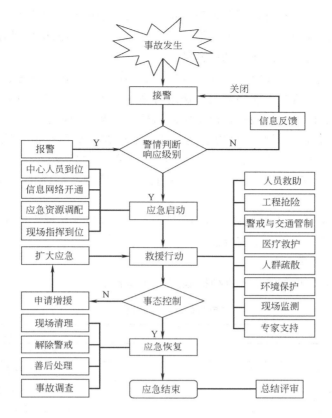

图 5-5 事故应急救援实施程序

触电者的生命能否获救,在绝大多数情况下取决于能否迅速脱离电源和正确地实行人工呼吸和心脏按摩,拖延时间、动作迟缓或救护不当,都可能造成死亡。国内外一些统计资料指出,触电后 1min 开始救治者,90% 有良好效果;触电后 6min 内开始救治者,50% 可能复苏成功;触电后 12min 再开始抢救,很少有救活的可能。可见,是否就地进行及时、正确的抢救,是触电急救成败的关键。

1) 触电事故伤员的病状

人员遭电击后,病情表现为以下三种状态:

① 神智清醒,但感觉乏力、头昏、胸闷、心悸、出冷汗,甚至恶心或呕吐。

② 神志昏迷,但呼吸、心跳尚存在。

③ 神志昏迷,呈全身性电休克所致的假死状态,肌肉痉挛,呼吸窒息,心室颤动或心跳停止,伤员面部苍白、口唇紫绀、瞳孔扩大、对光反应消失、脉搏消失、血压降低。这样的伤员必须立即在现场进行心肺复苏抢救,并同时向医院告急求援。

2) 触电事故现场急救的步骤

① 迅速脱离电源 发生触电事故后,要立即切断电源,使伤员脱离继续受电流损害的状态。切断电源可采取两种方法:一是立即拉开电源开关或拔掉电源插头;其二是用干燥的木棒、竹竿等将电线拨开,必要时可用绝缘工具切断电源。切不可用手、金属或潮湿的导电物体直接碰伤员的身体或触碰伤员接触的电线,以免引起抢救人员自身触电。

在进行切断电源的动作时，要采取防御措施，防止触电者脱离电源后因肌肉放松而摔倒，造成新的外伤，特别对处于高处的触电者，更要注意。切断电源的动作要用力适当，防止因用力过猛将带电电线击伤在场的其他人员。

② 现场对伤情进行简单诊断　在脱离电源后，伤员往往处于昏迷状态，全身各组织严重缺氧，生命垂危，这时不能用常规方法进行系统检查，只能用简单有效的方法尽快对心跳、呼吸、瞳孔的情况作一判断，以确定随后的现场救治方法：

A. 观察伤员是否还在呼吸。可用手或者纤维毛放在伤员鼻孔前，感受和观察是否有气体流动，同时观察伤员的胸廓和腹部是否存在上下起伏的呼吸运动。

B. 检查伤员是否存在心跳。可直接在心前区听，是否有心跳的心音，或摸颈动脉、肢动脉是否搏动。

C. 看瞳孔是否扩大。人的机体处于死亡边缘，大脑调节系统失去了作用，瞳孔便自行扩大，并且对光线强弱变化不起反应。

3) 触电事故急救方法

经过简单诊断后，可按表5-5所列措施进行现场救治。

触电事故现场急救措施

表5-5

项目	神智情况	心跳	呼吸	对症救治措施
解脱电源进行抢救并通知医疗部门	清醒	存在	存在	静卧、保暖、严密观察
	昏迷	存在	存在	严密观察，做好复苏准备，立即护送医院
	昏迷	停止	存在	体外心脏挤压来维持血液循环
	昏迷	存在	停止	口对口人工呼吸来维持气体交换
	昏迷	停止	停止	同时进行体外心脏挤压和口对口人工呼吸

4) 现场急救的两种办法

① 人工呼吸法：

人工呼吸法是采取人工的方法来代替肺的呼吸活动，及时有效地使气体有节律地进入和排出肺脏，供给体内足够氧气并充分排出二氧化碳，促使呼吸中枢尽早恢复功能，恢复人体自动呼吸。各种人工呼吸方法中，以口对口呼吸法效果最好。

将伤员平卧，解开衣领，围巾和紧身衣服，放松裤带，在伤员的肩背下方可垫软物，使伤员的头部充分后仰，呼吸道尽量畅通，用手指清除口腔中的异物，如假牙、分泌物、血块和呕吐物等。注意环境要安静，冬季要保温。

抢救者在伤员的一侧，以近其头部的手紧捏伤员的鼻子（避免漏气），并将手掌外缘压住额部，另一只手托在伤员颈部，将颈部上抬，使其头部尽量上仰，鼻孔呈朝天状，嘴巴张开准备接受吹气。

抢救者先吸一口气，然后嘴紧贴伤员的嘴大口吹气，同时观察其胸部是否膨胀隆起，以确定吹气是否有效和吹气是否适度。

吹气停止后，抢救者头稍侧转，并立即放松捏鼻子的手，让气体从伤员的鼻孔排除。此时应注意胸部复原情况，倾听呼气声，观察有无呼吸道梗阻。

如此反复而有节律地人工呼吸，不可中断，每分钟应为12～16次。进行人工呼吸时要注意口对口的压力要掌握好，开始时可略大些，频率也可稍快些，经过一、二十次人工吹气后逐渐减小压力，只要维持胸部轻度升起即可。如遇到伤员嘴巴解不开的情况，可改用口对鼻孔吹气的办法，吹气时压力要稍大些，时间稍长些，效果相仿。采用人工呼吸法，只有当伤员出现自动呼吸时，方可停止。但要密切观察，以防出现再次停止呼吸。

② 体外心脏挤压法：

体外心脏挤压法是指通过人工方法有节律地对心脏挤压，来代替心脏的自然收缩，从而达到维持血液循环的目的，进而恢复心脏的自然节律，挽救伤员的生命。

使伤员就近仰卧于硬板上或地上，注意保暖，解开伤员衣领，使其头部后仰侧俯。

抢救者站在伤员左侧或跪跨在病人的腰部两侧。

抢救者以一手掌根部置于伤员胸骨下 1/3 处，即中指对准其颈部凹陷的下缘，另一只手掌交叉重叠于该手背上，肘关节伸直。依靠体重和臂、肩部肌肉的力量，垂直用力，向脊柱方向冲击性地用力施压胸骨下段，使胸骨下段与其相连的肋骨下陷 3～4cm，间接压迫心脏，使心脏内血液搏出。

挤压后突然放松（要注意掌根不能离开胸壁），依靠胸廓的弹性，使胸骨复位，心脏舒张，大静脉的血液回流到心脏。

在进行体外心脏挤压法时，定位要准确，用力要垂直适当，有节奏地反复进行；防止因用力过猛而造成继发性组织器官的损伤或肋骨骨折。挤压频率一般控制在每分钟 60～80 次；有时为了提高效果，可增加挤压频率，达到每分钟 100 次左右。抢救时必须同时兼顾心跳和呼吸。抢救工作一般需要很长时间，在没送到医院之前，抢救工作不能停止。

以上两种抢救方法适用范围很广，除电击伤外，对遭雷击、急性中毒、烧伤、心跳骤停等因素所引起的抑制或呼吸停止的伤员都可采用，有时两种方法可交替进行。

（2）创伤救护

创伤分为开放性创伤和闭合性创伤。开放性创伤是指皮肤或黏膜的破损，常见的有：擦伤、切割伤、撕裂伤、刺伤、撕脱、烧伤；闭合性创伤是指人体内部组织的损伤，而没有皮肤黏膜的破损，常见的有：挫伤、挤压伤。

1）开放性创伤的处理

① 对伤口进行清洗消毒，可用生理盐水和酒精棉球，将伤口和周围皮肤上沾染的泥沙、污物等清理干净，并用干净的纱布吸收水分及渗血，再用酒精等药物进行初步消毒。在没有消毒条件的情况下，可用清洁水冲洗伤口，最好用流动的自来水冲洗，然后用干净的布或敷料吸干伤口。

② 止血，对于出血不止的伤口，能否做到及时有效地止血，对伤员的生命安危影响极大。在现场处理时，应根据出血类型和部位不同采用不同的止血方法：直接压迫——将手掌通过敷料直接加压在身体表面的开放性伤口的整个区域；抬高肢体——对于手、臂、腿部严重出血的开放性伤口，都应抬高，使受伤肢体高于心脏水平线；压迫供血动脉——手臂和腿部伤口的严重出血，如果应用直接压迫和抬高肢体仍不能止血，就需要采用压迫点止血技术；包扎——使用绷带、毛巾、布块等材料压迫止血，保护伤口，减轻疼痛。

2）烧伤的急救

应先去除烧伤源，将伤员尽快转移到空气流通的地方，用较干净的衣服把伤面包裹起来，防止再次污染；在现场，除了化学烧伤可用大量流动清水冲洗外，对创面一般不做处理，尽量不弄破水泡，保护表皮。

3）闭合性创伤的处理

① 较轻的闭合性创伤，如局部挫伤、皮下出血，可在受伤部位进行冷敷，以防止组织继续肿胀，减少皮下出血。

② 如发现人员从高处坠落或摔伤等意外时，要仔细检查其头部、颈部、胸部、腹部、四肢、背部和脊椎，看看是否有肿胀、青紫、局部压疼、骨摩擦声等其他内部损伤，假如出现上述情况，不能对患者随意搬动，需按照正确的搬运方法进行搬运，否则，可能造成患者神经、血管损伤并加重病情。

③ 现场常用的搬运方法有：担架搬运法——用担架搬运时，要使伤员头部向后，以便后面抬担架的人可随时观察其变化；单人徒手搬运法——轻伤者可挟着走，重伤者可让其伏在急救者背上，双手绕颈交叉下垂，急救者用双手自伤员大腿下抱住伤员大腿行走搬运。

④ 如怀疑有内伤，应尽早使伤员得到医疗处理；运送伤员时要采取卧位，小心搬运，注意保持呼吸道通畅，注意防止休克。

⑤ 运送过程中如突然出现呼吸、心跳骤停时，应立即进行人工呼吸和体外心脏挤压法等急救措施。

（3）火灾急救

一般地说，起火要有三个条件，即可燃物（木材、汽油）、助燃物（氧气、高锰酸钾）和点火源（明火、烟火、电焊火花）。扑灭初期火灾的一切措施，都是为了破坏已经产生的燃烧条件。

1）火灾急救的基本要点

① 及时报警。组织扑救。全体员工在任何时间、地点，一旦发现起火都要立即报警，并参与和组织群众扑灭火灾。

② 集中力量。主要利用灭火器材，控制火势，集中灭火力量在火势蔓延的主要方向进行扑救以控制火势蔓延。

③ 消灭飞火。组织人力监视火场周围的建筑物、露天物质堆放场所的未尽飞火，并及时扑灭。

④ 疏散物质。安排人力和设备，将受到火势威胁的物质转移到安全地带，阻止火势蔓延。

⑤ 积极抢救被困人员。人员集中的场所发生火灾，要有熟悉情况的人做向导，积极寻找和抢救被围困的人员。

2）火灾急救的基本方法

① 先控制，后消灭。对于不可能立即扑灭的火灾，要先控制火势，具备灭火条件时再展开全面进攻，一举消灭。

② 救人重于救火。灭火的目的是为了打开救人通道，使被困人员得到救援。

③ 先重点，后一般。重要物资和一般物资相比，保护和抢救重要物资；火势蔓延猛烈方面和其他方面相比，控制火势蔓延的方面是重点。

④ 正确使用灭火器材。水是最常用的灭火剂，取用方便，资源丰富，但要注意水不能用于扑救带电设备的火灾；各种灭火器的用途和使用方法如下：

酸碱灭火器：倒过来稍加摇动或打开开关，药剂喷出。适合扑救油类的火灾。

泡沫灭火器：把灭火器筒身倒过来。适合扑救木材、棉花、纸张等的火灾，不能扑救电气、油类的火灾。

二氧化碳灭火器：一手拿好喇叭筒对准火源，另一手打开开关即可。适用于扑救贵重仪器和设备的火灾，不能扑救金属钾、钠、镁、铝等物质的火灾。

卤代烷灭火器（1211）：先拔掉插销，然后握紧压把开关，压杆使密封阀开启，药剂即在氮气压力下由喷嘴射出。适用于扑救易燃液体、可燃气体和电气设备等的火灾。

干粉灭火器：打开保险销，把喷管口对准火源，拉出拉环，即可喷出。适用于扑救石油产品、油漆、有机溶剂和电气设备等的火灾。

⑤ 人员撤离火场途中被浓烟围困时，应采用低姿势行走或匍匐穿过浓烟，有条件时可用湿毛巾等捂住嘴鼻，以便顺利撤出烟雾区；如无法进行逃生，可向外伸出衣物或抛出小物件，发出救人信号以引起注意。

⑥ 进行物资疏散时应将参加疏散的职工编成组，指定负责人首先疏散通道，其次疏散物资，疏散的物资应堆放在上风向的安全地带，不得堵塞通道，并要派人看护。

（4）中毒及中暑急救知识

施工现场发生的中毒主要有食物中毒、燃气中毒及毒气中毒；中暑是指人员因处于高温高热的环境而引起的疾病。

1）食物中毒的救护

① 发现饭后多人有呕吐、腹泻等不正常症状时，尽量让病人大量饮水，刺激喉部使其呕吐。

② 立即将病人送往就近医院或拨打急救电话120。

③ 及时报告工地负责人和当地卫生防疫部门，并保留剩余食品以备检验。

2）燃气中毒的救护

① 发现有人煤气中毒时，要迅速打开门窗，使空气流通。

② 将中毒者转移到室外实行现场急救。

③ 立即拨打急救电话120或将中毒者送往就近医院。

④ 及时报告有关负责人。

3）毒气中毒的救护

① 在井（地）下施工中有人发生毒气中毒时，井（地）上人员绝对不要盲目下去救助；必须先向出事点送风，救助人员装备齐全安全保护用具后，才能下去救人。

② 立即报告工地负责人及有关部门，现场不具备抢救条件时，应及时拨打110或120电话求救。

4）中暑的救护

① 迅速转移。将中暑者迅速移至阴凉通风的地方，解开衣服、脱掉鞋子，让其平卧，头部不要垫高。

② 降温。用凉水或50％酒精擦其全身，直到皮肤发红、血管扩张以促进散热。

③ 补充水分和无机盐类。能饮水的患者应鼓励其喝足凉盐开水或其他饮料；不能饮水者，应予静脉补液。

④ 及时处理呼吸、循环衰竭。呼吸衰竭时，可注射尼可刹米（可拉明）或山梗茶碱；循环衰竭时，可注射鲁米那钠等镇静药。

⑤ 转院。医疗条件不完善时，应对患者严密观察，精心护理，送往就近医院进行抢救。

（5）传染病应急

由于施工现场的施工人员较多，如若控制不当，容易造成集体感染传染病。因此需要采取正确的措施加以处理，防止大面积人员感染传染病。

1）如发现员工有集体发烧、咳嗽等不良症状，应立即报告现场负责人和有关主管部门，对患者进行隔离、加以控制，同时启动应急救援方案。

2）立即把患者送往医院进行诊治，陪同人员必须做好防护隔离措施。

3）对可能出现病因的场所进行隔离、消毒，严格控制疾病的再次传播。

4）加强对现场员工的教育和管理，落实各级责任制，严格履行员工进出现场登记手续，做好病情的监测工作。

（六）建筑施工安全资料管理

1. 建筑施工安全资料整理归集的一般作法

建筑施工安全资料管理，是专职安全员的业务工作之一，但相关资料的搜集、整理、归档，并无统一规定，目前常规作法有以下几类：

1）施工现场的安全资料，按《建筑施工安全检查标准》中规定的内容为主线整理归集，并按"安全管理"检查评分表所列的10个检查项目名称顺序排列，其他各分项检查评分表则作为子项目分别归集到安全管理检查评分表相应的检查项目之内。10个子项目是：

① 安全生产责任制；　　　　　　⑥ 安全教育；
② 目标管理；　　　　　　　　　⑦ 班前安全活动；
③ 施工组织设计；　　　　　　　⑧ 特种作业持证上岗；
④ 分部（分项）工程安全技术交底；　⑨ 工伤事故处理；
⑤ 安全检查；　　　　　　　　　⑩ 安全标志。

2）施工现场的安全资料，按安全生产保证体系进行整理归集，可分成：

① 安全生产管理职责；　　　　　⑤ 安全技术交底及动火审批；
② 安全生产保证体系文件；　　　⑥ 检查、检验记录；
③ 采购；　　　　　　　　　　　⑦ 事故隐患控制；
④ 分包管理；　　　　　　　　　⑧ 安全教育和培训。

3）施工企业的安全资料，按《建筑施工企业安全生产评价标准》中规定的内容为主线整理归集，即分为企业安全生产条件和企业安全生产业绩两大类：

① 企业安全生产条件：　　　　　② 企业安全生产业绩：
A. 安全生产管理制度　　　　　　A. 生产安全事故控制
B. 资质、机构与人员管理　　　　B. 安全生产奖惩
C. 安全技术管理　　　　　　　　C. 项目施工安全检查
D. 设备与设施管理　　　　　　　D. 安全生产管理体系推行

2. 施工现场安全生产资料目录

（1）安全生产责任制类资料

1）安全生产责任制

① 各级各类人员安全生产责任制；

② 各级部门安全生产责任制；

③ 各工种安全技术规程；

④ 施工现场安全管理组织体系（含专兼职安全员的配备）；

⑤ 各类经济承包合同（有安全生产指标）；

⑥ 安全生产责任制度考核奖惩资料。

2）安全管理制度

① 安全生产教育培训制度；	⑬ 机械、工器具安全管理制度；
② 消防安全责任制度；	⑭ 车辆交通安全管理制度；
③ 安全施工检查制度；	⑮ 文明施工及环境保护管理制度；
④ 安全工作例会制度；	⑯ 安全设施管理制度；
⑤ 安全技术交底制度；	⑰ 生活卫生监督管理制度；
⑥ 班前安全活动制度；	⑱ 加班加点控制管理制度；
⑦ 安全奖惩制度；	⑲ 女工特殊保护管理制度；
⑧ 分包工程安全管理制度；	⑳ 治安保卫制度；
⑨ 安全用电管理制度；	㉑ 事故调查、处理、统计、报告制度；
⑩ 安全防护装备管理制度；	
⑪ 尘毒、射线防护管理制度；	㉒ 事故应急求援预案。
⑫ 防火、防爆安全管理制度；	

（2）安全生产目标管理类

1）项目安全生产目标（伤亡控制指标、安全达标目标、文明施工目标）；

2）安全生产目标责任分解资料；

3）项目安全管理、安全达标计划；

4）安全生产目标责任考核办法及考核奖惩资料。

（3）施工组织设计类

1）施工组织设计（有安全措施、按规定经审批）；	10）模板工程施工方案；
	11）现浇混凝土模板的支撑系统设计计算书；
2）降噪声、防污染措施；	
3）脚手架施工方案（按实际采用的脚手架，附设计计算书）；	12）模板工程分段验收记录；
	13）安全网准用证；
4）脚手架搭设交底记录；	14）临时用电施工组织设计；
5）脚手架分段验收记录；	15）电气设备的试、检验凭单和调试记录；
6）卸料平台设计图及计算书；	
7）基础施工支护方案及基坑深度超过5m的专项支护设计；	16）接地电阻测定记录表；
	17）电工维修工作记录；
8）施工机械进场验收记录；	18）龙门架、井字架设计计算书；
9）对毗邻建筑物、重要管线和道路的沉降观测记录；	19）龙门架、井字架生产准用证；
	20）龙门架、井字架拆装施工方案；

21）龙门架、井字架验收单；

22）外用电梯装拆施工方案；

23）塔吊合格证、产品生产许可证、安全准用证；

24）塔吊装拆施工队伍的资质证书；

25）塔吊安装、拆卸施工方案、安全技术交底、基础隐蔽记录；

26）塔吊安装验收单；

27）起重吊装作业方案；

28）起重机准用证；

29）起重扒杆设计计算书；

30）起重机验收单；

31）平刨安装验收单；

32）电锯安装验收单；

33）钢筋机械安装验收单；

34）电焊机安装验收单；

35）搅拌机安装验收单；

36）翻斗车准用证；

37）主要安全设施、设备、劳保用品、安全投入情况台账。

（4）分部分项工程安全技术交底类

1）分部分项工程安全技术交底原始记录；

2）各工种安全技术交底记录；

3）采用新工艺、新技术、新材料的安全交底书和安全操作规定；

4）临时用电技术交底。

（5）安全检查类

1）安全检查制度；

2）安全检查记录；

3）上级主管部门的安全检查通报或整改通知；

4）公司的安全检查通报或整改通知（反馈单）；

5）项目经理部的安全检查记录及整改措施；

6）项目经理部的安全检查评分汇总表及各分项检查评分表；

7）事故隐患处理表；

8）违章及罚款登记台账（含罚款通知单）；

9）安全例会记录；

10）项目施工安全日记。

（6）安全教育类

1）安全教育制度；

2）安全教育记录；

3）新入厂人员三级安全教育卡；

4）触电、中毒、外伤等的现场急救方法和消防器材的使用方法教育记录；

5）应急救援预案演练记录；

6）施工管理人员年度培训教育记录；

7）专职安全员年度培训考核记录。

（7）班前安全活动类

1）班前安全活动制度；

2）班前安全活动记录。

（8）特种作业持证上岗类

1）项目经理、安全员资格证书，安全培训合格证；

2）特种作业人员（电工、焊工、架子工、起重工等）资格证；

3）机操工上岗证；

4）分包单位安全资质审查表、职工体检表。

（9）工伤事故处理类

1）各类事故及惩处登记台账；

2）工伤事故调查分析报告；

3）工伤事故档案。

（10）安全标志类

1）施工现场安全标志布置总平面图；

2）分阶段现场安全标志布置平面图；

3）消防设施布置图。

以上资料目录，集中了施工现场主要和基本的资料，但不是全部的资料目录，各工地还应当根据本工程施工特点，补充相关的书面资料。如，施工项目的工程概况类资料，企业的资质证书类资料，关于安全生产的法律、法规、部门规章、安全技术标准、指导性文件等等。同时，随着行业管理的不断完善，管理部门将会出台一些新的管理制度与要求，也应作为施工现场安全管理的必备资料，使安全资料管理更加科学、规范、合理。

3．施工现场生产安全资料的管理

（1）安全资料管理

1）项目设专职或兼职安全资料员；安全资料员持证上岗，以保证资料管理责任的落实；安全资料员应及时收集、整理安全资料，督促建档工作，促进企业安全管理上台阶。

2）资料的整理应做到现场实物与记录相符，行为与记录相吻合，以更好地反映出安全管理的全貌及全过程。

3）建立定期、不定期的安全资料的检查与审核制度，及时查找问题，及时整改。

4）安全资料实行按岗位职责分工编写，及时归档，定期装订成册的管理办法。

5）建立借阅台账，及时登记，及时追回，收回时做好检查工作，检查是否有损坏、丢失现象发生。

（2）安全资料保管

1）安全资料按篇及编号分别装订成册，装入档案盒内。

2）安全资料集中存放于资料柜内，加锁，专人负责管理，以防丢失、损坏。

3）工程竣工后，安全资料上交公司档案室储存、保管、备查。

思　考　题

1. 哪些施工项目应当编制专项安全施工组织设计？

2. 安全技术交底有哪些要求？

3. 简述安全检查的目的、内容。

4. 简述安全检查的形式、方法与要求。

5.《工程建设重大事故报告和调查程序规定》把重大事故分为几个等级？具体的划分标准是什么？

6. 简述重大事故的报告程序和内容要求。

7. 简述安全事故调查处理的程序。

8. 哪些情形认定为工伤？哪些情形视同工伤处理？

9. 工伤享受哪些待遇？

10. 工伤保险费如何缴纳？

11. 应急救援预案分几个级别？

12. 简述应急救援预案编制的主要内容和编制程序？

13. 现场触电急救的关键是什么？急救的方法有哪几种？

14. 发现人工挖孔桩井下挖土人员昏迷不醒时，首先应采取什么急救措施？

15. 施工现场的安全资料怎样分类管理？

六、现代安全生产管理

安全生产管理随着安全科学技术和管理科学发展而发展，系统安全工程原理和方法的出现，使安全生产管理的内容、方法、原理都有了很大的拓展。

现代安全管理的意义和特点在于：变传统的纵向单因素安全管理为现代的横向综合安全管理；变传统的事故管理为现代的事件分析与隐患管理（变事后型为预防型）；变传统的被动的安全管理对象为现代的安全管理动力；变传统的静态安全管理为现代的动态安全管理；变过去企业只顾生产经济效益的安全辅助管理为现代的效益、环境、安全与卫生的综合效果的管理；变传统的被动、辅助、滞后的安全管理模式为现代主动、本质、超前的安全管理模式。

（一）现代安全生产管理理论

1. 安全生产管理发展历史

18世纪中叶，蒸汽机的发明引起了工业革命，大规模的机器化生产开始出现，工人们在极其恶劣的作业环境中劳动，安全和健康时刻受到机器的威胁，伤亡事故和职业病不断出现。为了确保生产过程安全与健康，工人采用很多手段争取改善作业环境条件，一些学者也开始研究劳动安全卫生问题。安全生产管理的内容和范畴有了很大发展。

到20世纪初，现代工业兴起并快速发展，重大生产事故和环境污染相继发生，造成了大量的人员伤亡和巨大的财产损失，给社会带来了极大危害，使人们不得不在一些企业设置专职安全人员，对工人进行安全教育。到了20世纪30年代，很多国家设立了安全生产管理的政府机构，发布了劳动安全卫生的法律法规，逐步建立了较完善的安全教育、管理、技术体系，呈现了现代安全生产管理雏形。

20世纪50年代，经济的快速增长，生活水平的迅速提高，使人们要求不仅有工作机会，还要有安全与健康的工作环境。一些工业化国家，进一步加强了安全生产法律法规体系建设，在安全生产方面投入大量的资金进行科学研究，加强企业安全生产管理的制度化建设，产生了一些安全生产管理原理、事故致因理论和事故预防原理等风险管理理论，以系统安全理论为核心的现代安全管理方法、模式、思想、理论基本形成。

20世纪末，随着现代制造业和航空航天技术的飞跃发展，人们对职业安全卫生问题的认识也发生了很大变化，安全生产成本、环境成本等成为产品成本的重要组成部分，职业安全卫生问题成为非官方贸易壁垒的利器。在这种背景下，"持续改进"、"以人为本"的安全健康管理理念逐渐被企业管理者所接受，以职业安全健康管理体系为代表的企业安全生产风险管理思想开始形成，现代安全生产管理的内容更加丰富，现代安全生产管理理论、方法、模式以及相应的标准、规范更成熟。

现代安全生产管理理论、方法、模式是20世纪五十年代进入我国的，在20世纪六七十年代，我国开始吸收并研究事故致因理论、事故预防理论和现代安全生产管理思想。20世纪八九十年代，开始研究企业安全生产风险评价、危险源辨识和监控，我国一些企业管理者尝试安全生产风险管理。在20世纪末，我国几乎与世界工业化国家同步，研究并推行了职业安全健康管理体系。进入21世纪以来，我国有些学者提出了系统化企业安全生产风险管理的理论雏形，该理论认为企业安全生产管理是风险管理，管理的内容包括：危险源辨识、风险评价、危险预警与监测管理、事故预防与风险控制管理以及应急管理，该理论将现代风险管理完全融入到了安全生产管理之中。

2. 现代安全生产管理的原理与原则

（1）系统原理

1）系统原理的含义

系统原理是现代管理学的一个最基本原理。它是指人们在从事管理工作时，运用系统观点、理论和方法，对管理活动进行充分的系统分析，以达到管理的优化目标，即用系统论的观点、理论和方法来认识和处理管理中出现的问题。

所谓系统是由相互作用和相互依赖的若干部分组成的有机整体。任何管理对象都可以作为一个系统，系统可以分为若干个子系统，子系统可以分为若干个要素，即系统是由要素组成的。按照系统的观点，管理系统具有六个特征，即集合性、相关性、目的性、整体性、层次性和适应性。

安全生产管理系统是生产管理的一个子系统，它包括各级安全管理人员、安全防护设备与设施、安全管理规章制度、安全生产操作规范和规程以及安全生产管理信息等。安全贯穿生产活动的方方面面，安全生产管理是全方位、全天候和涉及全体人员的管理。

2）运用系统原理的原则

① 动态相关性原则。管理系统的各要素是运动和发展的，它们相互联系又相互制约。显然，如果管理系统的各要素都处于静止状态，就不会发生事故。

② 整分合原则。高效的现代安全生产管理必须在整体规划下明确分工，在分工基础上有效综合。运用该原则，要求企业管理者在制定整体目标和宏观决策时，必须将安全生产纳入其中，资金、人员和体系都必须将安全生产作为一项重要内容考虑。

③ 反馈原则。成功的高效管理，离不开灵活、准确、快速的反馈。企业生产的内部条件和外部环境在不断变化，所以必须及时捕获、反馈各种安全生产信息，及时采取行动。

④ 封闭原则。在任何一个管理系统内部，管理手段、管理过程等必须构成一个连续封闭的回路，才能形成有效的管理活动。在企业安全生产中，各管理机构之间、各种管理制度和方法之间，必须具有紧密的联系，形成相互制约的回路，才能有效。

（2）人本原理

1）人本原理的含义

在管理中必须把人的因素放在首位，体现以人为本的指导思想。以人为本有两层含义，其一是一切管理活动都是以人为本展开的，人既是管理的主体，又是管理的客体，每个人都处在一定的管理层面上，离开人就无所谓管理；其二是管理活动中，作为管理对象的要素和管理系统各环节，都需要人掌管、运作、推动和实施。

2）运用人本原理的原则

① 动力原则。管理必须有能够激发人的工作能力的动力。对于管理系统，有三种动力，即物质动力、精神动力和信息动力。

② 能级原则。现代管理认为，单位和个人都具有一定的能量，并且可按照能量的大小顺序排列，形成管理的能级。在管理系统中，建立一套合理能级，根据单位和个人能量的大小安排其工作，才能发挥不同能级的能量，保证结构的稳定性和管理的有效性。

③ 激励原则。激励就是利用某种外部诱因的刺激调动人的积极性和创造性，以科学的手段，激发人的内在潜力，使其充分发挥积极性、主动性和创造性。人的工作动力来源于内在动力、外部压力和工作吸引力。

（3）预防原理

1）预防原理的含义

通过有效的管理和技术手段，减少和防止人的不安全行为和物的不安全状态，在可能发生人身伤害、设备或设施损坏和环境破坏的场合，事先采取措施，防止事故发生。

2）运用预防原理的原则

① 偶然损失原则。事故后果以及后果的严重程度，都是随机的、难以预测的。反复发生的同类事故，并不一定产生完全相同的后果。偶然损失原则告诉我们，无论事故损失大小，都必须做好预防工作。

② 因果关系原则。事故的发生是许多因素互为因果连续发生的最终结果，只要事故的因素存在，发生事故是必然的，只是时间或迟或早而已。

③ 3E 原则。造成人的不安全行为和物的不安全状态的原因可归结为四个方面，即技术原因、教育原因、身体和态度原因以及管理原因。针对这四方面的原因，可以采取三种防止对策，即工程技术（Engineering）对策、教育（Education）对策和法制（Enforcement）对策，即所谓 3E 原则。

④ 本质安全化原则。本质安全化原则是指从一开始和从本质上实现安全化，从根本上消除事故发生的可能性，从而达到预防事故发生的目的。本质安全化原则不仅可以应用于设备、设施，还可以应用于建设项目。

（4）强制原理

1）强制原理的含义

采取强制管理的手段控制人的意愿和行为，使个人的活动、行为等受到安全生产管理要求的约束，从而实现有效的安全生产管理。换句话就是绝对服从，不必经被管理者同意便可采取控制行动。

2）运用强制原理的原则

① 安全第一原则。安全第一就是要求在进行生产和其他活动时把安全工作放在一切工作的首要位置。当生产和其他工作与安全发生矛盾时，要以安全为主，生产和其他工作要服从安全。

② 监督原则。在安全工作中，为了使安全生产法律规范得到落实，必须设立安全生产监督管理部门，对企业生产中的守法和执法情况进行监督。

3. 事故致因理论

事故发生有其自身的发展规律和特点，只有掌握事故发生的规律，才能保证安全生产系统处于安全状态。不少专家学者从不同的角度，对事故进行了研究，给出了很多事故致因理论，主要的有：

（1）事故频发倾向理论

1919 年，英国的格林伍德和伍兹把许多伤亡事故发生次数按照泊松分布、偏倚分布和非均等分布进行了统计分析发现，一些工人由于存在精神或心理方面的因素，如果在生产操作过程中发生过一次事故，当再继续操作时，就有重复发生第二次、第三次事故的倾向，如果企业中减少了事故频发倾向者，就可以减少安全事故。

（2）海因里希因果连锁理论

1931 年，美国的海因里希在《工业事故预防》一书中，论述了事故发生的因果连锁理论，又称"多米诺骨牌"原理。海因里希认为"88％的事故是由于人的不安全操作引起的，10％的事故是由于不安全行为引起的，2％是天灾造成的"。他提出了"五因素事故序列"学说，即事故因果连锁过程概括为以下五个因素：社会环境和管理；人的失误（或过失）；不安全行为或不安全状态；意外事件；伤害（后果）。海因里希用多米诺骨牌来形象地描述这种事故因果连锁关系。在多米诺骨牌系列中，一颗骨牌被碰倒了，则将发生连锁反应，其余的几颗骨牌相继被碰倒。如果移去中间的一颗骨牌，则连锁被破坏，事故过程被中止，如图 6-1 所示。该理论认为，安全管理的工作中心是防止人的不安全行为，消除设备或物的不安全状态。

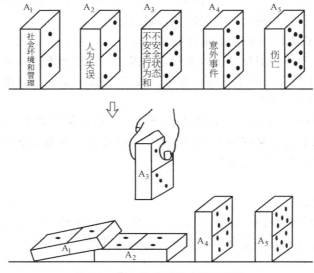

图 6-1　伤亡事故五因素连锁理论

（3）能量意外释放理论

1961 年吉布森提出了事故是一种不正常的或不希望的能量释放，各种形式的能量是构成伤害的直接原因。1966 年，美国运输部安全局局长哈顿完善了能量意外释放理论，提出了"人受伤害的原因只能是某种能量的转移"，在一定条件下某种形式的能量能否产生伤害造成人员伤亡事故取决于能量大小、接触能量时间长短和频率以及力的集中程度。根据能量意外释放论，可以利用各种屏蔽来防止意外的能量转移，从而防止事故的发生。

（4）系统安全理论

在 20 世纪 50 年代到 60 年代，美国研制洲际导弹的过程中，系统安全理论应运而生。

系统安全理论包括很多区别于传统安全理论的创新概念：

1）在事故致因理论方面，改变了人们只注重操作人员的不安全行为，而忽略硬件的故障在事故致因中作用的传统观念，开始考虑如何通过改善物的系统可靠性来提高复杂系统的安全性，从而避免事故。

2）没有任何一种事物是绝对安全的，任何事物中都潜伏着危险因素，通常所说的安全或危险只不过是一种主观的判断。

3）不可能根除一切危险源，可以减少来自现有危险源的危险性，宁可减少总的危险性而不是只彻底去消除几种选定的风险。

4）由于人的认识能力有限，有时不能完全认识危险源及其风险，即使认识了现有的危险源，随着生产技术的发展，新技术、新工艺、新材料和新能源的出现，又会产生新的危险源。安全工作的目标就是控制危险源，努力把事故发生概率减到最低，即使万一发生事故时，也把伤害和损失控制在较轻的程度上。

总之，现代安全管理包括两部分内容，即事故预防和事故控制，前者是指通过采用技术和管理手段使事故不发生，后者是通过采取技术和管理手段使事故发生后不造成严重后果或使后果尽可能减小。对于事故的预防与控制，应从安全技术、安全教育、安全管理等三方面入手，采取相应措施。

（二）现代安全管理技术

管理也是一种技术。安全管理的方法得当，是保证安全管理效能的重要因素。

1. 现代安全管理技术的发展趋势

现代安全管理技术从传统的行政手段、经济手段，以及常规的监督检查，发展到现代的法治手段、科学手段和文化手段；从基本的标准化、规范化管理，发展到以人为本、科学管理的技巧与方法。21世纪，安全管理系统工程、安全评价、风险管理、预期型管理、目标管理、无隐患管理、行为抽样技术、重大危险源评估与监控等现代安全管理方法，将会大显身手，安全文化的手段将成为重要的安全管理方法。

现代安全管理技术方法有：安全目标管理法；无隐患管理法；安全行为抽样技术；安全经济技术与方法；安全评价；安全行为科学；安全管理的微机应用；安全决策；事故判定技术；本质安全技术；危险分析方法；风险分析方法；系统安全分析方法；系统危险分析；故障树分析；PDCA循环法；危险控制技术；安全文化建设等。

2. 互联网远程视频监控技术

20世纪60年代后期，Internet首先在美国出现，80年代得到广泛的使用。尤其90年代至今，Internet已经变成覆盖全世界的计算机网络，再加上网络技术的日臻成熟和其给人们提供的数据共享、信息传递快捷可靠，不受时空限制和交互性等优点，使因特网已经成为信息时代的主要信息载体。基于Internet的远程测控技术更引起工业界的广泛关注，并在核电站监控、石油的输送管道远程监测、电网运行监控和机器人的远程控制等领域得到应用。

远程监控系统有两种类型，一种是生产现场没有现场监控系统，而是将数据采集后直接送到远程计算机进行处理，这种远程监控与一般的现场监控没有多大的区别，只是数据传输距离比现场监控系统要远，其他部分则和现场监控系统相同；另一种是现场监控与远程监控并存，一般是采用现场总线技术将分布于各处的传感器、监控设备等连接起来，然后把各个管理站点的服务再用局域网连接起来，形成企业内部网，在一个单位的内部基本上实现了资源和信息共享。

（1）互联网远程视频监控技术的功能

1）采集与处理功能

主要是对生产过程的各种模拟或数字量进行检测、采样和必要的预处理，并且以一定的形式输出，如打印报表、显示屏和电视等，为生产人员提供详实的数据，帮助他们进行分析，以便了解生产情况。

2）监督功能

对检测到的实时数据以及生产人员在生产过程中发出的指令和输入的数据进行分析、归纳、整理、计算等二次加工，并分别作为实时数据和历史数据加以存储。

3）管理功能

利用已有的有效数据、图像、报表等对工况进行分析、故障诊断、险情预测，并以声光电的形式对故障和突发事件报警。

4）控制功能

在检测的基础上进行信息加工，根据事先决定的控制策略形成控制输出，直接作用于生产过程。

（2）互联网远程视频监控技术在建筑业的应用

2006 年 8 月 16 日，天津市建委发布了《天津市建设工程施工现场远程视频监控管理信息系统实施办法》，开创了我国建设行政主管部门对建筑施工工地运用互联网远程视频监控技术进行监控的先河。

（3）互联网远程视频监控管理信息系统的构成

天津市建设工程施工现场远程视频监控管理信息系统如图 6-2 所示。

（4）互联网远程视频监控系统的功能和作用

天津市启用施工现场远程视频监控管理信息系统（以下简称远程视频监控系统），指应用视频信息网络对建设安全生产和施工现场环境保护、场容环境、作业条件进行远程实时图像监控管理，包括视频采集、传输、编解码和终端监控、录像，是对工程建设相关各责任主体履行安全文明施工责任的强制性监控措施，纳入建设工程安全文明施工责任管理体系。

建设行政主管部门设置远程视频监控系统指挥中心。通过集中管理软件直接对施工现场摄像机进行远程操作，对施工现场进行 24 小时实录监控。市指挥中心发现受远程视频监控施工现场存在安全事故隐患时，应立即告知施工现场，并要求有关单位及时整改或者暂时停止施工。有关单位的整改情况，应及时反馈市指挥中心。

此外，各区、县建设行政主管部门，各有关局、集团（总）公司，建设、监理单位和施工企业可按照各自职能和管理需要，在系统技术满足的前提下，经市建设行政主管部门同意，利用远程视频监控系统建立自己的局域监控网。

按照该办法，该市下列建设工程，必须应用远程视频监控系统，接受市建设行政主管部门管理。

1）中央及市、区县政府投资的建设工程；

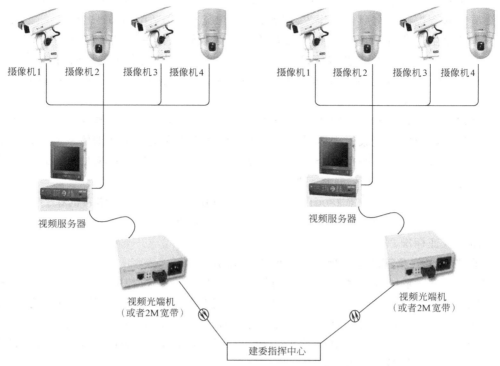

图 6-2　天津市建设工程施工现场远程视频监控管理信息系统

2）单体建筑面积达到 5000m² 以上或者群体建筑面积达到 10000m² 以上的房屋建筑工程；

3）投资规模（含设备投资）在 5000 万元人民币以上的工业及其他建设工程；

4）城市基础设施、铁路、交通、水利等专业建设工程的立交桥、跨河桥、隧道、地铁、车站、港口建设工程；

5）建筑物（构筑物）整体迁移工程。

（三）职业安全健康管理体系标准认证

职业安全健康管理体系（OHSMS）是 20 世纪 80 年代后期国际上兴起的现代安全管理模式，是国际上继 ISO 9000 质量管理体系标准和 ISO 14000 环境管理体系标准后世界各国关注的又一管理标准，是一套系统化、程序化和具有高度自我约束、自我完善的科学管理体系。其核心是要求企业采用现代化的管理模式、使包括安全生产管理在内的所有生产经营活动科学、规范并有效，通过建立安全健康风险的预测、评价、定期审核和持续改进完善机制，从而预防事故发生和控制职业危害。

国际标准化组织 ISO 一直致力于职业安全健康标准国际化，并分别于 1996、1997 年召开两次专门会议，但由于涉及人权问题而未达成一致。1999 年英国标准协会（BSI）、挪威船级社（DNV）等 13 个组织提出了 OHSAS 18000 标准。

我国于 1996 年立项对 OHSMS 在我国的实施进行了研究。1998 年中国劳动保护学会提出了《职业安全健康管理体系（试行）标准》；2001 年 12 月，国家经贸委颁布了《职业安全健康管理体系审核规范》（OHSMS—2001）；同月，国家标准化委员会和国家认证认可委员会联合发布了《职业健康安全管理体系规范》（GB/T 28001—2001）；2002年3月，国家安全生产监督管理局发布了《职业安全健康管理体系审核规范——实施指南》；2003年7月，国家安全生产监督管理局发布了《建筑企业职业安全健康管理体系实施指南》，为进一步加强建筑企业职业安全健康管理体系工作，规范建筑企业职业安全健康管理体系审核行为，奠定了基础。

值得说明的是，对OHSMS的中文名称很不统一，有称"职业健康安全管理体系"的，也有称"职业安全健康管理体系"的，还有称"职业安全卫生管理体系"的，无论如何，职业健康（卫生）应当是安全管理的重要内容。除了一些法规性文件外，本书一律称OHSMS为"职业安全健康管理体系"。

OHSMS—2001和GB/T 28001—2001标准与OHSAS 18001在体系的宗旨、结构和内容上相同或相近。因此，我国企业可以选择上述三个管理体系标准之一作为职业安全健康管理体系认证标准。

1. 职业安全健康管理体系标准（OHSMS）简介

OHSMS具有系统性、动态性、预防性、全员性和全过程控制的特征。OHSMS以"系统安全"思想为核心，将企业的各个生产要素组合起来作为一个系统，通过危险辨识、风险评价和控制等手段来达到控制事故发生的目的；OHSMS将管理重点放在对事故的预防上，在管理过程中持续不断地根据预先确定的程序和目标，定期审核和完善系统的不安全因素，使系统达到最佳的安全状态。

（1）标准的主要内涵

施工企业职业安全健康管理体系的建立，要以"预防为主"的观点，系统地分析识别、科学地组织监控各管理要素。OHSMS由17个要素构成（如图6-3所示），各有其功能，都是管理系统中不可缺少的要素，它们为体系的实施和保持提供了必要保障。而4.3.1、4.3.3、4.3.4、4.4.6、4.4.7、4.5.1构成了OHSMS的一条主线。

（2）建筑企业职业安全健康管理体系基本特点

建筑企业在建立与实施自身职业安全健康管理体系时，应注意充分体现建筑业的基本特点。

1）危害辨识、风险评价和风险控制策划的动态管理

建筑企业在实施职业安全健康管理体系时，应根据客观状况的变化，及时对危害辨识、风险评价和风险控制过程进行评审，并注意在发生变化前即采取适当的预防性措施。

2）强化承包方的教育与管理

建筑企业在实施职业安全健康管理体系时，应特别注意通过适当的培训与教育形式来提高承包方人员的职业安全健康意识与知识，并建立相应的程序与规定，确保他们遵守企业的各项安全健康规定与要求，并促进他们积极地参与体系实施和以高度责任感完成其相应的职责。

3）加强与各相关方的信息交流

建筑企业在施工过程中往往涉及多个相关方，如承包方、业主、监理方和供货方等。为了确保职业安全健康管理体系的有效实施与不断改进，必须依据相应的程序与规定，通过各种形式加强与各相关方的信息交流。

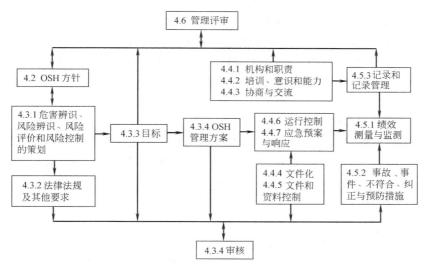

图 6-3　OHSMS 职业安全健康管理体系要素构成图

4）强化施工组织设计等设计活动的管理

必须通过体系的实施，建立和完善对施工组织设计或施工方案以及单项安全技术措施方案的管理，确保每一设计中的安全技术措施都根据工程的特点、施工方法、劳动组织和作业环境等提出有针对性的具体要求，从而促进建筑施工的本质安全。

5）强化生活区安全健康管理

每一承包项目的施工活动中都要涉及现场临建设施及施工人员住宿与餐饮等管理问题，这也是建筑施工队伍容易出现安全与中毒事故的关键环节。实施职业安全健康管理体系时，必须控制现场临建设施及施工人员住宿与餐饮管理中的风险，建立与保持相应的程序和规定。

6）融合

建筑企业应将职业安全健康管理体系作为其全面管理的一个组成部分，它的建立与运行应融合于整个企业的价值取向，包括体系内各要素、程序和功能与其他管理体系的融合。

（3）建筑业建立 OHSMS 的作用和意义

1）有助于提高企业的职业安全健康管理水平

OHSMS 概括了发达国家多年的管理经验。同时，体系本身具有相当的弹性，容许企业根据自身特点加以发挥和运用，结合企业自身的管理实践进行管理创新。OHSMS 通过开展周而复始的策划、实施、检查和评审改进等活动，保持体系的持续改进与不断完善，这种持续改进、螺旋上升的运行模式，将不断地提高企业的职业安全健康管理水平。

2）有助于推动职业安全健康法规的贯彻落实

OHSMS 将政府的宏观管理和企业自身的微观管理结合起来，使职业安全健康管理成为组织全面管理的一个重要组成部分，突破了以强制性政府指令为主要手段的单一管理模式，使企业由消极被动地接受监督转变为主动地参与的市场行为，有助于国家有关法律法规的贯彻落实。

3）有助于降低经营成本，提高企业经济效益

OHSMS要求企业对各个部门的员工进行相应的培训，使他们了解职业安全健康方针及各自岗位的操作规程，提高全体职工的安全意识，预防及减少安全事故的发生，降低安全事故的经济损失和经营成本。同时，OHSMS还要求企业不断改善劳动者的作业条件，保障劳动者的身心健康，这有助于提高企业职工的劳动效率，并进而提高企业的经济效益。

4）有助于提高企业的形象和社会效益

为建立OHSMS，企业必须对员工和相关方的安全健康提供有力的保证。这个过程体现了企业对员工生命和劳动的尊重，有利于改善企业的公共关系，提升社会形象，增强凝聚力，提高企业在金融、保险业中的信誉度和美誉度，从而增加获得贷款、降低保险成本的机会，增强其市场竞争力。

5）有助于促进我国建筑企业进入国际市场

建筑业属于劳动密集型产业。我国建筑业由于具有低劳动力成本的特点，在国际市场中比较有优势。但当前不少发达国家为保护其传统产业采用了一些非关税壁垒（如安全健康环保等准入标准）来阻止发展中国家的产品与劳务进入本国市场。因此，我国企业要进入国际市场，就必须按照国际惯例规范自身的管理，冲破发达国家设置的种种准入限制。OHSMS作为第三张标准化管理的国际通行证，它的实施将有助于我国建筑企业进入国际市场，并提高其在国际市场上的竞争力。

2. 施工企业职业安全健康管理体系认证的基本程序

建立OHSMS的步骤如下：领导决策→成立工作组→人员培训→危害辨识及风险评价→初始状态评审→职业安全健康管理体系策划与设计→体系文件编制→体系试运行→内部审核→管理评审→第三方审核及认证注册等。

建筑企业可参考如下步骤来制订建立与实施职业安全健康管理体系的推进计划：

（1）学习与培训

职业安全健康管理体系的建立和完善的过程，是始于教育，终于教育的过程，也是提高认识和统一认识的过程。教育培训要分层次、循序渐进地进行，需要企业所有人员的参与和支持。在全员培训基础上，要有针对性地抓好管理层和内审员的培训。

（2）初始评审

初始评审的目的是为职业安全健康管理体系建立和实施提供基础，为职业安全健康管理体系的持续改进建立绩效基准。

初始评审主要包括以下内容：

1）收集相关的职业安全健康法律、法规和其他要求，对其适用性及需遵守的内容进行确认，并对遵守情况进行调查和评价；

2）对现有的或计划的建筑施工相关活动进行危害辨识和风险评价；

3）确定现有措施或计划采取的措施是否能够消除危害或控制风险；

4）对所有现行职业安全健康管理的规定、过程和程序等进行检查，并评价其对管理体系要求的有效性和适用性；

5）分析以往建筑安全事故情况以及员工健康监护数据等相关资料，包括人员伤亡、职业病、财产损失的统计、防护记录和趋势分析；

6) 对现行组织机构、资源配备和职责分工等进行评价。

初始评审的结果应形成文件，并作为建立职业安全健康管理体系的基础。

为实现职业安全健康管理体系绩效的持续改进，建筑企业应参照职业安全健康管理体系实施章节中初始评审的要求定期进行复评。

（3）体系策划

根据初始评审的结果和本企业的资源，进行职业安全健康管理体系的策划。策划工作主要包括：

1) 确立职业安全健康方针；

2) 制定职业安全健康体系目标及其管理方案；

3) 结合职业安全健康管理体系要求进行职能分配和机构职责分工；

4) 确定职业安全健康管理体系文件结构和各层次文件清单；

5) 为建立和实施职业安全健康管理体系准备必要的资源；

6) 文件编写。

（4）体系试运行

各个部门和所有人员都按照职业安全健康管理体系的要求开展相应的安全健康管理和建筑施工活动，对职业安全健康管理体系进行试运行，以检验体系策划与文件化规定的充分性、有效性和适宜性。

（5）评审完善

通过职业安全健康管理体系的试运行，特别是依据绩效监测和测量、审核以及管理评审的结果，检查与确认职业安全健康管理体系各要素是否按照计划安排有效运行，是否达到了预期的目标，并采取相应的改进措施，使所建立的职业安全健康管理体系得到进一步的完善。

3. 施工企业职业安全健康管理体系认证的重点工作内容

（1）建立健全组织体系

建筑企业的最高管理者应对保护企业员工的安全与健康负全面责任，并应在企业内设立各级职业安全健康管理的领导岗位，针对那些对其施工活动、设施（设备）和管理过程的职业安全健康风险有一定影响的从事管理、执行和监督的各级管理人员，规定其作用、职责和权限，以确保职业安全健康管理体系的有效建立、实施与运行并实现职业安全健康目标。

（2）全员参与及培训

建筑企业为了有效地开展体系的策划、实施、检查与改进工作，必须基于相应的培训来确保所有相关人员均具备必要的职业安全健康知识，熟悉有关安全生产规章制度和安全操作规程，正确使用和维护安全和职业病防护设备及个体防护用品，具备本岗位的安全健康操作技能，及时发现和报告事故隐患或者其他安全健康危险因素。

（3）协商与交流

建筑企业应通过建立有效的协商与交流机制，确保员工及其代表在职业安全健康方面的权利，并鼓励他们参与职业安全健康活动，促进各职能部门之间的职业安全健康信息交流和及时接收处理相关方关于职业安全健康方面的意见和建议，为实现建筑企业职业安全健康方针和目标提供支持。

（4）文件化

与 ISO 9000 和 ISO 14000 类似，职业安全健康管理体系的文件可分为管理手册（A层次）、程序文件（B层次）、作业文件（C层次，即工作指令、作业指导书、记录表格等）三个层次。如图 6-4 所示。

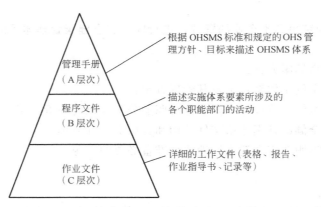

图 6-4　职业安全健康管理体系文件的层次关系

（5）应急预案与响应

建筑企业应依据危害辨识、风险评价和风险控制的结果、法律法规等的要求，以往事故、事件和紧急状况的经历以及应急响应演练及改进措施效果的评审结果，针对施工安全事故、火灾、安全控制设备失灵、特殊气候、突然停电等潜在事故或紧急情况从预案与响应的角度建立并保持应急计划。

（6）评价

评价的目的是要求建筑企业定期或及时地发现其职业安全健康管理体系的运行过程或体系自身所存在的问题，并确定出问题产生的根源或需要持续改进的地方。体系评价主要包括绩效测量与监测、事故和事件以及不符合的调查、审核、管理评审。

（7）改进措施

改进措施的目的是要求建筑企业针对组织职业安全健康管理体系绩效测量与监测、事故和事件以及不符合的调查、审核以及管理评审活动所提出的纠正与预防措施的要求，制定具体的实施方案并予以保持，确保体系的自我完善功能，并依据管理评审等评价的结果，不断寻求方法持续改进建筑企业自身职业安全健康管理体系及其职业安全健康绩效，从而不断消除、降低或控制各类职业安全健康危害和风险。职业安全健康管理体系的改进措施主要包括纠正与预防措施和持续改进两个方面。

4. 整合型认证

我国加入 WTO 以来，为了与国际前沿管理接轨，不少建筑施工企业都相继进行了 ISO 9001—2000 的质量管理体系、ISO 14001—1996 环境管理体系和 GB/T 18001 职业健康安全管理体系认证。由于标准的出台有先后，因此企业都在按各自不同的需要进行和采取了分别认证的管理方式，这样对一个企业就必须同时对质量（QMS）、环境（EMS）、安全（OHSMS）分别编制多套手册、多套程序、多次内审、多次监察，给企业带来了极大的麻烦和不便。近年来国际上就针对这一问题进行了整合型（或称一体化）国际认证管理体系的探索和尝试，即将两个或两个以上的管理体系有机的统一在一起运行。

尽管三个体系的目的不同，ISO 9000 质量体系是要满足质量管理和对顾客满意的要求，ISO 14000 环境管理体系要服从众多相关方的需求，特别是法规的要求，OHSAS 18000 职业健康安全管理体系则主要关注组织内部员工的人身权利。但三个体系都遵循相同的管理原理，依据标准在企业内部建立文件化的体系，依靠事前建立的文件体系指导和控制实际管理行为，都强调通过 PDCA 管理模式实现可持续改进。因此，不影响在体系建立过程中充分发挥其相同点所提供的条件，努力实现体系之间的协调、整合以及总体系的一体化，以便更好地发挥管理系统的功能。21 世纪的管理趋势是将这三个管理体系同时运用在企业的日常管理中，使顾客满意、社会满意、员工满意。

思 考 题

1. 现代安全生产管理有哪些管理和原则？
2. 什么是施工现场远程视频监控管理信息系统？
3. 简述我国 OHSMS（职业安全健康管理体系）的建立与发展过程。
4. 什么是 OHSMS，其基本要素有哪些？
5. 建立职业安全健康管理体系 OHSMS 的作用和意义是什么？

下篇 建筑施工安全技术

七、建筑施工分部分项工程安全技术

安全技术是指为了防止工伤事故和职业病危害，而采取的技术措施。实际施工中，根据工程特点、环境条件、劳动组织、作业方法、施工机械、供电设施等制定各分部分项工程的安全施工技术措施。安全技术措施是施工组织设计的重要组成部分。

（一）土方及基础工程安全施工技术

1. 土方施工

（1）土方施工及其特点

土方施工包括土（或石）方的挖掘、运输、回填、压实等主要施工过程，以及场地清理、测量放线、排水降水、土壁支护等准备和辅助工作。

土方工程的特点是：工程量大，劳动强度高，施工条件复杂，往往受场地限制。建筑工程土方工程施工，一般为露天作业。施工时受地下水文、地质、气候和施工地区的地形等因素的影响较大，不可确定的因素也较多，特别是城市内施工，场地狭窄，土方的开挖与土方的留置、存放都受到施工场地的限制，容易出现土壁坍塌、高处坠落、触电等安全事故。因此，施工前必须做好各项准备工作，进行充分的调查研究，根据基坑设计和场地条件，编写土方开挖专项施工方案。如采用机械开挖，挖土机械的通道布置、挖土顺序、土方运输等，都应避免引起对围护结构、基坑内的工程桩、支撑立柱和周围环境等的不利影响。

（2）土方开挖的安全措施

1）在施工组织设计中，要有单项土方工程施工方案，对施工准备、开挖方法、放坡、排水、边坡支护应根据有关规范要求进行设计，边坡支护要有设计计算书。

2）土方开挖的顺序、方法必须与设计工况一致，并遵循"开槽支撑、先撑后挖、分层开挖、严禁超挖"的原则。

3）挖土方前对周围环境要认真检查，不能在危险岩石或建筑物下面进行作业。

4）深基坑四周设防护栏杆，人员上下要有专用爬梯。

5）运土道路的坡度、转弯半径要符合有关安全规定。

6）弃土应及时运出，如需要临时堆土，或留作回填土，堆土坡脚至坑边距离应按挖坑深度、边坡坡度和土的类别确定，在边坡支护设计时应考虑堆土附加的侧压力。

7）为防止基坑底的土被扰动，基坑挖好后要尽量减少暴露时间，及时进行下一道工序的施工。如不能立即进行下一道工序，要预留15~30cm厚的覆盖土层，待基础施工时再挖去。

（3）人工开挖

1）挖土前根据安全技术交底了解地下管线、人防及其他构筑物情况和具体位置，地下构筑物外露时，必须进行加固保护。作业中应避开管线和构筑物，在现场电力、通信电缆2m范围内和在现场燃气、热力、给排水等管道1m范围内挖土时，必须在其业主单位人员监护下采取人工开挖。

2）开挖槽、坑、沟深度超过1.5m的，必须根据土质和深度情况，按安全技术交底放坡或加可靠支撑；遇边坡不稳、有坍塌危险征兆时，必须立即撤离现场，并及时报告施工负责人，采取安全可靠排险措施后，方可继续挖土。

3）槽、坑、沟必须设置人员上下坡道或安全梯。严禁攀登护壁支撑上下，或在沟、坑边壁上挖洞攀登爬上或跳下。施工间歇时，不得在槽、坑坡脚下休息。

4）挖土过程中遇有古墓、地下管道、电缆或其他不能辨认的异物和液体、气体时，应立即停止挖土，并报告负责人，待查明处理后，再继续挖土。

5）槽、坑、沟边1m以内不得堆土、堆料、停放机具。堆土高度不得超过1.5m。槽、坑、沟与建筑物、构筑物的距离不得小于1.5m。开挖深度超过2m时，必须在周边设两道牢固护身栏杆，并张挂密目式安全网。

6）人工挖土，前后操作人员横向间距不应小于2～3m，纵向间距不得小于3m。严禁掏洞挖土，抠底挖槽。

7）每日或雨后必须检查土壁及支撑稳定情况，在确保安全的情况下继续工作，并且不得将土和其他物件堆在支撑上，不得在支撑上行走或站立。混凝土支撑梁底面上的粘附物必须及时清除。

（4）机械开挖

1）施工机械进场前必须经过验收，合格后方能使用。

2）机械挖土，应严格控制开挖面坡度和分层厚度，防止边坡和挖土机下的土体滑动。挖土机作业半径内不得有人进入。司机必须持证作业。

3）机械挖土，启动前应检查离合器、液压系统及各铰接部分等，经空车试运转正常后再开始作业，机械操作中进铲不应过深，提升不应过猛，作业中不得碰撞基坑支撑。

4）机械不得在输电线路和线路一侧工作，不论在任何情况下，机械的任何部位与架空输电线路的最近距离应符合安全操作规程要求（根据现场输电线路的电压等级确定）。

5）机械应停在坚实的地基上，如基础过差，应采取走道板等加固措施，不得将挖土机履带与挖空的基坑平行2m停、驶。运土汽车不宜靠近基坑平行行驶，防止塌方翻车。

6）向汽车上卸土应在车子停稳定后进行，禁止铲斗从汽车驾驶室上越过。

7）场内道路应及时整修，确保车辆安全畅通，各种车辆应有专人负责指挥引导。

8）车辆进出门口的人行道下，如有地下管线（道）必须铺设厚钢板，或浇筑混凝土加固。车辆出大门口前，应将轮胎冲洗干净，不污染道路。

（5）关于土石方机械安全使用的强制性条文

1）土石方机械安全使用基本要求强制性条文

① 作业前，应查明施工场地明、暗设置物（电线、地下电缆、管道、坑道等）的地点及走向，并采用明显记号表示。严禁在离电缆1m距离以内作业。

② 机械运行中，严禁接触转动部位和进行检修。在修理（焊、铆等）工作装置时，

应使其降到最低位置，并应在悬空部位垫上垫木。

③ 在施工中遇下列情况之一时应立即停工，待符合作业安全条件时，方可继续施工：

A. 填挖区土体不稳定，有发生坍塌危险时；

B. 气候突变，发生暴雨、水位暴涨或山洪暴发时；

C. 在爆破警戒区内发出爆破信号时；

D. 地面涌水冒泥，出现陷车或因雨发生坡道打滑时；

E. 工作面净空不足以保证安全作业时；

F. 施工标志、防护设施损毁失效时。

④ 配合机械作业的清底、平地、修坡等人员，应在机械回转半径以外工作。当必须在回转半径以内工作时，应停止机械回转并制动好后，方可作业。

2）关于挖掘装载机安全使用的强制性条文

在行驶或作业中，除驾驶室外，挖掘装载机任何地方均严禁乘坐或站立人员。

3）关于推土机安全使用的强制性条文

推土机行驶前，严禁有人站在履带或刀片的支架上，机械四周应无障碍物，确认安全后，方可开动。

4）关于拖式铲运机安全使用的强制性条文

① 作业中，严禁任何人上下机械，传递物件，以及在铲斗内、拖把或机架上坐立。

② 非作业行驶时，铲斗必须用锁紧链条挂牢在运输行驶位置上，机上任何部位均不得载人或装载易燃、易爆物品。

5）关于轮胎式装载机安全使用的强制性条文

装载机转向架未锁闭时，严禁站在前后车架之间进行检修保养。

6）关于风动凿岩机安全使用的强制性条文

① 严禁在废炮眼上钻孔和骑马式操作，钻孔时，钻杆与钻孔中心线应保持一致。

② 在装完炸药的炮眼5m以内，严禁钻孔。

7）关于电动凿岩机安全使用的强制性条文

电缆线不得敷设在水中或在金属管道上通过。施工现场应设标志，严禁机械、车辆等在电缆上通过。

2. 基坑工程

（1）基坑工程及其特点

1）基坑侧壁的安全等级分为三级：

① 符合下列情况之一，为一级基坑：

A. 重要工程或支护结构做主体结构的一部分；

B. 开挖深度大于10m；

C. 与临近建筑物、重要设施的距离在开挖深度以内的基坑；

D. 基坑范围内有历史文物、近代优秀建筑、重要管线等需严加保护的基坑。

② 三级基坑为开挖深度小于7m，且周围环境无特别要求的基坑。

③ 除一级和三级外的基坑属于二级基坑。

④ 当周围已有的设施有特殊要求时，尚应符合这些要求。

2）基坑工程特点

基坑开挖过程中，由于受土的类别、土的含水程度、气候以及基坑边坡上方附加荷载的影响，当土体中剪应力增大到超过土体的抗剪强度时，边坡或土壁将失去稳定而塌方，导致安全事故。

一般地，把深度小于5m的称为浅基坑；深度大于5m的称为深基坑。基坑土方开挖的施工工艺一般有两种：放坡开挖和支护开挖。基坑边坡支护都要编制专项施工方案，并进行设计计算。按照《建设工程安全生产管理条例》的要求，深基坑方案应组织专家论证审查，合格后方可实施。

（2）浅基坑工程

1）直壁不加支撑

无地下水或地下水低于基坑（槽）底面且土质均匀时，无地下水位影响，且开挖后敞露时间不长时，开挖的基坑可以不放坡和不加支护，而保持直壁。但挖深不应超过表7-1的规定。

直立壁不加支撑的挖土深度 表7-1

土 层 类 别	挖深允许值（m）
密实、中密的砂土和碎石类石（充填物为砂土）	1.00
硬塑、可塑的黏质粉土及粉质黏土	1.25
硬塑、可塑的黏性土和碎石类石（充填物为黏性土）	1.50
坚硬的黏性土	2.00

2）放坡

开挖土方的深度超过一定限度时，基坑边坡应做成一定的坡度。土方放坡的大小与土质、开挖深度、开挖方法、边坡留置时间、排水情况、土体上堆积的荷载、周围环境、场地大小等有关。当土质均匀、地下水位低于基坑底面标高时，可以放坡，放坡的最陡坡度与土质情况等相关。如：中密砂土，当坡顶无荷载时放坡的高与宽之比为1∶1；当坡顶有堆土或堆放材料时，放坡的高与宽之比为1∶1.25；当坡顶有挖土机或汽车运输时，放坡的高与宽之比为1∶1.5。由此可以看出同一类土，坡顶的荷载越大，坡的宽度越大。

3）支护

基坑开挖若因场地的限制不能放坡或放坡后所增加的土方量太大，可采用设置挡土支撑的方法。支撑形式多种多样，一般可用临时挡墙或喷锚网支护。

（3）深基坑工程

1）深基坑工程

深基坑工程必须进行支护，常用支护结构如图7-1所示。

2）深基坑工程监测

为了确保基坑工程的安全。深基坑工程施工过程中必须进行监测。

① 监测内容

A. 围护结构监测。主要有：围护结构完整性及强度监测；围护结构顶部水平位移监测；围护结构倾斜监测；围护结构沉降监测；围护结构应力监测；支撑轴力监测；立柱沉降监测等。

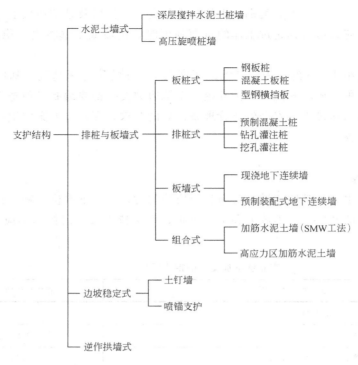

图 7-1　基坑支护结构类型

B. 周围环境监测。主要项目有：邻近建筑物沉降、倾斜和裂缝发生时间及发展过程的监测；邻近构筑物、道路、地下管网等设施变形监测；表层土体沉降、水平位移以及深层土体分层沉降和水平位移监测；围护结构侧面土压力监测；坑底隆起监测；土层孔隙水压力监测；地下水位监测。

② 施工监测要重点把好三个环节：

A. 监测单位的确定；

B. 基坑工程监测项目、监测大纲的制定和内容的完备性；

C. 监测资料的收集和传递要求。

3）深基坑工程的其他安全问题

① 基坑周边的安全　处于城市中的工程，基坑周边留给施工用的空地较少，材料堆放、大型机械设备停放，都必须征得基坑工程设计者的同意。深度超过 2m 的基坑周边还应设置不低于 1.2m 高的固定防护栏杆。

② 行人支撑上的护栏　面积较大的基坑，工人往往在支护结构的水平支撑上行走，应合理选择部分支撑，采取一定的防护措施，作为坑内架空便道。其他支撑上一律不得行人，并采取措施将其封堵。

③ 基坑内扶梯的合理设置　基坑内必须合理设置上、下人的扶梯或其他形式的通道，结构应尽可能是平稳的踏步式，以便作业人员随身携带工具或少量材料。

④ 大体积混凝土施工中的防火　高层建筑大体积混凝土基础底板施工，为避免温差裂缝，通常采用在混凝土表面先铺盖一层塑料薄膜，再覆盖 2～3 层草包的保温措施，要特别注意防火，周围严禁烟火，并配备一定数量的灭火器材。

⑤ 钢筋混凝土支撑爆破时的安全防范 深基坑钢筋混凝土支撑的拆除往往采用爆破方法，必须由取得主管部门批准的有资质的企业承担，其爆破拆除方案必须经主管部门的审批。爆破施工除按有关规范执行外，施工现场必须采取一定的防护措施，如：合理分块分批施爆，搭设防护棚、防护挡板，选择适当的爆破时间等。

3. 人工挖孔桩施工

人工挖孔桩施工极易发生土壁坍塌、物体打击、中毒窒息、触电等安全事故。

(1)《建筑桩基技术规范》（JGJ 94—94）纳入工程建设标准强制性条文的规定

1) 孔内必须设置应急软爬梯；供人员上下井，使用的电葫芦、吊笼等应安全可靠并配有自动卡紧保险装置，不得使用麻绳和尼龙绳吊挂或脚踏井壁凸缘上下。电葫芦使用前必须检验其安全起吊能力。

2) 每日开工前必须检测井下的有毒有害气体，并应有足够的安全防护措施。桩孔开挖深度超过 10m 时，应有专门向井下送风的设备。

3) 孔口四周必须设置护栏，一般加 0.8m 高围栏围护。

4) 挖出的土石方应及时运离孔口，不得堆放在孔口四周 1m 范围内，机动车辆的通行不得对井壁的安全造成影响。

5) 施工现场的一切电源、电路的安装和拆除必须由持证电工操作；电器必须严格接地、接零和使用漏电保护器。各孔用电必须分闸，严禁一闸多用。孔上电缆必须架空2.0m 以上，严禁拖地和埋压土中，孔内电缆、电线必须有防磨损、防潮、防断等保护措施。照明应采用安全矿灯或 12V 以下的安全灯。

(2) 基本作业条件

1) 宜在无水或少水的密实土层或岩层中进行。

2) 挖孔孔径不能过小，孔壁支护后的净孔径不小于 0.8m。

3) 挖孔深度不超过 40m。

4) 作业人员宜选用年轻力壮、身体健康且经过人工挖孔安全技术培训合格的人员持证上岗。凡患有精神病、高血压、心脏病、癫痫病、聋哑人等均不能参加挖孔作业。

(3) 安全技术措施

1) 孔口安全防护

① 孔口操作平台搭设应牢固且自成体系，人员或渣料进出口处应设置高度不小于0.8m 的安全围栏。

② 孔口附近地表排水必须畅通，严禁积水。

③ 孔口护壁制作时应高出自然地面 0.3m 以上，作业过程中应经常清除孔口四周撒落的渣土，以保持孔口井坎高度。

④ 作业过程中，孔口近旁应设置安全禁区，严禁在孔口近旁堆放弃方、物料或重型机械、载重汽车靠近桩孔行走。

⑤ 挖孔桩在成桩前，孔口处应设置安全警示标志、夜间示警红灯及孔口罩盖，严防挖孔间歇期间人畜掉入孔内。

2) 孔内安全防护

① 按规定设置护壁，挖一段设置一段护壁，严禁违规超挖。

② 出渣送料用的起重提升机具制作、安装必须符合安全使用的要求，操作提升机具

应遵守安全技术操作规程，严防提升的渣料呈"自由坠落状"坠入孔底。

③ 孔内挖土时，作业人员头顶上方距孔底 2.5m 高处应设置半圆形防护挡板，当渣料进出桩孔时孔底作业人员则应在防护挡板下方躲避。

④ 孔内井壁上应设置安全爬梯，严禁作业人员攀登井绳或脚踩桩孔护壁台阶出入桩孔。

⑤ 作业人员下孔前必须先检查孔内尤其是孔底部位的空气成分，确认安全无误后方可下孔作业。

⑥ 检测孔内空气成分应用气体检测仪测试，以确保检测结果正确可靠。

⑦ 当孔内空气成分中 $CO_2 > 0.3\%$、$H_2S > 10mg/m^3$、$O_2 < 18\%$时，必须用鼓风机向孔内送风置换，直到孔内空气成分符合安全作业标准，作业人员方可入孔作业。

⑧ 挖孔深度超过 10m 后，孔内作业过程中应进行不间断送风方式作业，送风量不小于 25L/s。

3）作业人员安全措施

① 作业人员必须正确佩戴安全帽、使用安全带。孔内作业人员身系的"强提保险绳"不能随意摘除。

② 孔内作业应勤换班，连续工作时间不宜超过 2 小时。

③ 夜间一般禁止挖孔作业，特殊情况需夜班作业时，必须办理批准手续，并有切实可靠的安全监控措施。

4）安全供用电

① 孔外供电缆线必须架空敷设，严禁拖地或埋地敷设。

② 孔内照明用 12V 安全电压，防水带罩灯泡，密闭型防水绝缘电缆引下，并预先作防断防磨损的保护措施，每孔配置漏电保护器，按规定检测确保正常工作。

③ 挖孔作业需抽水时，应在孔内作业人员上到地面以后再进行。

5）安全监护

① 孔内作业时，孔口操作平台上必须有 2 人以上配合，并承担对孔内作业人员的安全监护责任，严禁脱岗或擅离职守。

② 挖孔作业中应密切注意孔内突发险情的出现，以便及时处理或撤离桩孔。常见的异常险情有：地下水突然增大、出现涌砂涌泥、桩孔护壁变形、异味气体、孔内作业人员突然瘫软倒在孔底等。

6）群桩开挖

群桩挖孔作业，应确保安全作业间距。

① 当桩净距 < 2d（d 为桩径）且 < 2.5m 时，应采用间隔开挖方式作业；

② 排桩跳挖的最小施工净距不小于 4.5m；

③ 相邻 5m 范围内有桩孔浇筑混凝土时，应停止本孔作业，且孔内不能留人。

7）孔内爆破

孔内需要用爆破法清除孤石、岩层时，必须按《爆破安全规程》办理，并严格控制药量，确保桩孔安全。

① 桩孔爆破应有专人负责指挥爆破作业与施工。

② 桩孔爆破应严格控制超挖量，不应过量装药，掏槽眼与周边孔不应同时起爆。

③ 孔深不足 10m 时，孔口应做重点覆盖防护；孔深超过 10m 时，可作一般防护。

④ 桩孔开挖应合理安排工序或采取措施，控制开挖爆破对邻孔的震动影响，保证邻孔孔壁和桩体的安全。

（二）结构工程安全施工技术

1. 砌筑工程

砌筑工程施工过程中容易发生高处坠落事故和物体打击事故。

（1）砌砖工程

1）脚手架上堆料量不得超过规定荷载和高度，同一块脚手板上的操作人员不得超过 2 人。

2）砌墙时，每个工作班的砌筑高度不得超过 1.8m，砖柱和独立构筑物的砌筑高度，每个工作班也不得超过 1.8m，冬期施工更要严格控制一次砌筑高度。

3）不得站在墙顶上做划线、勾缝和清扫墙面或检查大角垂直等工作。

4）不得用不稳固的工具或物体在脚手板面垫高操作，脚手板不允许有探头现象，不准用 5cm×10cm 木料或钢模板作立人板。

5）砌筑作业时不得勉强在高度超过胸部以上的墙体上进行，以免将墙碰撞倒塌或失稳坠落或砌块失手掉下造成事故。

6）对石料加工凿面时要戴防护眼镜，防止石渣、石屑飞溅伤害眼睛或皮肤。

7）用里脚手架砌筑时，其脚手板操作面不得超过砌体高度，一般应低于 20cm。墙外要伸支 2～4m 宽的安全网。在临街面、人行道或居民区，应搭设牢固的防护棚。

8）在同一垂直面内上下交叉作业时，必须设置安全隔板，操作人员戴好安全帽。

9）冬期施工时应采取防冰、防治措施，及时清扫脚手架上的冰冻积雪。

（2）砌块工程

砌块砌筑作业除执行常规安全操作规程外，还应注意：

1）作业前，必须检查各起重机械、夹具、绳索、脚手架以及其他施工安全设施，尤其应重点检查夹具的灵活可靠性能、剪刀夹具悬空吊起后是否自动拉拢，夹板齿或橡胶块是否磨损，夹板齿槽内是否有垃圾杂物。

2）夹具的夹板应夹在砌块的中心线上，如砌块歪斜，应撬正后再夹。

3）砌块吊运时、扒杆及吊钩下不得站人或进行其他操作。

4）堆放砌块的场地应平整，无杂物。在楼面卸下、堆放砌块时，应避免冲击，严禁倾卸和撞击楼板。

5）砌块堆放应靠近楼板端部，砌块的备量不准超过楼板的允许承载能力。否则应采取相应的加固措施。

6）砌块吊装就位，应待砌块放稳到位后，方可松开夹具。

7）就位的砌块，应立即进行竖缝灌浆，对稳定性较差的窗间墙、独立柱和挑出墙面较多的部位，应加临时支撑。

8）在砌块砌体上，不宜拉缆风绳，不宜吊挂重物，不宜作其他临时设施的支承点。

2. 钢筋混凝土结构工程

（1）模板工程

1）模板工程概述

① 模板工程施工特点　模板工程多为高处作业，施工过程需要与脚手架、起重作业配合，施工过程中容易发生物体打击、机械伤害、起重伤害、高处坠落、触电等安全事故。模板工程必须经过设计计算，并绘制模板施工图，制定相应的施工安全技术措施。特别是当前高层与大跨度混凝土结构日益增多，模板结构的设计与施工不合理、强度或稳定性不足、操作不符合要求等将会导致模板体系破坏，造成坍塌事故，导致人员伤亡。

② 模板的种类

模板通常由三部分组成：模板面、支撑结构（包括水平支承结构，如龙骨、桁架、小梁等，以及垂直支承结构，如立柱、格构柱等）和连接配件（包括穿墙螺栓、模板面连接卡扣、模板面与支承构件以及支承构件之间连接零配件等）。

现浇混凝土的模板体系，按支模的部位和模板的受力不同一般可分为竖向模板和横向模板两类。

竖向模板主要用于剪力墙墙体、框架柱、筒体等竖向结构的施工。常用的有：大模板、液压滑升模板、爬升模板、提升模板、筒子模以及传统的组合模板散装散拆等。

横向模板主要用于钢筋混凝土楼盖结构的施工。常用的有：组合模板散装散拆，各种类型的台模、隧道模等。

按制作的材料，模板有木模板、钢模板、竹（木）胶合板、塑料模板、铝合金模板。

按构造形式，模板有定型组合钢模板、钢框木（竹）胶合板组合模板等。

③ 模板及其支架的设计要求

A. 应具有足够的承载能力、刚度和稳定性，应能可靠地承受新浇混凝土的自重、侧压力和施工过程中所产生的荷载及风荷载。

B. 构造应简单，装拆方便，便于钢筋的绑扎、安装和混凝土的浇筑、养护等要求。

④ 模板及其支架的设计及施工方案应包括的内容

A. 根据混凝土的施工工艺和季节性施工措施，确定其构造和所承受的荷载；

B. 绘制配板图、支撑设计布置图、细部构造和异型模板大样图；

C. 按模板承受荷载的最不利组合对模板进行验算；

D. 制定模板安装及拆除的程序和方法；

E. 编制模板及配件的规格、数量汇总表和周转使用计划；

F. 编制模板施工安全、防火技术措施及设计、施工说明书。

⑤ 模板及其支架设计应考虑的各项荷载

A. 模板及其支架自重；

B. 新浇筑混凝土自重；

C. 钢筋自重；

D. 施工人员及施工设备荷载；

E. 振捣混凝土时产生的荷载；

F. 新浇筑混凝土对模板侧面的压力；

G. 倾倒混凝土时产生的荷载。

⑥ 模板及其支撑体系的荷载规定

A. 模板及支架自重标准值。模板及其支架的自重标准值应根据模板设计图纸确定。对肋形楼板及无梁楼板模板的自重标准值，可按表 7-2 采用。

楼板模板自重标准值（kN/m²）   表 7-2

模 板 构 件 名 称	木模板	定型组合钢模板
平板的模板及小楞	0.3	0.5
楼板模板(其中包括梁的模板)	0.5	0.75
楼板模板及其支架(楼层高度为 4m 以下)	0.75	1.1

B. 新浇筑混凝土自重标准值。对普通混凝土可采用 24kN/m³，对其他混凝土可根据实际重力密度确定。

C. 钢筋自重标准值。钢筋自重标准值应根据设计图纸确定。对一般梁板结构每立方米钢筋混凝土的钢筋自重标准值可采用：楼板 1.1kN；梁 1.5kN。

D. 施工人员及设备荷载标准值：

（A）计算模板及直接支承模板的小楞时，对均布荷载取 2.5kN/m²，另应以集中荷载 2.5kN 再行验算；比较两者所得的弯矩值，按其中较大者采用。

（B）计算直接支承小楞结构构件时，均布活荷载取 1.5kN/m²。

（C）计算支架立柱及其他支承结构构件时，均布活荷载取 1.0kN/m²。

E. 振捣混凝土时产生的荷载标准值。对水平面模板可采用 2.0kN/m²；对垂直面模板可采用 4.0kN/m²。

F. 新浇筑混凝土对模板侧面的压力标准值。采用内部振捣器时，新浇筑的混凝土作用于模板的最大侧压力，应根据混凝土的浇筑速度、初凝时间、计算高度等通过计算确定。

G. 倾倒混凝土时产生的荷载标准值。倾倒混凝土时对垂直面模板产生的水平荷载标准值可按表 7-3 采用。

倾倒混凝土时产生的水平荷载标准值（kN/m²）   表 7-3

向 模 板 内 供 料 方 法	水平荷载
溜槽、串筒或导管	2
容量小于 0.2m³ 的运输器具	2
容量为 0.2～0.8m³ 的运输器具	4
容量为大于 0.8m³ 的运输器具	6

2）模板安装的安全要求

① 模板工程作业高度在 2m 和 2m 以上时，应根据高空作业安全技术规范的要求进行操作和防护，在 4m 以上或二层及二层以上，周围应设安全网和防护栏杆。

② 支模应按规定的作业程序进行，模板未固定前不得进行下一道工序。严禁在连接件和支撑件上攀登上下，并严禁在上下同一垂直面安装、拆卸模板。

③ 支设高度在 3m 以上的柱模板，四周应设斜撑，并应设立操作平台，低于 3m 的可用马凳操作。

④ 支设悬挑形式的模板时，应有稳定的立足点。支设临空构筑物模板时，应搭设支架。模板上有预留洞时，应在安装后将洞盖没。混凝土板上拆模后形成的临边或洞口，应

按规定进行防护。

⑤ 操作人员上下通行时，不许攀登模板或脚手架；不许在墙顶、独立梁及其他狭窄而无防护栏的模板面上行走。

⑥ 模板支撑不能固定在脚手架或门窗上，避免发生倒塌或模板位移。

⑦ 在模板上施工时，堆物不宜过多，不宜集中一处，大模板的堆放应有防倾措施。

⑧ 冬期施工，应对操作地点和人行通道的冰雪事先清除；雨期施工，对高耸结构的模板作业应安装避雷设施；五级以上大风天气，不宜进行大块模板的拼装和吊装作业。

3）模板拆除的安全要求

① 模板支撑拆除前，混凝土强度必须达到设计要求，并应申请、经技术负责人批准后方可进行。

② 各类模板拆除的顺序和方法，应根据模板设计的规定进行，如无具体规定，应按先支的后拆，先拆非承重的模板，后拆承重的模板和支架的顺序进行拆除。

③ 拆模时必须设置警戒区域，并派人监护。拆模必须拆除干净彻底，不得留有悬空模板。

④ 拆模高处作业，应配置登高用具或搭设支架，必要时应戴安全带。

⑤ 拆下的模板不准随意向下抛掷，应及时清理。临时堆放处离楼层边沿不应小于1m，堆放高度不得超过1m，楼层边口、通道口、脚手架边缘严禁堆放任何拆下物件。

⑥ 拆模间歇时，应将已活动的模板、牵杠、支撑等运走或妥善堆放，防止因踏空、扶空而坠落。

（2）钢筋工程

现场钢筋制作的安全技术要求参看第九章"施工机具安全使用技术"中"（三）钢筋加工机械"的相关内容。

1）钢筋制作强制性条文规定

① 受力预埋件的锚筋应采用 HPB235 级、HRB335 级或 HRB400 级钢筋，严禁采用冷加工钢筋。

② 预制构件的吊环应采用 HPB235 级钢筋制作，严禁使用冷加工钢筋，吊环埋入混凝土的深度不应小于 30d，并应焊接或绑扎在钢筋骨架上。

2）现场钢筋绑扎安全技术

① 搬运钢筋要注意附近有无障碍物、架空电线和其他临时电气设备，防止钢筋在回转时碰撞电线或发生触电事故。

② 现场绑扎悬空大梁钢筋时，不得站在模板上操作，必须在脚手板上操作；绑扎独立柱钢筋时，不准站在箍筋上绑扎，也不准将木料、管子、钢模板穿在箍筋内作为立人板。

③ 起吊钢筋骨架，下方禁止站人，必须待骨架降到距模板 1m 以下才准靠近，就位支撑好方可摘钩。

④ 起吊钢筋时，规格必须统一，不准长短参差不一，不准一点绑扎起吊。

⑤ 钢筋骨架不论是否固定，不得在其上行走，且不得从柱子的箍筋上下。

⑥ 高空作业时，不得站在模板或墙上操作，不得将钢筋集中堆放在模板和脚手板上，也不得将工具、箍筋、短钢筋随意放在脚手板上，以免滑下伤人。

⑦ 在深坑下或较密的钢筋中绑扎钢筋时，照明电源应用低压，并禁止将高压电线拴挂在钢筋上。

⑧ 主体交叉作业时，电弧焊接钢筋与绑扎钢筋作业竖向位置应相互错开，防止火花溅落灼伤人。

（3）混凝土工程

1）参加施工的各工种应遵守有关安全技术规程，坚守职责，随时检查混凝土浇筑过程中的模板、支撑、钢筋、架子平台、电线、设备等的工作动态，发现模板有松动、变形、走移，钢筋埋件移位等情况，应立即整改。

2）用塔吊、料斗浇捣混凝土时，指挥扶斗人员与塔吊司机应密切配合，当塔吊下放料斗时，操作人员应主动避让，随时注意防止料斗碰人坠落。

3）离楼（地）面2m以上浇筑框架、梁、柱、雨篷、阳台的混凝土时，应搭设操作平台，并有安全防护措施，必要时戴安全带，扣好保险钩。严禁直接站在模板或支撑上操作，以避免踩滑或踏断而发生坠落事故。

4）移动振动器时，不能硬拉电线，更不能在钢筋和其他锐利物上拖行，防止割破、拉断电线而造成触电伤亡事故。

5）预应力灌浆，应严格按照规定压力进行、输浆管应畅通，阀门接头严密牢固。

6）浇筑混凝土使用溜槽、串筒时，溜槽应固定牢固，串筒节间应连接可靠，操作部位应设护身栏杆，严禁直接站在溜槽帮上操作。

3. 结构安装工程安全施工技术

结构安装工程主要使用各种类型的起重机进行施工作业，容易发生起重伤害、高处坠落、物体打击、车辆伤害、触电等安全事故。

（1）《建筑机械使用安全技术规程》（JGJ 33—2001）纳入强制性条文的起重吊装作业规定

1）起重吊装的指挥人员必须持证上岗，作业时应与操作人员密切配合，执行规定的指挥信号。操作人员应按照指挥人员的信号进行作业，当信号不清或错误时，操作人员可拒绝执行。

2）起重机的变幅指示器、力矩限制器、起重量限制器以及各种行程限位开关等安全保护装置，应完好齐全、灵敏可靠，不得随意调整或拆除。严禁利用限制器和限位装置代替操纵机构。

3）起重机作业时，起重臂和重物下方严禁有人停留、工作或通过。重物吊运时，严禁从人上方通过。严禁用起重机载运人员。

4）严禁使用起重机进行斜拉、斜吊和起吊地下埋设或凝固在地面上的重物以及其他不明重量的物体。现场浇筑的混凝土构件或模板，必须全部松动后方可起吊。

5）严禁起吊重物长时间悬挂在空中，作业中遇突发故障，应采取措施将重物降落到安全地方，并关闭发动机或切断电源后进行检修。在突然停电时，应立即把所有控制器拨到零位，断开电源总开关，并采取措施使重物降到地面。

（2）施工方案

1）施工前必须编制专项施工方案。施工方案应包括：现场环境、工程概况、施工工艺、起重机械的选型依据，土法吊装还应有起重扒杆的设计计算，地锚设计、钢丝绳及索具的设计选用，地耐力及道路的要求，构件堆放就位图以及吊装过程中的各种防护措施等。

2）施工方案必须针对工程状况和现场实际，具有指导性，并经上级技术部门审批确认符合要求。

（3）安全技术措施

1）起重吊装作业人员要求

① 起重吊装作业人员包括起重工、电工、司机、指挥等，属于特种作业人员，必须经有关部门培训考核合格，发给《中华人民共和国特种作业操作证》方可操作。

② 起重机司机所持《中华人民共和国特种作业操作证》的操作项目，必须与司机所驾驶起重机类型相符。汽车吊、轮胎吊必须由起重机司机驾驶，严禁同车的汽车司机与起重机司机相互替代（司机持有两种证的除外）。

③ 起重机的信号指挥人员应经特种作业安全技术培训考核并取得《中华人民共和国特种作业操作证》。其信号应符合《起重吊运指挥信号》（GB 5082—85）的规定。

2）起重吊装作业机械要求

① 作业前应对起重机械、工具绳索作全面检查，并对起吊物的捆绑进行全面的检查，确认符合有关要求后，方可进行起重吊装作业。

② 起重机的行驶道路必须平整、坚实可靠。一般情况纵向坡度不大于3‰，横向坡度不大于1‰。地耐力应符合进行吊装作业的起重机的使用说明书要求。

③ 当地面平整度与地耐力不能满足要求时，应采用路基箱、道木等铺垫，确保起重机的安全作业条件。

④ 起重机不得停置在斜坡上工作、回转，不允许起重机两边履带或轮胎一高一低。

⑤ 严禁超负荷使用起重设备；不准斜拉、斜吊；不得起吊埋于地下和粘在地面或其他物体上的重物。

⑥ 多机抬吊作业，必须随时掌握各台起重机的同步情况；单机负载不得超过该机额定起重量的80%；双机抬吊时不得超过两机额定起重量之和的75%。

⑦ 起重机的变幅指示器、力矩限制器、行程开关等安全保护装置不得随意调整和拆除，亦不得用限位装置代替操作；对无变幅限位装置的起重机，起重臂最大仰角不超过78°。

⑧ 液压和气动驱动的起重机，应按规定的压力、转速运行，严禁用提高压力、加快转速等手段来满足施工需要。并应遵守液压和气动的安全技术要求。

⑨ 起重机带载行驶时，起重臂应与履带平行，重物应拴拉绳缓行。不得带载行驶在坡道上，上坡时应将起重臂的仰角放小一些；而下坡行驶则应将起重臂的仰角加大一些，以此平衡起重机的重心。严禁下坡时空档滑行。

⑩ 在满载或接近满载作业时，不得同时进行两种操作动作；要注意检查起重臂的挠度；侧向作业时，要将支腿牢固支撑，发现不正常情况，应立即放下重物，检查、调整正常后方可继续作业；不得悬吊重物过夜。

⑪ 吊件升降时应平稳，尽量避免振动或摆动。起吊时应先将重物吊离地面200～300mm后停住，检查起重机的工作状态，在确认起重机稳定、制动可靠、重物吊挂平衡牢固后，方可继续起升。

⑫ 起重吊装作业现场若有输电线路通过，起重机械应与之保持一定的安全距离。表 7-4 所示为起重机从输电线下行驶时，起重臂最高点与电线之间应保持的垂直距离及水平距离。

起重机吊杆最高点与电线之间应保持的安全距离 表 7-4

电压(kV) 安全距离	<1	1~15	20~40	60~110	220
沿垂直方向(m)	1.5	3.0	4.0	5.0	6.0
沿水平方向(m)	1.0	1.5	2.0	4.0	6.0

⑬ 禁止在 6 级以上大风、雾天、雨雪等恶劣天气条件下作业；夜晚作业应有足够的照明，且应经有关部门批准，并进行协调。

3）起重作业人员安全操作要点

① 在起重作业范围内应设置明显的警戒标志、严禁非作业人员通行。凡参加起重作业的指挥、司索及辅助作业人员都必须坚守工作岗位，统一指挥、统一行动、确保作业的安全。

② 起重作业时，起重臂下严禁站人，下部车驾驶室不得坐人，重物不得超越驾驶室上方，也不得在车前方起吊。任何人不得随同吊物或起重机升降。

4）起重吊装高空安全作业要点

① 起重吊装工程有许多工作要高空作业，操作人员必须正确使用安全带。安全带应高挂低用，不得低挂高用，宜采用速差式自控器（可卷式安全带），作业时可随意拉出绳索使用，坠落时因速度的变化引起自控。

② 在屋架吊装中，操作工不得在没有安全保护的情况下在屋架上、下弦上行走。

A. 为了便于操作人员钩挂安全带，可沿屋架上弦系一根钢丝绳，并用钢筋钩环托起供钩挂安全带使用。也可在屋架上弦用钢管把钢丝绳架高 1m 左右。

B. 在安装和校正吊车梁时，在柱间距吊车梁上平面约 1m 高处拉一根钢丝绳或白棕绳，供钩挂安全带使用，亦可兼作扶手使用。

C. 屋架吊装中，也可设置移动式节间安全平网，随节间吊装平网可平移到下一节间，以保护节间高处作业人员的安全。

③ 在高空安装构件就位时，要正确使用撬杠，撬构件时，人要站稳，一只手撬，另一只手扶住牢固的构件部位，撬杠插进的深度要适宜，如果撬动的距离较大，应一步一步地撬，不宜急于求成，防止引起高空坠落。

④ 在雨期或冬期施工中，构件常因潮湿或积有冰雪而容易使操作人员滑倒，必须采取防滑措施，如在屋架上、下弦捆绑麻袋防滑；在屋面板上铺垫草袋；绑吊索时，防止将泥土沾到构件上。

⑤ 雨天施工时，吊装作业人员应带绝缘手套和穿绝缘鞋，以防因触电引起高空坠落。

⑥ 登高用的梯子必须牢固，上端用绳子与已固定的构件绑牢，攀登时要注意检查绳子是否被解脱或被电焊、气割等飞溅的火焰烧断，发现后立即重新绑牢。梯子与地面夹角一般以 65°~70°为宜。

⑦ 操作人员在高空通过脚手板时，应思想集中，防止踏上探头板而引起高空坠落；在通过"四口"时，应按"四口"防护执行。登高作业人员不得穿硬底皮鞋攀爬、宜穿软

125

质胶底轻便鞋操作。

⑧ 高空作业人员使用的工具、垫铁、焊条、焊枪等应放入随身佩带的工具袋内，不可随便向下丢掷。气割或电焊切割时，应采取措施防止割下的金属或火花伤人。

⑨ 起重吊装作业人员必须戴安全帽，应尽量避免在高空作业的正下方停留或通过，也不得在正在吊装的构件下停留。

⑩ 构件安装后，必须检查连接质量，电焊连接，要确保焊接牢固；螺栓连接，要检验紧固必要数量的螺栓，只有连接确实安全可靠，才能松钩或拆除临时固定工具，以防构件掉下伤人。

5）吊装柱子等高、重构件的安全技术要点

① 柱子吊装的特点是重心高、重量大，保证柱子的稳定是关键。起吊时，要观察卡环的方位与绳扣的变化情况，发现有异常情况时立即采取纠正措施，确保吊装安全。

② 凡是采用砖胎浇筑的柱子在起吊后需停车剔模时，不准边升边剔除，更不得钻在柱子下进行剔模作业，应先将柱子翻转剔除干净后再起吊。

③ 吊装前要检查柱脚或杯底的平直度，如误差较大造成点接触或线接触时，应预先剔平或抹平，以保持柱子的稳定。

④ 向杯口放楔块时，应拿两个侧面以防止挤手。摘钩前楔子要打紧，两个人同时打锤要避开正面，交错站立，以防锤头甩出伤人。摘钩时柱下方及周围严禁站人。

⑤ 多层框架柱、升板柱、高大的抗风柱、重心偏上柱或带悬梁的偏心较大的柱，采用不脱钩校正，并在校正后随即浇筑混凝土，必要时应加缆风绳或其他措施，保证柱子的稳固。不能吊着柱子过夜，防止刮大风发生事故。

⑥ 临时固定柱子用的楔块，每边不少于 2 个，在脱钩前要检查柱脚是否落至杯底，防止在校正过程中，因柱脚悬空，在松动楔块时柱子突然下落发生倾倒。

⑦ 柱子校正时楔块不可拔出，要用大锤敲打缓慢地松动，校正后立即灌注混凝土，并注意捣固时不要碰动楔块。

6）其他安全要求

① 起重吊装作业中电焊机的转移，要对其电源线的长度加以限制，一般不超过 5m，并必须架高，以减小事故发生的范围。

② 起重吊装作业中的电焊、气焊、气割操作，应遵循其相应的专业安全操作技术。

③ 严格执行起重机"十不吊"操作规定。

（4）指挥与司索起重作业的安全注意事项

1）凡参加起重吊运作业的指挥、司索及辅助作业人员都必须坚守工作岗位，统一指挥、统一行动，确保作业的安全。

2）作业前应对起重机械、起重工具、绳索等作全面检查。检查内容为：完好程度、规格型号、数量以及备用品是否具备。

3）起重前必须详细检查吊件是否绑扎牢固，是否找准重心，吊点是否正确。

4）严禁超负荷使用起重设备；严禁斜拉、斜吊；严禁起吊重量不明的构件和半掩埋、冻结、联挂的吊物。

5）在起重作业范围内应设置明显的警戒标志，严禁非作业人员通行。

6）运输大型构件通过的桥梁，事先应进行调查核算，以确保顺利通过。起重机械与大型拖车行驶时距路边不得小于 1.5m。

（三）装修工程安全施工技术

1. 抹灰饰面工程

1）脚手架上的施工荷载不得大于 $2kN/m^2$，当使用挂脚手架、吊篮等时，施工荷载不大于 $1kN/m^2$，挂脚手架每跨同时操作人数不超过 2 人。

2）从事高层建筑外墙抹灰装饰作业时，应遵守高空作业安全技术规程，挂好安全带，配置水平安全网，同时应注意所使用的材料和工具不能乱丢或抛掷。

3）不能随意拆除、斩断脚手架的附墙拉结，不得随意拆除脚手架上的安全设施，如妨碍施工必须经施工负责人批准后，方能拆除妨碍部位。

4）手持加工件时要注意不碰伤手指。

5）对有毒、有刺激、有腐蚀的材料要注意了解其保管和使用方法，穿戴好防护用品及口罩和护目镜，保护眼睛、呼吸道及皮肤。

6）易燃材料堆放处禁止吸烟，并配备相应的灭火器材。

7）施工中尽量避免垂直立体交叉作业。

8）加工切割板材时，不应两人面对面作业，尤其在使用切砖机、磨砖机、锯片机时，要防止锯片破碎、石渣飞溅伤害眼睛。

2. 油漆涂刷施工的安全防护

1）施工场地应有良好的通风条件，否则应安装通风设备。

2）在涂刷或喷涂有毒涂料时，特别是含铅、苯、乙烯、铝粉等的涂料，必须戴防毒口罩和密封式防护眼镜，穿好工作服，扎好领口、袖口、裤脚等处，防止中毒。

3）在喷涂硝基漆或其他具有挥发性、易燃性溶剂稀释的涂料时，不准用明火，不准吸烟。罐体或喷漆作业机械应妥善接地，泄放静电。涂刷大面积场地（或室内）时，应采用防爆型电气、照明设备。

4）使用钢丝刷、板锉及气动、电动工具清除铁锈、铁鳞时，须戴上防护眼镜和口罩。

5）作业人员如果感到头痛、头昏、心悸或恶心时，应立即离开工作现场到通风处换气，必要时送医院治疗。

6）油漆及稀释剂应由专人保管。油漆涂料凝结时，不准用火烤。易燃性原材料应隔离贮存。易挥发性原料要用密封好的容器贮存。油漆仓库通风性能要良好，库内温度不得过高。仓库建筑要符合防火等级规定。

7）在配料或提取易燃品时不得吸烟，浸擦过油漆、稀释剂的棉纱、擦手布不能随便乱丢，应全部收集存放在有盖的金属箱内，待不能使用时集中销毁。

8）工人下班后应洗手和清洗皮肤裸露部分，未洗手之前不触摸其他皮肤或食品，以防刺激引起过敏反应和中毒。

3. 玻璃工程

1）作业人员在搬运玻璃时应戴手套或用布、纸垫住边口锐利部分，以防被玻璃刺伤。

2）裁划玻璃时应在规定场所进行，边角料要集中堆放，并及时处理，以防扎伤他人。

3）安装二层以上的窗户时要挂好安全带。

4）安装窗扇玻璃时要按顺序依次进行，不得在垂直方向的上下两层同时作业，避免玻璃掉落伤人。

5）安装或修理天窗玻璃时，应在天窗下满铺脚手板以防玻璃和工具掉落伤人，必要时设置防护区域，禁止人员通行。

（四）拆除与爆破工程安全施工技术

1. 拆除工程

随着我国城市现代化建设的加快，旧建筑拆除工程也日益增多。拆除物的结构也从砖木结构发展到混合结构、框架结构、板式结构等，从房屋拆除发展到烟囱、水塔、桥梁、码头等建筑物或构筑物的拆除。因而建（构）筑物的拆除施工近年来已有形成一种行业的趋势。

（1）拆除工程的分类及施工特点

1）拆除工程的分类

按拆除的标的物分，有民用建筑的拆除、工业厂房的拆除、地基基础的拆除、机械设备的拆除、工业管道的拆除、电气线路的拆除、施工设施的拆除等。

按拆除的程度，可分为全部拆除和部分拆除（或叫局部拆除）；按拆下来的建筑构件和材料的利用程度不同，可分为毁坏性拆除和拆卸；按拆除建筑物和拆除物的空间位置不同，又有地上拆除和地下拆除之分。

2）拆除工程的施工特点

拆除是建设的逆过程，具有如下主要特点：

① 原始技术资料没有新建工程完善，特别是有些工程历史年代久远，资料散失不全，拆除人员难以全面掌握工程情况，如隐蔽工程的位置及有关技术参数等。

② 拆除对象及其附属设施的材料性能、老化程度和抗拉抗压等有关技术参数难以评价和检测，对确定拆除方法带来困难。

③ 拆除施工过程中，拆除对象的受力及平衡稳定状态很难掌握，危险程度辨识难度大。

④ 拆除工程的作业场地大都比较狭窄，相邻的建筑物及生产设备、设施密度大，是拆除工程划定影响区域和制订危险区隔离措施的不利条件。

⑤ 具体从事拆除作业的大多是农民工队伍，缺乏拆除工程的安全管理经验，作业人员缺乏相应的安全知识，安全隐患多。

3）拆除工程可能发生的安全事故

拆除工程可能发生的安全事故有坍塌、物体打击、高处坠落、机械伤害、起重伤害、爆炸、中毒、火灾等。

2004 年建设部发布了《建筑拆除工程安全技术规范》（JGJ 147—2004），对拆除工程的施工准备、安全施工管理、安全技术管理、文明施工管理及对各种拆除方式进行了规范，并且明确了建设单位、施工单位和监理单位的职责。

（2）拆除工程的安全管理

1）拆除工程施工企业的资质及相关要求

① 建筑拆除工程必须由具备爆破或拆除专业承包资质的单位实施，严禁将工程非法转包。

② 拆除工程签订施工合同时，应签订安全生产管理协议。建设单位、监理单位应对拆除工程施工安全负检查督促责任；施工单位应对拆除工程的安全技术管理负直接责任。

③ 建设单位应在拆除工程开工前15日，将下列资料报送建设工程所在地的县级以上地方人民政府建设行政主管部门备案。

A. 施工单位资质登记证明；

B. 拟拆除建筑物、构筑物及可能危及毗邻建筑的说明；

C. 拆除施工组织方案或安全专项施工方案；

D. 堆放、清除废弃物的措施。

2）安全管理基本要求

① 项目经理必须对拆除工程的安全生产负全面领导责任。项目经理部应按有关规定设专职安全员，检查落实各项安全技术措施。

② 施工单位应全面了解拆除工程的图纸和资料，进行现场勘察，编制施工组织设计或安全专项施工方案。

③ 拆除工程施工区域应设置硬质封闭围挡及醒目警示标志，围挡高度不应低于1.8m，非施工人员不得进入施工区。当临街的被拆除建筑与交通道路的安全跨度不能满足要求时，必须采取相应的安全隔离措施。

④ 拆除工程必须制定生产安全事故应急救援预案。

⑤ 施工单位应为从事拆除作业的人员办理意外伤害保险。

⑥ 拆除施工严禁立体交叉作业。

⑦ 作业人员使用手持机具时，严禁超负荷或带故障运转。

⑧ 楼层内的施工垃圾，应采用封闭的垃圾道或垃圾袋运下，不得向下抛掷。

⑨ 根据拆除工程施工现场作业环境，应制定相应的消防安全措施。施工现场应设置消防车通道，保证充足的消防水源，配备足够的灭火器材。

⑩ 当拆除工程对周围相邻建筑安全可能产生危险时，必须采取相应保护措施，对建筑内的人员进行撤离安置。

⑪ 在拆除作业前，施工单位应检查建筑内各类管线情况，确认全部切断后方可施工。

⑫ 在拆除工程作业中，发现不明物体，应停止施工，采取相应的应急措施，保护现场，及时向有关部门报告。

3）安全技术管理

① 拆除工程开工前，应根据工程特点、构造情况、工程量等编制施工组织设计或安全专项施工方案，经技术负责人和总监理工程师签字批准后实施。施工过程中，如需变更，应经原审批人批准，方可实施。

② 在恶劣的气候条件下，严禁进行拆除作业。

③ 当日拆除施工结束后，所有机械设备应远离被拆除建筑。施工期间的临时设施，应与被拆除建筑保持安全距离。

④ 从业人员应办理相关手续，签订劳动合同，进行安全培训，考试合格后方可上岗作业。

⑤ 拆除工程施工前，必须对施工作业人员进行书面安全技术交底。

⑥ 拆除工程施工必须建立相应的安全技术档案。内容包括：

A. 拆除工程施工合同及安全管理协议书；

B. 拆除工程安全施工组织设计或安全专项施工方案；

C. 安全技术交底；

D. 脚手架及安全防护设施检查验收记录；

E. 劳务用工合同及安全管理协议书；

F. 机械租赁合同及安全管理协议书。

⑦ 施工现场临时用电必须按照国家现行标准《施工现场临时用电安全技术规范》(JGJ 46—2005) 的有关规定执行。

⑧ 拆除工程施工过程中，当发生重大险情或生产安全事故时，应及时启动应急预案排除险情、组织抢救、保护事故现场，并向有关部门报告。

4）文明施工管理

① 清运渣土的车辆应封闭或覆盖，出入现场时应有专人指挥。清运渣土的作业时间应遵守工程所在地的有关规定。

② 对地下的各类管线，施工单位应在地面上设置明显标识。对水、电、气的检查井、污水井应采取相应的保护措施。

③ 拆除工程施工时，应有防止扬尘和降低噪声的措施。

④ 拆除工程完工后，应及时将渣土清运出场。

⑤ 施工现场应建立健全动火管理制度。施工作业动火时，必须履行动火审批手续，领取动火证后，方可在指定时间、地点作业。作业时应配备专人监护，作业后必须确认无火源危险后方可离开作业地点。

⑥ 拆除建筑时，当遇有易燃、可燃物及保温材料时，严禁明火作业。

（3）拆除工程的安全技术

1）人工拆除

① 人工拆除作业时，楼板上严禁人员聚集或堆放材料，作业人员应站在稳定的结构或脚手架上操作，被拆除的构件应有安全的放置场所。

② 人工拆除施工应从上至下、逐层拆除分段进行，不得垂直交叉作业。作业面的孔洞应封闭。

③ 人工拆除建筑墙体时，严禁采用掏掘或推倒的方法。

④ 拆除建筑的栏杆、楼梯、楼板等构件，应与建筑结构整体拆除进度相配合，不得先行拆除。建筑的承重梁、柱，应在其所承载的全部构件拆除后，再进行拆除。

⑤ 拆除梁或悬挑构件时，应采取有效的下落控制措施后，方可切断两端的支撑。

⑥ 拆除柱子时，应沿柱子底部剔凿出钢筋，使用手拉葫芦定向牵引，再采用气焊切割柱子三面钢筋，保留牵引方向正面的钢筋。

⑦ 拆除管道及容器时，必须在查清残留物的性质，并采取相应措施确保安全后，方可进行拆除施工。

2）机械拆除

① 机械拆除建筑时，应从上至下，逐层分段进行；应先拆除非承重结构，再拆除承重结构。拆除框架结构建筑，必须按楼板、次梁、主梁、柱子的顺序进行施工。对只进行部分拆除的建筑，必须先将保留部分加固，再进行分离拆除。

② 施工中必须由专人负责监测被拆除建筑的结构状态，做好记录。当发现有不稳定状态的趋势时，必须停止作业，采取有效措施，消除隐患。

③ 拆除施工时，应按照施工组织设计选定的机械设备及吊装方案进行施工，严禁超载作业或任意扩大使用范围。供机械设备使用的场地必须保证足够的承载力。作业中机械不得同时回转、行走。

④ 进行高处拆除作业时，较大尺寸的构件或沉重的材料，必须采用起重机具及时吊下。拆卸下来的各种材料应及时清理，分类堆放在指定场所，严禁向下抛掷。

⑤ 采用双机抬吊作业时，每台起重机载荷不得超过允许载荷的 80%，且应对第一吊进行试吊作业，施工中必须保持两台起重机同步作业。

⑥ 拆除吊装作业的起重机司机，必须严格执行操作规程。信号指挥人员必须按照现行国家标准《起重吊运指挥信号》（GB 5082—85）的规定作业。

⑦ 拆除钢屋架时，必须采用绳索将其拴牢，待起重机吊稳后，方可进行气焊切割作业。吊运过程中，应采用辅助措施使被吊物处于稳定状态。

⑧ 拆除桥梁时应先拆除桥面的附属设施及挂件、护栏等。

3）爆破拆除

① 爆破拆除工程应根据周围环境作业条件、拆除对象、建筑类别、爆破规模，按照现行国家标准《爆破安全规程》（GB 6722—2003），采取相应的安全技术措施。爆破拆除工程应做出安全评估并经当地有关部门审核批准后方可实施。

② 从事爆破拆除工程的施工单位，必须持有工程所在地法定部门核发的《爆炸物品使用许可证》，承担相应等级的爆破拆除工程。爆破拆除设计人员应具有承担爆炸拆除作业范围和相应级别的爆破工程技术人员作业证。从事爆破拆除施工的作业人员应持证上岗。

③ 爆破器材必须向工程所在地法定部门申请《爆炸物品购买许可证》，到指定的供应点购买，爆破器材严禁赠送、转让、转卖、转借。

④ 运输爆破器材时，必须向工程所在地法定部门申请领取《爆炸物品运输许可证》，派专职押运员押送，按照规定路线运输。

⑤ 爆破器材临时保管地点，必须经当地法定部门批准。严禁同室保管与爆破器材无关的物品。

⑥ 爆破拆除的预拆除施工应确保建筑安全和稳定。预拆除施工可采用机械和人工方法拆除非承重的墙体或不影响结构稳定的构件。

⑦ 对烟囱、水塔类构筑物采用定向爆破拆除工程时，爆破拆除设计应控制建筑倒塌时的触地振动。必要时应在倒塌范围铺设缓冲材料或开挖防振沟。

⑧ 为保护临近建筑和设施的安全，爆破振动强度应符合现行国家标准《爆破安全规程》（GB 6722）的有关规定。建筑基础爆破拆除时，应限制一次同时使用的药量。

⑨ 爆破拆除施工时，应对爆破部位进行覆盖和遮挡，覆盖材料和遮挡设施应牢固可靠。

⑩ 爆破拆除应采用电力起爆网路和非电导爆管起爆网路。电力起爆网路的电阻和起爆电源功率，应满足设计要求；非电导爆管起爆应采用复式交叉封闭网路。爆破拆除不得采用导爆索网路或导火索起爆方法。

⑪ 装药前，应对爆破器材进行性能检测。试验爆破和起爆网路模拟试验应在安全场所进行。

⑫ 爆破拆除工程的实施应在工程所在地有关部门领导下成立爆破指挥部，应按照施工组织设计确定的安全距离设置警戒。

⑬ 爆破拆除工程的实施除应符合《建筑拆除工程安全技术规范》的要求外，必须按照现行国家标准《爆破安全规程》（GB 6722—2003）的规定执行。

4）静力破碎

① 进行建筑基础或局部块体拆除时，宜采用静力破碎的方法。

② 采用具有腐蚀性的静力破碎剂作业时，灌浆人员必须戴防护手套和防护眼镜。孔内注入破碎剂后，作业人员应保持安全距离，严禁在注孔区域行走。

③ 静力破碎剂严禁与其他材料混放。

④ 在相邻的两孔之间，严禁钻孔与注入破碎剂同步进行施工。

⑤ 静力破碎时，发生异常情况，必须停止作业。查清原因并采取相应措施确保安全后，方可继续施工。

5）安全防护措施

① 拆除施工采用的脚手架、安全网，必须由专业人员按设计方案搭设，由有关人员验收合格后方可使用。水平作业时，操作人员应保持安全距离。

② 安全防护设施验收时，应按类别逐项查验，并有验收记录。

③ 作业人员必须配备相应的劳动保护用品，并正确使用。

④ 施工单位必须依据拆除工程安全施工组织设计或安全专项施工方案，在拆除施工现场划定危险区域，并设置警戒线和相关的安全标志，应派专人监管。

⑤ 施工单位必须落实防火安全责任制，建立义务消防组织，明确责任人，负责施工现场的日常防火安全管理工作。

2. 爆破工程

一般建筑工程施工所需进行的爆破作业，除了上述拆除工程外，还可能在地基基坑开挖、桩基施工中对旧地下构筑物或大型孤石进行爆破，总的来说，这些爆破都属于《爆破安全规程》（GB 6722—2003）中的"拆除爆破"作业。因此，从事爆破作业的施工单位和从事爆破作业的人员，都有严格的资质要求，都需经工程所在地法定部门的严格审批后，才核发《爆炸物品使用许可证》，才能进行爆破工程施工。

一般建筑施工过程中的爆破作业安全措施可参照拆除工程中"爆破拆除"的安全技术要求。

（1）一般爆破工程的安全措施

1）进入施工现场所有人员必须戴好安全帽。

2）人工打炮眼施工安全措施

① 打眼前应对周围松动的土石进行清理，若用支撑加固时，应检查支撑是否牢固；

② 打眼人员必须精力集中，锤击要稳、准，并击入钎中心，严禁互相对面打锤；

③ 随时检查锤头与柄连接是否牢固，严禁使用木质松软，有节疤、裂缝的木柄，铁柄和锤平整，不得有毛边。

3）机械打炮眼安全技术措施

① 操作中必须精力集中，发现不正常的声音或震动，应立即停机进行检查，并及时排除故障，方准继续作业；

② 换钎、检查风钻加油时，应先关闭风门，方准进行，在操作中不得碰触风门以免发生伤亡事故。

③ 钻眼机具要扶稳，钻杆与钻孔中心必须在一条直线上；

④ 钻机运转过程中，严禁用身体支撑风钻的转动部分；

⑤ 经常检查风钻有无裂纹，螺栓有无松动，长套和弹簧有无松动、是否完整，确认无误后方可使用，工作时必须戴好风镜、口罩和安全帽。

4）爆破的最小安全距离

应根据工程情况确定，一般炮孔爆破不小于 200m，深孔爆破不小于 300m。

5）炮眼爆破安全措施

① 装药时严禁使用铁器，且不得炮棍挤压或碰击，以免触发雷管引起爆炸；

② 放炮区要设警戒线，设专人指挥，待装药、堆塞完毕，按规定发出信号，人员撤离，经检查无误后，方准放炮；

③ 同时起爆若干炮眼时，应采用电力起爆或导爆线起爆。

6）爆破防护覆盖安全措施

① 地面以上爆破时，可在爆破部位铺盖草垫或草袋，内装少量砂、土，做第一道防线，再在上面铺放胶管帘（炮衣）或胶垫作第二道防线，最后用帆布篷将以上两层整个覆盖包裹，帆布用铁丝或绳索拉紧捆牢。

② 对邻近建筑物的地下爆破时，为防止大块抛掷，应用爆破防护网覆盖，当爆破部位较高，或对水中构筑物爆破时，则应将防护网系在不受爆破影响的部位。

③ 为在爆破时使周围建筑物及设备不被打坏，在其周围可用厚度不小于 50mm 的木板加固，并用铁丝捆牢，如爆破体靠近钢结构或需保留部分，必须用砂袋（厚度不小于 500mm）加以防护。

7）瞎炮的处理方法与安全措施

① 发现炮孔外的电线和电阻、导火线或电爆网（线路）不合要求经纠正检查无误后，可重新按通电源起爆。

② 当炮孔深在 500mm 以内时，可用裸露爆破引爆，炮孔较深时，可用竹木工具小心将炮眼上部堵塞物掏出，用水浸泡并冲洗出整个药包，并将拒爆的雷管销毁，也可将上部炸药掏出部分后，再重新装入起爆药起爆。

③ 距爆孔近旁 600mm 处，重新钻一与之平行的炮眼，然后装药起爆以销毁原有瞎炮，如炮孔底有剩余药，可重新加药起爆。

④ 深孔瞎炮处理，采用再次爆破，但应考虑相邻已爆破药包后最小抵抗线的改变，以防飞石伤人，如未爆炸药包与埋下岩石混合时，必须将未爆炸药包浸湿后，再进行清除。

⑤ 处理瞎炮过程中，严禁将带有雷管的药包从炮孔内拉出，也不准拉住雷管上的导线，把雷管从炸药包内拉出来。

⑥ 瞎炮应由原装炮人员当班处理，应设置标志，并将装炮情况、位置、方向、药量等详细介绍给处理人员，以达到妥善处理的目的。

若工程位于居民区，项目部与爆破公司应提前与周围居民做好安全防护工作，确保爆破工程的顺利施工。禁止进行爆破器材加工和爆破作业的人员穿化纤衣服。

（2）爆破材料的储存

为防止爆破器材变质、自燃、爆炸、被盗以及有利于收发和管理，《爆破安全规程》规定，爆破器材必须存放在爆破器材库里。爆破器材库由专门存放爆破器材的主要建、构筑物和爆破器材的发放、管理、防护和办公等辅助设施组成。爆破器材库按其作用及性质分总库、分库和发放站；按其服务年限分为永久性库和临时性库两大类；按其所处位置分为地面库、永久性硐室库和井下爆破器材库等。

（3）爆破材料的运输

爆破器材运输过程中的主要安全要求是防火、防震、防潮、防冻和防殉爆。爆破材料的运输包括地面运输到用户单位或爆破材料库，以及把爆破材料运输到爆破现场（包括井下运输）。地面运输爆破器材时，必须遵守《中华人民共和国民用爆炸物品管理条例》中有关规定。在井下运输要符合《爆破安全规程》的有关规定。

思 考 题

1. 机械开挖土方有哪些安全要求？
2. 人工挖孔桩的安全技术措施有哪些？
3. 砌筑工程的安全技术要求有哪些？
4. 模板安装的安全要求有哪些？
5. 现场钢筋绑扎的安全要求有哪些？
6. 对起重吊装作业人员有哪些要求？
7. 油漆涂刷应注意哪些安全防护措施？
8. 拆除工程施工有哪些特点？应做好哪几方面的安全管理工作？

八、特种设备安全技术

《特种设备安全监察条例》（国务院 373 号令）指出：特种设备是指涉及生命安全、危险性较大的锅炉、压力容器（含气瓶）、压力管道、电梯、起重机械、客运索道、大型游乐设施。一般房屋建筑工程中主要涉及起重机械、施工电梯、锅炉、压力容器（含气瓶）。特种设备安全监督管理的归口部门是国家质量监督检验检疫总局。

《安全生产法》、《劳动法》和《特种设备安全监察条例》中对特种设备的安全管理都有明确规定，对特种设备的设计、制造、安装、使用、检验、修理改造直至报废等环节均实施严格的控制和管理。具体表现在：

（1）设计制造实行生产许可证制度，未实行生产许可证制度的，实行安全认可证制度，其中锅炉还要实行出厂监督检验制度。

（2）安装、维修保养与改造实行资格认可制度，并不得以任何形式转包和分包。

（3）投入使用的特种设备实行注册登记制度、安全技术性能定期检验制度。

（4）特种设备的使用单位必须制定并严格执行以岗位责任制为核心，包括技术档案管理、安全操作、常规检查、维修保养、定期报检和应急措施在内的特种设备管理制度。

（5）特种设备的使用单位应根据特种设备的不同特性建立相适应的事故应急救援预案，并定期演练。

（一）起重机械安全管理

1. 起重机械安全管理

（1）起重机械的工作特点

1）起重机械通常具有庞大的结构和比较复杂的机构，能完成一个起升运动、一个或几个水平运动。

2）所吊运的重物多种多样，载荷变化大，作业环境复杂。

3）大多数起重机械，需要在较大的范围内运行，活动空间较大。

4）施工升降机需要直接载运人员做升降运动，其可靠性直接影响人身安全。

5）暴露、活动的零部件较多，且常与吊运作业人员直接接触（如吊钩、钢丝绳等），潜在、偶发的危险因素多。

6）作业中常常需要多人配合，共同进行一个操作，稍有差错，容易发生事故。

上述诸多危险因素的存在，决定了起重伤害事故较多。

（2）起重机械管理的基本任务

贯彻执行相关法律法规的规定，针对起重机械的使用特点，健全起重机械设备监督管理及检测机构；完善起重机械设备管理体系；加强起重机械设备的维护、保养工作。

（3）起重机械的基本要求

根据《安全生产许可证条例》和《建设工程安全生产管理条例》的要求，建筑施工企业使用的起重机械（垂直运输机构），在采购或者租赁前应当进行技术论证，并对机械的生产厂家进行考察。除满足施工生产需要外，根据《特种设备安全监察条例》的要求，起重机械的生产厂家必须取得县以上特种设备安全监督管理部门颁发的特种设备制造许可证和省质监局及省建设厅颁发的工业产品生产许可证，并经过特种设备检测检验机构的检测合格，方可进入建筑施工现场投入使用。

（4）起重机械的使用管理

1）起重机械进入施工现场后，除按上述条例加强管理外，要遵守《建筑机械使用安全技术规程》（JGJ 33—2001）、《塔式起重机安全规程》（GB 5144—94）、《塔式起重机操作使用规程》，（JG/T 100—1999）、《施工升降机安全规程》（GB 10055—1996）等一系列有关标准、规范。

2）建筑施工企业应当建立健全分层次（公司、有关部门、项目部、班组）的管理制度，责任到人。塔机、施工升降机、物料提升机等大型垂直运输设备要建立班组管理，保证班组机组人员相对稳定，做到定人、定机、定岗位职责的"三定"制度。

3）起重机械操作人员、起重吊装工及相关人员（统称特种设备作业人员），应进行岗前培训教育，经特种设备安全监督管理部门考核合格，取得国家统一格式的特种作业人员证书，方可从事相应的作业或管理工作。

4）建筑工地起重机械首次启用，使用单位应当在验收合格之日起 30 日内向建设行政主管部门登记备案。登记标志应当置于或者附着于该设备的显著位置。建筑工地起重机械转场或位移安装的，使用单位应当在验收合格之日起 30 日内向建设行政主管部门告知备案。

5）使用单位应当根据不同施工阶段、周围环境以及不同季节、气象条件变化的情况，在施工现场对建筑工地起重机械采取相应的安全防护措施。施工现场暂时停工时，使用单位应当做好建筑工地起重机械的现场防护工作。

6）使用单位应当在设备活动范围内（设备移动、起重机臂架、吊钩活动、覆盖范围）设置明显的安全警示标志。

7）使用单位应当对在用的起重机械进行经常性的维修保养和定期检查并做出记录，记录应当包括以下内容：

① 日常的维修保养；

② 每月至少进行一次检验检查；

③ 对设备的安全保护装置进行定期保养、校验、检修。

8）建筑工地起重机械的定期检验应当按照相应的安全技术规范进行，整机检验检测至少 2 年进行一次，安全装置检验检测至少 1 年进行一次。经检验检测不合格的，不得继续使用。凡有下列情况之一的，在使用前，必须经检验检测机构进行检验，合格后方可投入使用。

① 新设备首次启用的；

② 经大修、改造的；

③ 超过检验周期的；

④ 发生重大机械事故的；

⑤自然灾害后可能影响设备安全技术性能的；

⑥ 国家法律法规有其他要求的。

9）起重机械设备存在严重隐患、无改造、维修价值的，使用单位应及时予以报废，并向原备案部门办理注销。凡已报废、注销的起重机械设备不允许再使用，更不允许进入流通领域进行买卖。

（5）起重机械的安（拆）装管理

1）从事建筑工地起重机械安装的单位，必须具备由建设行政主管部门颁发的相应的建筑工地起重机械安装工程专业承包资质和安全生产许可证，并按规定承揽相应的安装业务。未取得资质和安全生产许可证的企业，不得从事建筑工地起重机械安装业务。

2）安装单位在安装作业中，应严格执行设备的安装、拆卸工艺，安装、拆卸工序的岗位应定人定责，应进行安全作业技术交底，由专业技术人员监督实施、统一指挥。安装区域应设置警戒线，划出警戒区，由专人进行监护。

3）建筑工地起重机械安装活动结束后，安装单位应当按照安全技术规范及说明书的有关要求对建筑工地起重机械进行检验和调试。安装活动结束后使用的起重机械应达到安全使用标准；安装活动结束后暂不使用的起重机械亦应符合安全存放或搁置的要求。

4）建筑工地起重机械安装活动结束后，各方（包括安装、租赁、使用、工程总承包等）应当组织验收，验收合格后由安装、使用和租赁单位技术负责人签字后方可使用。验收不合格的，不得使用。

5）建筑工地起重机械安装完毕后，由安装方案编制人员或技术负责人向建筑工地起重机械操作人员进行安全技术交底。安装单位应当在投入使用前将有关安装工程资料移交使用单位和租赁单位。使用单位应当将其存入工程项目安全技术资料档案中。

2. 起重机械安全技术

（1）建立健全起重机械岗位责任制

1）建立从操作员、班组长、起重机械管理技术人员到部门的岗位责任制，定人、定岗、定职责。除进行岗前培训取证外，还应建立长期培训教育制度，组织起重机械从业人员学习《建筑机械使用安全技术规程》（JGJ 33—2001）等一系列标准规范，熟悉并掌握各种机型的技术性能。

2）加强企业及项目部机械的保养、维修。定期开展各级机械安全大检查。消除起重机械的故障隐患，确保其安全装置的齐备、灵敏、可靠，使起重机械始终保持良好状况。

（2）安全施工技术措施的编制

1）根据工程特点和要求，制定施工方案应明确、细化起重机械的施工要求。特别对大型起重（垂直运输）机械的拆装，现场布置，超重、超高机械的运输，大型构件、设备的吊装，危险地段的施工等，都要编制安全施工技术方案。

2）起重机械（垂直运输机械）投入使用前，必须熟悉设备使用说明书，应按照该机说明书规定的技术性能、承载能力和使用条件，正确操作、合理使用，严禁超载作业或任意扩大使用范围。

3）起重机械配置的各种安全防护装置及监测指示仪表、自动报警信号装置应完好齐全，有缺损时应及时修复，安全装置不完整或已失效的机械不得使用。当使用机械与安全生产发生矛盾时，必须首先服从安全要求。

4）当起重机械发生重大事故时，企业各级领导必须及时上报和组织抢救、保护现场、查明原因，分清责任，落实及完善安全措施，并按事故性质严肃处理；对于起重机械发生倾覆、折臂、脱轨、塔帽或撑杆脱落、吊钩（吊具）坠落，施工电梯吊笼坠落，龙门架或井架倒塌等，即使未发生人员伤亡，也应按重大事故论处。

3. 关于移动式起重机使用安全的强制性条文

《建筑机械使用安全技术规程》（JGJ 33—2001）把移动式起重机使用安全的部分规定纳入了强制性条文。

（1）履带式起重机安全使用

1）起重机变幅应缓慢平稳，严禁在起重臂未停稳前变换挡位；起重机载荷达到额定起重量的 90% 及以上时，严禁下降起重臂。

2）当起重机如需带载行走时，载荷不得超过允许起重量的 70%，行走道路应坚实平整，重物应在起重机正前方向，重物离地面不得大于 500mm，并应拴好拉绳，缓慢行驶。严禁长距离带载行驶。

3）起重机上下坡道时应无载行走，上坡时应将起重臂仰角适当放小，下坡时应将起重臂仰角适当放大。严禁下坡空档滑行。

（2）汽车、轮胎式起重机安全使用

行驶时，严禁人员在底盘走台上站立或蹲坐，并不得堆放物件。

（二）塔式起重机安全技术与管理

1. 塔式起重机安全装置

为了确保塔机的安全作业，防止发生意外事故，塔机必须配备各类安全保护装置。

（1）起重力矩限制器

1）起重力矩限制器主要作用是防止塔机超载的安全装置，避免塔机由于严重超载而引起塔机的倾覆或折臂等恶性事故。

2）力矩限制器有机械式、电子式和复合式三种，多数采用机械电子联锁式的结构。

（2）起重量限制器（也称超载限位）

起重量限制器是用以防止塔机的吊物重量超过最大额定荷载，避免发生机械损坏事故。当吊重超过额定起重量时，它能自动切断提升机构的电源或发出警报。

（3）起升高度限制器

起升高度限制器用来限制吊钩的行程，当吊钩接触到起重臂头部或载重小车之前，或是下降到最低点（地面或地面以下若干米）以前，使起升机构自动断电并停止工作。起升高度限制器一般都装在起重臂的头部。

（4）幅度限制器

动臂式塔机的幅度限制器是用来控制臂架的变幅角度的，当臂架变幅达到极限位置时切断变幅机构的电源，使其停止工作，同时还设有机械止挡，以防臂架因起幅中的惯性而后翻。

小车运行变幅式塔机的幅度限制器用来防止运行小车超过最大或最小幅度的两个极限位置。一般小车变幅限位器是安装在臂架小车运行轨道的前后两端，用行程开关实现控制。

（5）塔机行走限制器

行走式塔机的轨道两端尽头所设的止挡缓冲装置，利用安装在台车架上或底架上的行程开关碰撞到轨道两端前的挡块切断电源来实现塔机停止行走，防止脱轨造成塔机倾覆事故。

（6）吊钩保险装置

吊钩保险装置是防止在吊钩上的吊索由钩头上自由脱落的保险装置，一般采用机械卡环式，用弹簧来控制挡板，阻止吊索滑钩。

（7）钢丝绳防脱槽装置

主要用以防止钢丝绳在传动过程中，脱离滑轮槽而造成钢丝绳卡死和损伤。

（8）夹轨钳

装设在台车金属结构上，用以夹紧钢轨，防止塔机在大风情况下被风吹动而行走造成塔机出轨倾翻事故。

（9）回转限制器

有些上回转的塔机安装了回转不能超过 270°和 360°的限制器，防止电源线扭断，造成事故。

（10）风速仪

自动记录风速，当风速超过 6 级以上时自动报警，使操作司机及时采取必要的防范措施，如停止作业，放下吊物等。

（11）电器控制中的零位保护和紧急安全开关

零位保护是指塔机操纵开关与主令控制器联锁，只有在全部操纵杆处于零位时，电源开关才能接通，从而防止无意操作。紧急安全开关通常是一个能立即切断全部电源的开关。

（12）障碍指示灯

超过 30m 的塔机，必须在其最高部位（臂架、塔帽或人字架顶端）安装红色障碍指示灯，并保证供电不受停机影响。

2. 塔式起重机常见事故隐患

塔机事故主要有五大类：整机倾覆、起重臂折断或碰坏、塔身折断或底架碰坏、塔机出轨、机构损坏，其中塔机的倾覆和断臂等事故占了 70%。引起这些事故发生的原因主要有：

（1）固定式塔机基础强度不足或失稳，导致整机倾覆，如地耐力不够；为了抢工期，在混凝土强度不够的情况下而草率安装；在基础附近开挖导致滑坡产生位移，或是由于积水而产生不均匀的沉降等。

（2）行走式塔机的路基、轨道铺设不坚实、不平实，致使路轨的高低差过大，塔机重心失去平衡而倾覆。

（3）超载起吊导致塔机失稳而倒塔。

（4）违章斜吊增加了张拉力矩再加上原起重力矩，往往容易造成超载。

（5）没有正确地挂钩，盛放或捆绑吊物不妥，致使吊物坠落伤人。

（6）塔机在工作过程中，由于力矩限制器失灵或被司机有意关闭，造成司机在操作中盲目或超载起吊。

（7）起重指挥失误或与司机配合不当，造成失误。

（8）塔机装拆管理不严、人员未经过培训、企业无塔机装拆资质或无相应的资质擅自装拆塔机。

（9）在恶劣气候（大风、大雾、雷雨等）中起吊作业。

（10）设备缺乏定期检修保养，安全装置失灵、违章修理等造成事故。

3. 塔式起重机基本安全要求

（1）资料管理

1）施工企业或塔机机主应将塔机的生产许可证、产品合格证、拆装许可证、使用说明书、电气原理图、液压系统图、司机操作证、塔机基础图、地质勘察资料、塔机拆装方案、安全技术交底、主要零部件质保书（钢丝绳、高强连接螺栓、地脚螺栓及主要电气元件等）报给塔机检测中心，经塔机检测中心检测合格获得安全使用证后，才能使用。

2）日常使用中要加强对塔机的动态跟踪管理，作好台班记录、检查记录和维修保养记录（包括小修、中修、大修）并有相关责任人签字，在维修的过程中所更换的材料及易损件要有合格证或质量保证书，并将上述材料及时整理归档，建立一机一档台帐。

（2）拆装管理

1）塔机拆装必须由具有资质的拆装单位进行作业，而且要在资质范围内从事安装拆卸。

2）拆装人员要经过专门的业务培训，有一定的拆装经验并持证上岗，同时要各工种人员齐全，岗位明确，各司其职，听从统一指挥。

3）拆装要编制专项的拆装方案，方案要有安装单位技术负责人审核签字，并向拆装人员进行安全技术交底。拆装的警戒区和警戒线安排专人负责，无关人员禁止入场。严格按照拆装程序和说明书的要求进行作业，遇风力超过 4 级时要停止拆装。

（3）塔机基础

1）塔机的基础必须符合安全使用的技术条件规定。确保地耐力符合设计要求，钢筋混凝土的强度至少达到设计值的 80%。

2）有地下室工程的塔吊基础要采取特别的处理措施，必要时要在基础下打桩，并将桩端的钢筋与基础地脚螺栓牢固地焊接在一起。

3）塔机基础底面要平整夯实，基础底部不能作成锅底状。基础的地脚螺栓尺寸误差必须严格按照基础图的要求施工，地脚螺栓要保持足够的露出地面的长度，每个地脚螺栓要双螺帽拧紧。

4）在安装前要对基础表面进行检查，保证基础的水平度不能超过 1/1000。塔吊基础不得积水，在塔吊基础附近不得随意挖坑或开沟。

（4）安全距离

1）塔机在平面布置的时候要绘制平面图，相邻塔机的安全距离，在水平和垂直两个方向上都要保证不少于 2m 的安全距离，相邻塔机的塔身和起重臂不能发生干涉，尽量保证塔机在风力过大时能自由旋转。

2）塔机后臂与相邻建筑物之间的安全距离不少于 50cm。塔机与输电线之间的安全距离符合要求。

（5）安全装置

1）塔机在安装时必须具备规定的安全装置。

2）使用中必须确保安全装置的完好及灵敏可靠，发现损坏应及时维修更换，不得私自解除或任意调节。

3）附着装置要按照塔机说明书的要求设置，附着点以上的自由高度不能超过设计（使用）说明书的规定。

4）附着间距过大以及超长的附着支撑应另行设计并有计算书，进行强度和稳定性的验算。

5）附着框架应保持水平、固定牢靠并与附着杆在同一水平面上，与建筑物连接牢固。与建筑物的连接点应选在混凝土柱或混凝土圈梁上，用预埋件或穿墙螺栓与建筑物结构有效连接。不准用膨胀螺栓代替预埋件，用缆风绳代替附着支撑。

（6）安全操作

1）起重司机应持有与其所操纵的塔机的起重力矩相对应的操作证，不得酒后作业，不得带病或疲劳作业，指挥应持证上岗，并正确使用旗语或对讲机。

2）起吊作业中司机和指挥必须遵守"十不吊"的规定。

3）塔机运行时，必须严格按照操作规程要求作业。最基本要求：起吊前，先鸣号，吊物禁止从人的头上越过。起吊时吊索应保持垂直、起降平稳，操作尽量避免急刹车或冲击。严禁超载，当起吊满载或接近满载时，严禁同时做二个动作。

4）塔机停用时，吊物必须落地，不准悬在空中。并对塔机的停放位置和小车、吊钩、夹轨钳、电源等一一加以检查，确认无误后，方能离岗。

5）塔机在使用中不得利用安全限制器停车；吊重物时不得调整起升、变幅的制动器；除专门设计的塔机外，起吊和变幅两套起升机构不应同时开动。

6）自升式塔机使用中的顶升加节工作，要有专人负责，顶升加节后应按规定进行验收。

7）两台或两台以上塔吊作业时，应有防碰撞措施。

（7）安全检查

1）定期对塔机的各安全装置进行维修保养，确保其在运行过程中发挥正常作用。

2）经常对塔机的金属结构、机械传动、起重绳具、电气液压设备等进行检查、清洁、润滑、紧固、调整、防腐等保养工作。发现问题立即处理，做到定人、定时间、定措施，严格杜绝机械带病作业。

（8）严格退出机制

1）国家明令淘汰的机型应坚决禁止使用。

2）使用年限较长的塔机在修复鉴定后要限制荷载使用。

（9）关于塔式起重机使用安全的强制性条文

1）起重机的拆装必须由取得建设行政主管部门颁发的拆装资质证书的专业队进行，并应有技术和安全人员在场监护。

2）起重机载人专用电梯严禁超员，其断绳保护装置必须可靠。当起重机作业时，严禁开动电梯。电梯停用时，应降至塔身底部位置，不得长时间悬在空中。

3）动臂式和尚未附着的自升式塔式起重机，塔身上不得悬挂标语牌。

（三）物料提升机（龙门架、井字架）安全技术

《龙门架及井架物料提升机安全技术规范》（JGJ 88—92）规定，此类物料提升机的额定起重量在 2000kg 以下，以地面卷扬机为动力，沿立柱上的导轨作升降运动，是仅作垂直运输物料的起重设备。物料提升机由架体、提升与传动机构、吊笼（吊篮）、稳定机构、

安全保护装置和电气控制系统组成。

物料提升机结构的设计和计算应符合《钢结构设计规范》（GB 50017—2003）、《龙门架及井架物料提升机安全技术规范》（JGJ 88—92）等标准的有关要求。物料提升机结构的设计和计算应提供正式、完整的计算书，结构计算应含整体抗倾翻稳定性、基础、立柱、天梁、钢丝绳、制动器、电机、安装扒杆、附墙架等的计算。

架设高度在 30m（含 30m）以下的物料提升机为低架物料提升机，架设高度在 31～150m 的物料提升机为高架物料提升机。

1. 物料提升机的一般规定

（1）一般规定

1）制造提升机应先提出设计方案，并有图纸、计算书和质量保证措施。

2）提升机应有产品标牌，标明额定起重量，最大提升速度、最大架设高度、制造单位、产品编号及出厂日期。

3）提升机吊篮与架体的涂色应有明显区别。

4）提升机出厂前，应按规定进行检验，并附产品合格证。

5）安装提升机架体的人员，应按高处作业人员要求，经过培训持证上岗。

6）提升机在安装完毕后，必须经正式验收，符合要求后方可投入使用。

7）使用单位应根据提升机的类型制订操作规程，建立管理制度及检修制度。

8）使用单位应对每台提升机建立设备技术档案，其内容应包括：验收，检修，试验及事故情况。

9）应配备经正式考试合格持有操作证的专职司机。

（2）结构设计与制造方面的相关规定

1）井架式提升机的架体，在与各楼层通道相接的开口处，应采取加强措施。

2）提升机架体顶部的自由高度不得大于 6m。

3）提升机宜选用可逆式卷扬机，高架提升机不得选用摩擦式卷扬机。

4）提升钢丝绳不得接长使用。端头与卷筒应用压紧装置卡牢，在卷筒上应能按顺序整齐排列。当吊篮处于工作最低位置时，卷筒上的钢丝绳应不少于 3 圈。

5）钢丝绳端部的固定当采用绳卡时，绳卡应与绳径匹配，其数量不得少于 3 个，间距不小于钢丝绳直径的 6 倍。绳卡滑鞍放在受力绳的一侧，不得正反交错设置绳卡。

（3）物料提升机电气方面的规定

1）提升机的电气系统（电源、设备、元器件、绝缘、防雷、接地等）应当满足《施工现场临时用电安全规范》以及相应的规范标准规定。

2）提升机的总电源应设短路保护及漏电保护装置；电动机的主回路上，应同时装设短路、失压、过电流保护装置。

3）工作照明的开关，应与主电源开关相互独立。当提升机电源被切断时，工作照明不应断电。各自的开关应有明显标志。

4）禁止使用倒顺开关作为卷扬机的控制开关。

2. 物料提升机的安全防护装置和稳定装置

（1）安全防护装置

1）提升机应具有下列安全防护装置并满足其要求：

① 安全停靠装置或断绳保护装置。

A. 安全停靠装置。吊篮运行到位时，停靠装置将吊篮定位。该装置应能可靠地承担吊篮自重、额定载荷及运料人员和装卸物料时的工作荷载。

B. 断绳保护装置。当吊篮悬挂或运行中发生断绳时，应能可靠地将其停住并固定在架体上。其滑落行程，在吊篮满载时，不得超过1m。

② 楼层口停靠栏杆（门）。各楼层的通道口处，应设置常闭的停靠栏杆（门），宜采用联锁装置（吊篮运行到位时方可打开）。停靠栏杆可采用钢管制造，其强度应能承受1kN/m水平荷载。

③ 吊篮安全门。吊篮的上料口处应装设安全门。安全门宜采用联锁开启装置，升降运行时安全门封闭吊篮的上料口，防止物料从吊篮中滚落。

④ 上料口防护棚。防护棚应设在提升机架体地面进料口上方。其宽度应大于提升机的最外部尺寸；其长度：低架提升机应大于3m，高架提升机应大于5m。其材料强度应能承受10kPa的均布静荷载。也可采用50mm厚木板架设或采用两层竹笆，上下竹笆层间距应不小于600mm。

⑤ 上极限限位器。该装置应安装在吊篮允许提升的最高工作位置。吊篮的越程（指从吊篮的最高位置与天梁最低处的距离），应不小于3m。当吊篮上升达到限定高度时，限位器即行动作，切断电源（指可逆式卷扬机）或自动报警（指摩擦式卷扬机）。

⑥ 紧急断电开关。紧急断电开关应设在便于司机操作的位置，在紧急情况下，应能及时切断提升机的总控制电源。

⑦ 信号装置。该装置是由司机控制的一种音响装置，其音量应能使各楼层使用提升机装卸物料人员清晰听到。

2）高架提升机除应满足上述规定外，尚需具备下列安全装置并应满足以下要求：

① 下极限限位器。该限位器安装位置，应满足在吊篮碰到缓冲器之前限位器能够动作。当吊篮下降达到最低限定位置时，限位器自动切断电源，使吊篮停止下降。

② 缓冲器。在架体的底坑里应设置缓冲器，当吊篮以额定荷载和规定的速度作用到缓冲器上时，应能承受相应的冲击力。缓冲器的型式，可采用弹簧或弹性实体。

③ 超载限制器。当荷载达到额定荷载的90%时，应能发出报警信号。荷载超过额定荷载时，应能切断起升电源。

④ 通讯装置。当司机不能清楚地看到操作者和信号指挥人员时，必须加装通讯装置。通讯装置必须是一个闭路的双向电气通讯系统，司机应能听到或看清每一站的需求联系，并能与每一站人员通话。

（2）稳定装置

物料提升机的稳定性能，主要取决于物料提升机的基础、附墙架、缆风绳及地锚。

1）基础

依据提升机的类型及土质情况确定基础的做法，应符合以下规定：

① 高架提升机的基础应进行设计，基础应能可靠地承受作用在其上的全部荷载，基础的埋深与做法应符合设计和提升机出厂使用规定。

② 低架提升机的基础当无设计要求时应符合下列要求：

A. 土层压实后的承载力应不小于80kPa；

B. 浇筑 C20 混凝土，厚度不少于 300mm；

C. 基础表面应平整，水平度偏差不大于 10mm。

③ 基础应有排水措施。距基础边缘 5m 范围内开挖沟槽或有较大振动的施工时，必须有保证架体稳定的措施。

2）附墙架

用以增强提升机架体的稳定性，连接在物料提升机架体立柱与建筑物结构之间的钢构件。附墙架的设置应符合以下要求：

① 附墙架与架体及建筑之间，均应采用刚性件连接，并形成稳定结构，不得连接在脚手架上。严禁使用铅丝绑扎。

② 附墙架的材质应与架体的材质相同，不得使用木杆、竹杆等做附墙架与金属架体连接。

③ 附墙架的设置应符合设计要求，其间隔不宜大于 9m，且在建筑物的顶层宜设置 1 组，附墙后立柱顶部的自由高度不宜大于 6m。

3）缆风绳

缆风绳是为保证架体稳定而在其四个方向设置的拉结绳索，所用材料为钢丝绳。缆风绳的设置应当满足以下条件：

① 提升机受到条件限制无法设置附墙架时，应采用缆风绳稳固架体。高架提升机在任何情况下均不得采用缆风绳。

② 提升机的缆风绳应经计算确定（缆风绳的安全系数 n 取 3.5）。缆风绳应选用圆股钢丝绳，直径不得小于 9.3mm。提升机高度在 20m 以下（含 20m）时，缆风绳不少于 1 组（4～8 根）；提升机高度在 21～30m 时，不少于 2 组。

③ 缆风绳应在架体四角有横向缀件的同一水平面上对称设置，使其在结构上引起的水平分力，处于平衡状态。缆风绳与架体的连接处应采取措施，防止架体钢材对缆风绳的剪切破坏。对连接处的架体焊缝及附件必须进行设计计算。

④ 龙门架的缆风绳应设在顶部。若中间设置临时缆风绳时，应在此位置将架体两立柱做横向连接，不得分别牵拉立柱的单肢。

⑤ 缆风绳与地面的夹角不应大于 60°，其下端应与地锚连接，不得拴在树木、电杆或堆放构件等物体上。

⑥ 缆风绳与地锚之间，应采用与钢丝绳拉力相适应的花篮螺栓拉紧。缆风绳垂度不大于 0.01L（L 为长度），调节时应对角进行，不得在相邻两角同时拉紧。

⑦ 当缆风绳需改变位置时，必须先作好预定位置的地锚，并加临时缆风绳确保提升机架体的稳定，方可移动原缆风绳的位置；待与地锚拴牢后，再拆除临时缆风绳。

⑧ 在安装、拆除以及使用提升机的过程中设置的临时缆风绳，其材料也必须使用钢丝绳，严禁使用铅丝、钢筋、麻绳等代替。

4）地锚

① 缆风绳的地锚，根据土质情况及受力大小设置，应经计算确定。

② 缆风绳的地锚，一般宜采用水平式地锚，当土质坚实，地锚受力小于 15kN 时，也可选用桩式地锚。

③ 地锚的设置参数应符合规范规定，位置应满足对缆风绳的设置要求。

3. 物料提升机的安装与拆除

（1）安装或拆除前的准备工作

1）安装准备

① 安装与拆除作业前，应根据现场工作条件及设备情况编制作业方案。对作业人员进行分工交底，确定指挥人员，划定安全警戒区域并设监护人员，排除作业障碍。

② 提升机架体的实际安装高度不得超出设计所允许的最大高度。

2）安装前的检查

① 金属结构的成套性和完好性；

② 提升机构是否完整良好；

③ 电气设备是否齐全可靠；

④ 基础位置和做法是否符合要求；

⑤ 地锚位置、附墙架（连墙杆）连接埋件的位置是否正确，埋设是否牢靠；

⑥ 提升机周围环境条件有无影响作业安全的因素。尤其是缆风绳是否跨越或靠近外电线路以及其他架空输电线路。必须靠近时，应保证最小安全距离（表 8-1），并采取相应的安全防护措施。

缆风绳距外电线路最小安全距离

表 8-1

外电线路电压(kV)	<1	1~10	35~110	154~220	330~500
最小安全距离(m)	4	6	8	10	15

（2）安装

1）架体安装

① 安装架体时，应先将地梁与基础连接牢固。每安装 2 个标准节（一般不大于 8m），应采取临时支撑或临时缆风绳固定，并进行初校正，在确认稳定时，方可继续作业。

② 安装龙门架时，两边立柱应交替进行，每安装 2 节，除将单肢柱进行临时固定外，尚应将两立柱横向连接成一体。

③ 利用建筑物内井道做架体时，各楼层进料口处的停靠门，必须与司机操作处装设的层站标志灯进行联锁。阴暗处应装照明。

④ 架体各节点的螺栓必须紧固，螺栓应符合孔径要求，严禁扩孔和开孔，更不得漏装或以铅丝代替。

⑤ 装设摇臂扒杆时，应符合以下要求：

A. 扒杆不得装在架体的自由端处；

B. 扒杆底座要高出工作面，其顶部不得高出架体；

C. 扒杆应安装保险钢丝绳，起重吊钩应装设限位装置；

D. 扒杆与水平面夹角应在 45°~70°之间，转向时不得碰到缆风绳；

E. 随工作面升高扒杆需要重新安装时，其下方的其他作业应暂时停止。

2）卷扬机安装

① 卷扬机应安装在平整坚实的位置上，宜远离危险作业区，视线应良好。因施工条件限制，卷扬机安装位置距施工作业区较近时，其操作棚的顶部应按防护棚的要求架设。

② 固定卷扬机的锚桩应牢固可靠，不得以树木、电杆代替锚桩。

③ 当钢丝绳在卷筒中间位置时，架体底部的导向滑轮应与卷筒轴心垂直，否则应设置辅助导向滑轮，并用地锚、钢丝绳拴牢。

④ 提升钢丝绳运行中应架起，使之不拖地面和被水浸泡。必须穿越主要干道时，应挖沟槽并加保护措施，严禁在钢丝绳穿行的区域内堆放物料。

（3）安装后使用前的验收

1）龙门架、井架物料提升机整机安装完毕，在正式使用前，应进行试运转和验收工作。

2）验收工作由机械设备部门组织现场施工工长、机械员、安装人员班组长、机操员、专职安全检查员参加，填写验收记录表，作出检查验收结论意见，检查验收人员签字，合格后方可使用。

3）使用前检查的内容：

① 金属结构有无开焊和明显变形；

② 架体各节点连接螺栓是否紧固；

③ 附墙架、缆风绳、地锚位置和安装情况；

④ 架体的安装精度是否符合要求；

⑤ 安全防护装置是否符合要求；

⑥ 卷扬机的位置是否合理；

⑦ 电气设备及操作系统的可靠性；

⑧ 信号及通讯装置的使用效果是否良好清晰；

⑨ 钢丝绳、滑轮组的固接情况；

⑩ 提升机与输电线路的安全距离及防护情况。

（4）拆除

1）拆除前检查

① 查看提升机与建筑物的连接情况，特别是有无与脚手架连接的现象；

② 查看提升机架体有无其他牵拉物；

③ 临时缆风绳及地锚的设置情况；

④ 架体或地梁与基础的连接情况。

2）拆除程序

① 解除起升钢丝绳；

② 拆除吊篮及附属配套设施；

③ 增设必要的临时支撑和缆风绳；

④ 拆除天梁；

⑤ 拆除架体柱。

3）拆除过程注意事项

① 在拆除缆风绳或附墙架前，应先设置临时缆风绳或支撑，确保架体的自由高度不得大于2个标准节（一般不大于8m）。

② 拆除龙门架的天梁前，应先分别对两立柱采取稳固措施，保证单柱的稳定。

③ 拆除作业中，严禁从高处向下抛掷物件。

④ 拆除作业宜在白天进行。夜间作业应有良好的照明。因故中断作业时，应采取临

时稳固措施。

4. 物料提升机的安全管理与使用

（1）物料提升机常见事故隐患

1）设计制造方面

① 擅自自行设计或制造龙门架或井架，未经设计计算和有关部门的验收便投入使用；

② 盲目改制提升机或不按图纸的要求搭设，任意修改原设计参数、随意增大额定起重量、提高起升速度等。

2）架体的安装与拆除

① 架体的安装与拆除前未制定装拆方案和相应的安全技术措施；

② 作业人员无证上岗；

③ 施工前未进行详尽的安全技术交底；

④ 作业中违章操作等。

3）安全装置不全或设置不当、失灵

① 未按规范要求设置安全装置，或安全装置设置不当；

② 平时对各类安全装置疏于检查和维修，安全装置功能失灵而未察觉，带病运行。

4）使用和管理不当

① 人员违章乘坐吊篮上下。

② 严重超载，导致架体变形、钢丝绳断裂、吊篮坠落等恶性事故的发生。

③ 无通讯、联络装置或装置失灵，人员不知道吊篮运行情况，导致高坠、伤害事故。

④ 未经验收便投入使用，缺乏定期检查和维修保养，电气设备不符规范要求，卷扬机设置位置不合理等，都可能引发起安全事故。

（2）使用安全要求

提升机应由设备部门统一管理，不得对卷扬机和架体分开管理。

1）使用提升机的安全规定

① 物料在吊篮内应均匀分布，不得超出吊篮。当长料在吊篮中立放时，应采取防滚落措施；散料应装箱或装笼。严禁超载使用。

② 严禁人员攀登、穿越提升机架体和乘吊篮上下。

③ 高架提升作业时，应使用通讯装置联系。低架提升机在多工种、多楼层同时使用时，应专设指挥人员，信号不清不得开机。作业中不论任何人发出紧急停车信号，应立即执行。

④ 闭合主电源前或作业中突然断电时，应将所有开关扳回零位。在重新恢复作业前，应在确认提升机动作正常后方可继续使用。

⑤ 发现安全装置、通讯装置失灵时，应立即停机修复。作业中不得随意使用极限限位装置。

⑥ 使用中要经常检查钢丝绳、滑轮工作情况。如发现磨损严重，必须按照有关规定及时更换。

⑦ 采用摩擦式卷扬机为动力的提升机，吊篮下降时，应在吊篮行至离地面 $1\sim2m$ 处，控制缓缓落地，不允许吊篮自由落下直接降至地面。

⑧ 装设摇臂扒杆的提升机，作业时，吊篮与摇臂扒杆不得同时使用。

⑨ 作业后，将吊篮放至地面，各控制开关扳至零位，切断主电源，锁好闸箱。

2）定期检查。定期检查每月进行 1 次，由有关部门和人员参加，检查内容包括：

① 金属结构有无开焊、锈蚀、永久变形；

② 扣件、螺栓连接的紧固情况；

③ 提升机构磨损情况及钢丝绳的完好性；

④ 安全防护装置有无缺少、失灵和损坏；

⑤ 缆风绳、地锚、附墙架等有无松动；

⑥ 电气设备的接地（或接零）情况；

⑦ 断绳保护装置的灵敏度试验。

3）日常检查。日常检查由作业司机在班前进行，在确认提升机正常时，方可投入作业。检查内容包括：

① 地锚与缆风绳的连接有无松动；

② 空载提升吊篮做 1 次上下运行，验证是否正常，并同时碰撞限位器和观察安全门是否灵敏完好；

③ 在额定荷载下，将吊篮提升至离地面 1～2m 高度停机，检查制动器的可靠性和架体的稳定性；

④ 安全停靠装置和断绳保护装置的可靠性；

⑤ 吊篮运行通道内有无障碍物；

⑥ 作业司机的视线或通讯装置的使用效果是否清晰良好。金属结构有无开焊和明显变形。

（四）施工升降机（施工电梯）安全技术

施工升降机又称为施工电梯，是高层建筑施工中运送施工人员上下及建筑材料和工具设备的垂直运输设施。施工升降机按其传动型式可分为：齿轮齿条式、钢丝绳式和混合式三种。

按《特种设备安全监察条例》，施工升降机必须由取得相应特种设备许可证的厂家生产，其技术条件应符合《施工升降机技术条件》（GB/T 10054—1996）的规定。

1. 施工升降机的安全装置

（1）限速器

为了防止施工升降机的吊笼超速或坠落而设置的一种安全装置，分为单向式和双向式两种，单向限速器只能沿吊笼下降方向起限速作用，双向限速器则可沿吊笼的上下两个方向起限速作用。限速器应按规定期限进行性能检测。

（2）缓冲弹簧

缓冲弹簧装在与基础架联接的弹簧座上，以便当吊笼发生坠落事故时，减轻吊笼的冲击，同时保证吊笼和配重下降着地时呈柔性接触，减缓吊笼和配重着地时的冲击。缓冲弹簧有圆锥卷弹簧和圆柱螺旋弹簧两种。通常，每个吊笼对应的底架上有两或三个圆锥卷弹簧或四个圆柱螺旋弹簧。

（3）上、下限位器

为防止吊笼上、下时超过需停位置，或因司机误操作以及电气故障等原因继续上行或下降引发事故而设置的装置，安装在吊笼和导轨架上，限位装置由限位碰块和限位开关组成，设在吊笼顶部的最高限限位装置，可防止冒顶；设在吊笼底部的最低限位装置，可准确停层，属于自动复位型。

（4）上、下极限限位器

上、下极限限位器是在上、下限位器不起作用时，当吊笼运行超过限位开关和越程后，能及时切断电源使吊笼停车。极限限位是非自动复位型。动作后只能手动复位才能使吊笼重新启动。极限限位器安装在吊笼和导轨架上（越程是指限位开关与极限限位开关之间所规定的安全距离）。

（5）安全钩

安全钩是为防止吊笼到达预先设定位置，上限位器和上极限限位器因各种原因不能及时动作，吊笼继续向上运行，将导致吊笼冲击导轨架顶部面发生倾翻坠落事故而设置的钩状块，也是最后一道安全装置，它能使吊笼上行到轨架安全防护设施顶部时安全钩在导轨架上，防止吊笼出轨，保证吊笼不发生倾翻坠落事故。

（6）急停开关

当吊笼在运行过程中发生各种原因的紧急情况时，司机能在任何时候按下急停开关。使吊笼停止运行。急停开关必须是非自行复位的安全装置，一般安装在吊笼顶部。

（7）吊笼门、防护围栏门联锁装置

施工升降机的吊笼门、防护围栏门均装有电气联锁开关，它们能有效地防止因吊笼或防护围栏门未关闭就启动运行而造成人员和物料坠落，只有当吊笼门和防护围栏完全关闭后才能启动运行。

（8）楼层通道门

施工升降机与楼层之间设置了运料和人员进出的通道，在通道口与施工升降机结合部必须设置楼层通道门。楼层通道门的高度不低于 1.8m，门的下沿离通道面不应超过 50mm。此门在吊笼上下运行时处于常闭状态，只能在吊笼停靠时才能由吊笼内的人员打开。应做到楼层内的人员无法打开此门，以保证通道口处在常闭状态，避免出现危险。

（9）通讯装置

由于司机的操作室位于吊笼内，无法知道各楼层的需求情况和分辨不清哪个楼层发出信号，因此必须安装一个闭路的双向电气通讯装置。司机应能听到或看到每一层的需求信号。

（10）地面进口处防护棚

施工升降机安装完毕时，应及时搭设地面出入口的防护棚。防护棚搭设的材质选用普通脚手架钢管、防护棚长度不应小于 5m，有条件的可与地面通道防护棚连接起来。宽度应不小于升降机底笼最外部尺寸。其顶部材料可采用 50mm 厚木板或两层竹笆，上下竹笆间距应不小于 600mm。

（11）断绳保护装置

吊笼和配重的钢丝绳发生断绳时，断绳保护开关切断控制电路，制动器抱闸停车。

2．施工升降机的安装与拆卸

（1）资质要求

施工升降机是一种大型垂直运输设备，它的安装和拆卸工作必须由取得建设行政主管部门颁发的塔机拆装资质证书和省、地、市安全生产监督管理局颁发的塔机（施工升降机）安拆、维修安全许可证的专业单位进行。

（2）安装与拆卸安全要求

1）施工升降机每次安装与拆卸作业之前，企业应根据施工现场工作环境及辅助设备情况编制安装拆卸方案，经企业技术负责人审批同意后方能实施。

2）每次安装或拆卸作业之前，应对作业人员按不同的工种和作业内容进行详细的技术、安全交底。参与装拆作业的人员必须持有专门的资格证书。

3）升降机每次安装后，施工企业应当组织有关职能部门和专业人员对升降机进行必要的试验和验收。确认合格后应当向当地建设行政主管部门认定的检测机构申报，经专业检测机构检测合格后，才能正式投入使用。

4）施工升降机在安装作业前，应对升降机的各部件作如下检查：

① 导轨架、吊笼等金属结构的成套性和完好性；

② 传动系统的齿轮、限速器的装配精度及其接触长度；

③ 电气设备、主电路和控制电路是否符合国家标准的规定；

④ 基础位置和做法是否符合该产品的设计要求；

⑤ 附墙架设置处的混凝土强度和螺栓孔是否符合安装条件；

⑥ 各安全装置是否齐全，安装位置是否正确牢固，各限位开关动作是否灵敏、可靠；

⑦ 升降机安装作业环境有无影响作业安全的因素。

5）安装作业应严格按照预先制定的安装方案和施工工艺要求进行施工，实施安装过程中有专人统一指挥，划出警戒区域，并有专人监控。

6）安装与拆卸工作宜在白天进行，遇恶劣天气应停止作业。

7）作业人员应按高处作业的要求，系好安全带。

8）拆卸时严禁将物件从高处向下抛掷。

3. 施工升降机的事故隐患

施工升降机是一种危险性较大的设备，易导致重大伤亡事故。

（1）施工升降机装拆的事故隐患：

① 将施工升降机的装拆作业发包给无相应装拆资质的队伍或个人。

② 不按施工升降机装拆方案施工或根本无装拆方案，即使有方案也无针对性，且缺乏必要的审批手续，拆装过程中也无专人统一指挥。

③ 施工升降机完成安装作业后即投入使用，不履行相关的验收手续和必须的试验程序，甚至不向当地建设行政主管部门指定的专业检测机构申报检测，以致发生机械、电气故障和各类事故。

④ 装拆人员未经专业培训即上岗作业。

⑤ 装拆作业前未进行详细的、有针对性的安全技术交底，作业时又缺乏必要的监护措施；现场违章作业随处可见，极易发生高处坠落、落物伤人等重大事故。

2）安全装置装设不当甚至不装，使得吊笼在运行过程中发生故障时安全装置失效。

3）楼层门设置不符要求，层门净高偏低，使有些运料人员把头伸出门外观察吊笼运行情况时，被正好落下的吊笼卡住脑袋发生恶性伤亡事故。楼层门设置不当，可从楼层内打开，使得通道口成为危险的临边口，造成人员坠落或物料坠落伤人事故。

4）施工升降机的司机未持证上岗，或司机离开驾驶室时未关闭电源，使无证人员有机会擅自开动升降机，一旦遇到意外情况不知所措，酿成事故。

5）不按升降机额定荷载控制人员数量和物料重量，使升降机长期处于超载运行的状态，导致吊笼及其他受力部件变形，给升降机的安全运行带来严重的安全隐患。

6）不按设计要求配置配重，不利于升降机的安全运行。

7）限速器未按规定每三个月进行一次坠落试验，一旦发生吊笼下坠失速，限速器失灵，产生严重后果。

另外，金属结构和电气金属外壳不接地或接地不符安全要求、悬挂配重的钢丝绳安全系数达不到 8 倍、电气装置不设置相序和断相保护器等都是施工升降机使用过程中常见的事故隐患。

4. 施工升降机的安全使用和管理

1）施工企业必须建立健全施工升降机的各类管理制度，落实专职机构和专职管理人员，明确安全使用和管理责任。

2）操纵升降机的司机应是经有关行政主管部门培训合格的特种作业专职人员，严禁无证操作。

3）司机应做好日常检查工作，即在电梯每班首次运行时，应分别作空载和满载试运行。

4）建立和执行定期检查和维修保养制度，每周或每旬对升降机进行全面检查，对查出的隐患按"三定"原则落实整改。整改后须经有关人员复查确认符合安全要求后，方能使用。

5）梯笼乘人、载物时，应尽量使荷载均匀分布，严禁超载使用。

6）升降机运行至最上层和最下层时，严禁以碰撞上、下限位开关来实现停车。

7）司机因故离开吊笼及下班时，应将吊笼降至地面，切断总电源，锁上电箱门，防止其他无证人员擅自开动吊笼。

8）风力达 6 级以上，应停止使用升降机，并将吊笼降至地面。

9）各停靠层的运料通道两侧必须有良好的防护。楼层门应处于常闭状态，其高度应符合规范要求，任何人不得擅自打开或将头伸出门外，当楼层门未关闭时，司机不得开动电梯。

10）确保通讯装置的完好，司机应当在确认信号后方能开动升降机。作业中无论任何人在任何楼层发出紧急停车信号，司机都应当立即执行。

11）升降机应按规定单独安装接地保护和避雷装置。

12）严禁在升降机运行状态下进行维修保养工作。若需维修，必须切断电源并在醒目处挂上"有人检修，禁止合闸"的标志牌，并有专人监护。

（五）锅炉与压力容器安全技术

1. 锅炉与压力容器的种类

（1）锅炉

锅炉是生产蒸汽或加热水的设备。锅炉包括"锅"和"炉"两个部分，以燃煤蒸汽锅炉为例，锅内系统是使水受热变成水蒸气的管道和容器，也叫汽水系统；炉内系统是进行燃烧和热交换的场所，也叫风煤烟系统。

生产蒸汽的锅炉叫蒸汽锅炉，加热水使其升温但不汽化的锅炉叫热水锅炉。蒸汽锅炉的规格以单位时间内产生蒸汽的数量及蒸汽参数表示（t/h）。热水锅炉的规格以单位时间内水的吸热量（MW 兆瓦）及热水参数表示。

锅炉按容量大小可分为大型锅炉、中型锅炉和小型锅炉。习惯上，蒸发量大于 100t/h 的锅炉为大型锅炉，蒸发量 20～100t/h 的锅炉为中型锅炉，蒸发量小于 20 t/h 的锅炉为小型锅炉。

蒸汽锅炉按蒸汽压力大小分为低压锅炉（$p \leqslant 2.5MPa$）、中压锅炉（$2.5MPa < p \leqslant 5.9MPa$）、高压锅炉（$p = 9.8MPa$）、超高压锅炉（$p = 13.7MPa$）。

《重大危险源辨识标准》（GB 18218—2000）规定：压力 $>2.5MPa$、蒸发量 $\geqslant 10t/h$ 的蒸汽锅炉；出水温度 $\geqslant 400℃$、功率 $\geqslant 14MW$ 的热水锅炉属于重大危险源。

（2）压力容器

压力容器泛指承受流体压力的密闭容器。《压力容器安全监察规程》规定，同时具备下列三个条件的密闭容器称为压力容器。

1）最高工作压力 $P_w \geqslant 0.1MPa$（不包括液体静压力）；

2）容积 $\geqslant 25L$，且 $P_w V > 20LMPa$；

3）介质为气体、液化气体和最高工作温度高于标准沸点（指一个大气压力下的沸点）的液体。

从安全管理和技术监督的角度，通常把压力容器分为两大类，即固定式压力容器和移动式压力容器。

1）固定式压力容器

安装和使用地点固定、工艺条件和操作人员也比较固定的压力容器为固定式压力容器。固定式压力容器分为四个压力级别：低压容器（$0.1MPa \leqslant p < 1.6MPa$）、中压容器（$1.6MPa \leqslant p < 10MPa$）、高压容器（$10MPa \leqslant p < 100MPa$）、超高压容器（$p \geqslant 100MPa$），其中 p 为压力容器的设计压力。

2）移动式压力容器

用以装载、运输气体或液体介质的压力容器为移动式压力容器。移动式压力容器没有固定的使用地点，一般也没有专职的操作人员，使用环境经常变迁，管理比较困难，较容易发生事故。

移动式容器按其容积大小和结构形状分为气瓶、气桶和槽车三类。其中气瓶为小型储运容器，数量大，使用广泛，又分永久气体气瓶、高压液化气体气瓶、低压液化气体气瓶、溶解气体气瓶等。建筑施工中常用的氧气瓶属于永久气体气瓶，乙炔气瓶属于溶解气体气瓶。

3）压力容器的安全综合分类

除上述分类方法外，为了有区别地进行技术管理和监督检查，《压力安全监察规程》根据容器压力的高低、介质的危害程度及在使用中的重要性，将压力容器分为三类，即一类容器、二类容器、三类容器。其中三类容器最为重要，要求也最为严格。特别是介质毒性极度、高度、或中度的三类压力容器，以及易燃介质、最高工压 $>0.1MPa$、$PV \geqslant 100MPa \cdot m^3$ 的压力容器属于重大危险源。

2. 锅炉与压力容器在建筑施工中的应用

1）工业锅炉产生的高温热能常常用于物料加热蒸煮、烘干、混凝土养护等工艺过程。生活锅炉则常用于施工工地提供生活蒸汽或热水。

2）压力容器有空气压缩机（包括冷却器、油水分离器、储气罐等）。压缩空气常用于带动风动机械和风动工具进行破碎、开采等作业，还用于喷砂、除锈、除渣、喷漆、搅拌、输送各种物料等。

3）建筑施工中金属焊接和切割广泛使用的氧气、乙炔气等瓶装压缩气体则属于移动压力容器。

3. 锅炉与压力容器作为特种设备的主要原因

（1）事故率高

锅炉与压力容器经常处于高温高压下工作，若管理不善或使用不当，容易发生各类事故，发生事故的主要原因有：

1）承受压力及温度。锅炉的汽水系统在密闭的容器和管道中工作，承受着介质压力和火焰加热，有时承受的压力和温度会很高。压力容器承受大小不同的压力荷载和其他荷载，有些容器还在高温或深冷条件下运行。锅炉压力容器内的压力可能因操作失误或反应异常而迅速升高，从而导致承压部件超压破裂。

2）较易超载。锅炉与压力容器一旦超载就会迅速酿成破坏性事故。

3）接触腐蚀性介质。锅炉外侧要接触烟气、灰尘，内侧要接触水或蒸汽，常会造成腐蚀或磨损。压力容器的工作介质常具有较强的腐蚀性，会导致氧腐蚀、硫腐蚀、硫化氢腐蚀以及各种浓度的酸、碱、盐腐蚀，易损坏设备。

4）较为复杂的局部应力。锅炉压力容器通常都有开孔接管及其他的不连续结构，在这些开孔附近及其他一些几何形状突变的部位，承压部件的受力情况都比较复杂，区域内存在着较高的应力，在不利的使用环境或载荷条件下，易导致承压部件破裂。

5）连续运转不易检验。锅炉压力容器大多是钢制焊接结构，在焊缝部位常隐含着漏检缺陷或标准允许的细微缺陷。在使用中，锅炉及不少压力容器必须连续运行，不便停用检查，常因缺陷扩展而导致破裂。

在上述因素共同影响下，即使是设计、制造质量符合标准的锅炉和压力容器，在正常操作条件下也可能发生各种事故，更不用说带有设计、制造缺陷的设备和操作失当的设备了。

（2）事故后果严重

锅炉压力容器承压部件的断裂破坏伴随着介质的能量释放会形成爆炸，具有巨大的破坏力，不仅损坏设备本身，而且损坏周围的设备和建筑，并常常造成人身伤亡，后果极其严重。造成伤害的因素主要有：

1）冲击波伤害。锅炉、压力容器内的介质一般是具有一定压力的气体、液化气体或高温液体，承压部件一旦破裂，介质即泄压膨胀或瞬时汽化，瞬间释放出大量的能量。其中大约 85% 的能量产生冲击波，向周围快速传播，破坏设备、建筑并危害人身安全。

2）设备碎片伤害。锅炉、压力容器破裂时，有些壳体可能会断裂成碎片并高速飞出，击穿、撞坏相遇的设备或建筑，并直接伤人。

3）介质伤害。锅炉压力容器破裂时介质外泄，常常造成人员烫伤、中毒、现场燃烧及二次爆炸，产生连锁反应。

总之，锅炉、压力容器爆炸，常造成大面积的、立体性的破坏和群体伤害，给事发单位和社会造成严重损失。因此，锅炉、压力容器被列入特种设备进行管理。

4. 锅炉与压力容器的结构及安全装置

（1）锅炉结构

汽水系统通常由给水设备、省煤器、锅筒、对流管束、水冷壁、过热器等组成。炉内系统通常由送风机、引风机、烟风管道、给煤装置、空气预热器、燃烧装置、除尘器、烟囱等组成。

（2）压力容器的结构

压力容器主要由一个能承受压力的壳体和其他必要的连接件和密封件等部件组成。

（3）锅炉与压力容器的安全装置

锅炉与压力容器安全装置是指为保证安全运行而装设在锅炉、压力容器上的附属装置，又常称为安全附件。它包括以下四类：

1）显示装置。在设备运行中能自动显示和计量运行参数的装置，如压力表、水位表（液位计）、温度计等。

2）报警装置。在设备运行中出现不安全因素致使其处于危险状态时，能自动发出声、光或其他信号报警的装置，如高低水位报警器、信号灯等。

3）联锁装置。为防止操作失误或异常工况导致事故而装设的控制机构。常用的有灭火联锁保护装置、缺水联锁保护装置、超压联锁保护装置等。

4）泄压装置。设备超压时能自动排放容器内介质，降低压力的装置，又分为：

① 安全阀。在设备超压时，安装于设备上的阀门自动开启排放介质而使设备降压，可自动启闭，反复使用，不中断设备运行。

② 爆破片。在设备超压时，安装于设备上的膜片爆破而使设备泄压，一次性使用，爆破泄压后中断设备运行。

③ 易熔塞。在设备超压且超温时，安装于设备接管上的易熔堵塞物熔化而使设备排出介质泄压，一次性使用，熔化泄压后中断设备运行。

④ 组合泄压装置。以上泄压装置中两种组合为一体，常见的是安全阀与爆破片组合泄压装置。

5. 锅炉的事故及安全防范措施

（1）锅炉事故

锅炉运行中出现的事故大致可分成三类：

1）爆炸事故。锅炉中的主要受压部件——锅筒、联箱、炉胆、管板等发生破裂爆炸等事故称为爆炸事故。有超压爆炸、缺陷导致的爆炸和严重缺水导致的爆炸等。发生严重缺水后立即上水也会造成锅炉爆炸事故。

2）重大事故。锅炉无法维持正常运行而被迫停炉的事故称为重大事故。重大事故有缺水事故、满水事故、汽水共腾、炉管爆炸、省煤器损坏、过热器损坏、水击事故、炉膛爆炸、尾部烟道二次燃烧、锅炉结渣等。

3）一般事故。在运行中可以排除的事故或经过短暂停炉即可排除的事故。

（2）安全防范措施

由于承压和具有爆炸危险，国家对锅炉压力容器的设计制造和产品质量有严格要求，实行制造许可证和定点生产制度。因此选用、购置锅炉压力容器必须认准定点厂家的合格产品，通过足够的法律和技术文件认定厂家资质和产品质量。

1）施工现场临时锅炉房安全要求

① 施工现场临时锅炉房设置的位置应考虑周围临建的环境，不宜和木工棚、易燃易爆材料仓库、变电室等相邻。同时，还应考虑使用方便。临时锅炉房的面积大小应根据锅炉设置的台数并满足公安消防部门的有关规定。

② 临时锅炉房应防火，便于操作，有足够的照明，临时用电设施应符合电气规程规定。墙体不准用竹、荆笆水泥，应用砖或砌块砌筑或瓦楞铁及石棉板，屋顶不准用简易油毡屋顶，应用瓦楞铁或石棉板做屋顶。屋顶距锅炉最高点要保证有一定的安全距离。

③ 锅炉房大门、窗均应向外开。锅炉房地面应平整、不积水。锅炉前端至少留有 2～3m，后端至少留有 60～70cm，便于操作和维修。

④ 锅炉排污、泄水应通向排污池（箱）。

⑤ 锅炉上的安全附件及附属设备应齐全、灵敏、可靠，按正规施工进行安装。司炉工、水质化验工必须经过特种作业培训、持证上岗。

⑥ 锅炉房应设有消防用具或设备。

2）锅炉安全管理

① 建立安全管理制度　锅炉使用单位应当严格执行《特种设备安全监察条例》和有关安全生产的法律、法规的规定，根据情况设置锅炉安全管理机构或者配备专职、兼职安全管理人员，制订安全操作规程和管理制度，以及事故应急措施和救援预案，并认真执行，确保锅炉安全使用。锅炉安全管理制度有：

A. 岗位责任制。明确制定锅炉房管理人员、司炉班长、司炉工、水处理化验工、仪表工、维修工的各自职责。

B. 交接班制度。明确交接班时间，交接内容，交接人员双方签字等。

C. 巡回检查制度。

D. 定期检查、检修制度。

E. 安全操作规程。

F. 维护保养、清洁卫生制度。

G. 水质管理制度。

H. 事故报告制度。

② 健全技术档案　锅炉使用单位应当健全锅炉安全技术档案。档案的内容应当包括：锅炉的设计、制造、安装、改造、维修技术文件和资料；定期检验和定期自行检查的记录；日常使用状况记录；锅炉本体及其安全附件、安全保护装置、测量调控装置及有关附属仪器仪表的日常维护保养记录；运行故障和事故记录；交接班记录、水质处理设备运行及水质化验记录等。

③ 定期检验　在用锅炉应当进行定期检验，以便及时发现锅炉在使用中潜伏的安全隐患及管理中的缺陷，进而采取应对措施，预防事故发生。

锅炉定期检验工作，应当由经过国家质检总局核准的检验检测机构的有资格的检验员进行。锅炉使用单位应当按照安全技术规范的定期检验要求，在安全检验合格有效期届满前 1 个月，向锅炉检验检测机构提出定期检验要求。只有经过定期检验合格的锅炉才允许继续投入使用。

6. 压力容器事故及安全防范措施

（1）压力容器事故

压力容器事故主要是压力容器的破裂，按常见型式和基本原因，可分为延性破裂、脆性破裂、疲劳破裂、腐蚀破裂及蠕变破裂等。其中延性破裂，又称韧性破裂或塑性破裂，是压力容器（包括低压小型锅炉）最常见的破裂形式。其主要原因有：

1）气体容器充装过量。由于操作疏忽、计量错误或其他原因造成过量充装，在运输、储存或使用过程中，容器内介质温度因环境温度影响或太阳曝晒而升高，介质体积膨胀后，器内压力急剧上升，最终导致容器延性破裂。

2）压力容器在使用中超压。由于违反操作规程、操作失误或其他原因，造成设备内压力升高并超过其许用压力，而设备又没有装设安全泄压装置或安全泄压装置失灵，最终造成延性破裂。

3）维护不良引起壁厚减薄。由于介质对器壁腐蚀或磨损，或设备长期闲置不用而又未进行可靠防护，造成器壁严重减薄，使设备在正常工作压力下发生延性破裂。

（2）压力容器安全规定

压力容器的制造、安装、改造、维修的要求，原则上与锅炉的制造、安装、改造、维修的要求基本相同。压力容器的制造单位应当具备《特种设备安全监察条例》规定的条件，并按照压力容器制造范围，取得国家质检总局统一制订的压力容器类《特种设备制造许可证》，方可从事压力容器的制造活动。

压力容器的使用要求原则上与锅炉的使用要求相同。除此之外，在压力容器投入使用前或者投入使用后 30 日内，移动式压力容器的使用单位应当向压力容器所在地的省级质量技术监督部门办理使用登记，其他压力容器的使用单位应当向压力容器所在地的市级质量技术监督部门办理使用登记，取得压力容器类的《特种设备使用登记证》。

在用压力容器应当进行定期检验。内外部检验由经过国家质检总局核准的检验检测机构的有资格的检验员进行。压力容器投用后的首次内外部检验周期一般为 3 年；安全状况等级为 1 级或者 2 级的压力容器，每 6 年至少进行一次；安全状况等级为 3 级的压力容器，每 3 年至少进行一次。

压力容器的使用单位应当按照安全技术规范的要求，在安全检验合格有效期届满前 1 个月，向压力容器检验检测机构提出定期检验要求。只有经过检验合格的压力容器，才允许继续投入使用。

7. 气瓶安全

气瓶是指在正常环境下（$-40 \sim 60℃$）可重复充气使用的，公称工作压力为 $0 \sim 30MPa$（表压），公称容积为 $0.4 \sim 1000L$ 的盛装永久气体、液化气体或溶解气体等的移动式压力容器。由于其数量大，流动性大，使用广泛，为了规范其管理，原国家质量技术监督局发布了《气瓶安全监察规程》。

（1）气瓶的种类

1）按充装介质的性质分类

① 永久气体气瓶　永久气体（压缩气体）因其临界温度小于 $-10℃$，常温下呈气态，

所以称为永久气体，如氢、氧、氮、氩、空气、煤气及天然气等。这类气瓶一般都以较高的压力充装气体，目的是增加气瓶的单位容积充气量，提高气瓶利用率和运输效率。常见的充装压力为 15MPa，也有充装 20～30MPa 的。

② 液化气体气瓶　液化气体气瓶充装时都以低温液态灌装。有些液化气体的临界温度较低，装入瓶内后受环境温度的影响而全部气化。有些液化气体的临界温度较高，装瓶后在瓶内始终保持气液平衡状态，因此，可分为高压液化气体和低压液化气体。

③ 溶解气体气瓶　专门用于盛装乙炔的气瓶。由于乙炔气体极不稳定，故必须把它溶解在溶剂（常见的为丙酮）中。气瓶内装满多孔性材料，以吸收溶剂。乙炔瓶充装乙炔气，一般要求分两次进行，第一次充气后静置 8h 以上，再第二次充气。

2）按制造方法分类

① 钢制无缝气瓶；

② 钢制焊接气瓶；

③ 缠绕玻璃纤维气瓶，这类气瓶由于绝热性能好、重量轻，多用于盛装呼吸用压缩空气，供消防、毒区或缺氧区域作业人员随身背挎并配以面罩使用。一般容积较小（1～10L），充气压力多为 15～30MPa。

3）按公称工作压力分类

气瓶按公称工作压力分为高压气瓶和低压气瓶。

① 高压气瓶，公称工作压力有：30MPa、20MPa、15MPa、12.5MPa、8MPa。

② 低压气瓶，公称工作压力有：5MPa、3MPa、2MPa、1.6MPa、1MPa。

（2）气瓶的标志

气瓶标志是安全、正确使用气瓶的重要依据。建筑工地常见的气瓶标志如表 8-2 所示。

常见气瓶颜色标志　　　　　　　　　　表 8-2

充装气体名称		化学式	瓶色	字样	字色	色　环
乙炔		$CH\equiv CH$	白	乙炔不可近火	大红	
氢		H_2	淡绿	氢	大红	$P=20$,淡黄色单环 $P=30$,淡黄色双环
氧		O_2	淡(酞)兰	氧	黑	$P=20$,白色单环 $P=30$,白色双环
氮		N_2	黑	氮	淡黄	
空气			黑	空气	白	
二氧化碳		CO_2	铝白	液化二氧化碳	黑	$P=20$,黑色单环
氨		NH_3	淡黄	液化氨	黑	
氯		Cl_2	深绿	液化氯	白	
氩		Ar	银灰	氩	深绿	
液化石油气	工业用		棕	液化石油气	白	$P=20$,白色单环 $P=30$,白色双环
	民用		银灰	液化石油气	大红	

注：1. 色环栏内的 P 是气瓶的公称工作压力，MPa。
　　2. 民用液化石油气瓶上的字样应排成二行，"家用燃料"居中的下方为"(LPG)"

（3）气瓶的安全装置及检验周期

1）气瓶安全装置

气瓶的安全装置主要是防止它在遇到火灾等特殊高温时瓶内气体受热膨胀而发生破裂爆炸。气瓶的安全泄压装置有防爆片、易熔塞和弹簧安全阀。防爆片一般装在瓶阀上，易熔塞一般装在低压液化瓶上，弹簧式安全阀在气瓶上用得很少。气瓶的安全装置还有防振圈和瓶帽。

2）各类气瓶的检验周期，不得超过下列规定：

① 盛装腐蚀性气体的气瓶、潜水气瓶以及常与海水接触的气瓶每二年检验一次。

② 盛装一般性气体的气瓶，每三年检验一次。

③ 盛装惰性气体的气瓶，每五年检验一次。

④ 液化石油气钢瓶，按国家标准 GB 8334 的规定。

⑤ 低温绝热气瓶，每三年检验一次。

⑥ 车用液化石油气钢瓶每五年检验一次，车用压缩天然气钢瓶，每三年检验一次。汽车报废时，车用气瓶同时报废。

⑦ 气瓶在使用过程中，发现有严重腐蚀、损伤或对其安全可靠性有怀疑时，应提前进行检验。

⑧ 库存和停用时间超过一个检验周期的气瓶，启用前应进行检验。

（4）气瓶的运输、储存、经销和使用

1）运输、储存、经销和使用气瓶的单位应加强对运输、储存、经销和使用气瓶的安全管理。

① 有掌握气瓶安全知识的专人负责气瓶安全工作；

② 根据《气瓶安全监察规程》和有关规定，制定相应的安全管理制度；

③ 制定事故应急处理措施，配备必要的防护用品；

④ 定期对气瓶的运输（含装卸）、储存、经销和使用人员进行安全技术教育。

2）运输和装卸气瓶时，应遵守下列要求：

① 运输工具上应有明显的安全标志。

② 必须配戴好瓶帽（有防护罩的气瓶除外）、防震圈（集装气瓶除外），轻装轻卸，严禁抛、滑、滚、碰。

③ 吊装时，严禁使用电磁起重机和金属链绳。

④ 瓶内气体相互接触可引起燃烧、爆炸、产生毒物的气瓶，不得同车（厢）运输，易燃、易爆、腐蚀性物品或与瓶内气体起化学反应的物品，不得与气瓶一起运输。

⑤ 采用车辆运输时，气瓶应妥善固定。立放时，车厢高度应在瓶高的 2/3 以上，卧放时，瓶阀端应朝向一方，垛高不得超过五层且不得超过车厢高度。

⑥ 夏季运输应有遮阳设施，避免曝晒；在城市的繁华地区应避免白天运输。

⑦ 运输可燃气体气瓶时，严禁烟火。运输工具上应备有灭火器材。

⑧ 运输气瓶的车、船不得在繁华市区、人员密集的学校、剧场、大商店等附近停靠；车、船停靠时，驾驶与押运人员不得同时离开。

⑨ 装有液化石油气的气瓶，严禁运输距离超过 50 公里。

⑩ 充气气瓶的运输应严格遵守危险品运输条例的规定。

⑪ 运输企业应制订事故应急处理措施，驾驶员和押运员应会正确处理。

3）储存气瓶时，应遵守下列要求：

① 应置于专用仓库储存，气瓶仓库应符合《建筑设计防火规范》的有关规定；

② 仓库内不得有地沟、暗道，严禁明火和其他热源，仓库内应通风、干燥、避免阳光直射；

③ 盛装易起聚合反应或分解反应气体的气瓶，必须根据气体的性质控制仓库内的最高温度、规定储存期限，并应避开放射线源；

④ 空瓶与实瓶应分开放置，并有明显标志，毒性气体气瓶和瓶内气体相互接触能引起燃烧、爆炸、产生毒物的气瓶，应分室存放，并在附近设置防毒用具或灭火器材；

⑤ 气瓶放置应整齐，配戴好瓶帽。立放时，要妥善固定；横放时，头部朝同一方向。

4) 使用气瓶应遵守下列规定：

① 采购和使用有制造许可证的企业的合格产品，不使用超期未检的气瓶。

② 使用者必须到已办理充装注册的单位或经销注册的单位购气。

③ 气瓶使用前应进行安全状况检查，对盛装气体进行确认，不符合安全技术要求的气瓶严禁入库和使用；使用时必须严格按照使用说明书的要求使用气瓶。

④ 气瓶的放置地点，不得靠近热源和明火，应保证气瓶瓶体干燥。盛装易起聚合反应或分解反应的气体的气瓶，应避开放射线源。

⑤ 气瓶立放时，应采取防止倾倒的措施。

⑥ 夏季应防止曝晒。

⑦ 严禁敲击、碰撞。

⑧ 严禁在气瓶上进行电焊引弧。

⑨ 严禁用温度超过 40℃的热源对气瓶加热。

⑩ 瓶内气体不得用尽，必须留有剩余压力或重量，永久气体气瓶的剩余压力应不小于 0.05MPa；液化气体气瓶应留有不少于 0.5%～1.0%规定充装量的剩余气体。

⑪ 在可能造成回流的使用场合，使用设备上必须配置防止倒灌的装置，如单向阀、止回阀、缓冲罐等。

⑫ 液化石油气瓶用户及经销者，严禁将气瓶内的气体向其他气瓶倒装，严禁自行处理气瓶内的残液。

⑬ 气瓶投入使用后，不得对瓶体进行挖补、焊接修理。

⑭ 严禁擅自更改气瓶的钢印和颜色标记。

（5）建筑施工中常用气瓶的安全使用要求

1) 氧气瓶

① 严禁接触和靠近油物及其他易燃品，严禁与乙炔等可燃气体的气瓶混放一起或同车运输，必须保证规定的安全间隔距离。

② 不得靠近热源和在阳光下暴晒。

③ 瓶内气体不得用尽，必须留有 0.1～0.2MPa 的余压。

④ 瓶体要装防振圈，应轻装轻卸，避免受到剧烈振动和撞击，以防止因气体膨胀而发生爆炸。

⑤ 储运时，瓶阀应戴安全帽，防止损坏瓶阀而发生事故。

⑥ 不得手掌满握手柄开启瓶阀，且开启速度要缓慢；开启瓶阀时，人应在瓶体一侧，且人体和面部应避开出气口及减压器的表盘。

⑦ 瓶阀冻结时，可用热水或蒸汽加热解冻，严禁敲击和火焰加热。

⑧ 氧气瓶的瓶阀及其附件不得沾染油脂，手或手套上沾有油污后，不得操作氧气瓶。

2）乙炔瓶

① 不得靠近热源和在阳光下暴晒。

② 必须直立存放和使用，禁止卧放使用。

③ 瓶内气体不得用尽，必须留有 0.1～0.2MPa 的余压。

④ 瓶阀应戴安全帽储运。

⑤ 瓶体要有防振圈，应轻装轻卸，防止因剧烈振动和撞击引起爆炸。

⑥ 瓶阀冻结，严禁敲击和火焰加热，只可用热水或蒸汽加热瓶阀解冻，不许用热水或蒸汽加热瓶体。

⑦ 必须配备减压器方可使用。

3）液化石油气瓶安全使用要求

① 不得靠近热源、火源和暴晒。

② 冬季气瓶严禁火烤和沸水加热，只可用 40℃以下温水加热。

③ 禁止自行倾倒残液，防止发生火灾和爆炸。

④ 瓶内气体不得用尽，应留有一定余气。

⑤ 禁止剧烈振动和撞击。

⑥ 严格控制充装量，不得充满液体。

思 考 题

1. 什么是特种设备？施工现场上的特种设备有哪些？

2. 简述起重机械的安全技术要求。

3. 塔式起重机的安全装置有哪些？

4. 按塔式起重机的基本安全要求，应抓好哪几方面的工作？

5. 物料提升机的安全装置有哪些？

6. 物料提升机的安全使用要求有哪些？

7. 施工升降机的安全装置有哪些？

8. 施工升降机的安全使用要求有哪些？

9. 锅炉的安全装置有哪些？

10. 锅炉的使用单位应健全哪些安全技术档案资料？

11. 氧气瓶安全使用有哪些要求？

12. 乙炔瓶安全使用有哪些要求？

九、施工机具安全使用技术

《建筑施工安全检查标准》（JGJ 59—99）施工机具检查评分表列出了建筑施工常用的和易发生伤亡事故的 10 种机具，这些机具设备与特种设备相比其可能造成的危险性虽然较小，但由于数量多，使用广泛，所以发生事故的概率大；又因其设备体积较小，所以往往在安全管理上容易被忽视，在施工现场存在的安全隐患较多。其危害后果一般有：

（1）临时施工用电不符规范要求，缺少漏电保护或保护失效，造成触电事故。

（2）机械设备在安装、防护装置上存在问题，造成对操作人员的机械伤害。

（3）施工人员违反操作规程，造成对操作人员或他人的机械伤害。

（一）建筑机械使用安全强制性规定

《建筑机械使用安全技术规程》（JGJ 33—2001）对施工现场常用的动力与电气装置、起重吊装机械、土石方机械、水平和垂直运输机械、桩工及水工机械、混凝土机械、钢筋加工机械、装修机械、钣金和管工机械、铆焊设备等 10 类建筑机械的正确、安全使用作出了明确规定。

1. 建筑机械安全使用"一般规定"中的强制性条文

1）操作人员应体检合格，无妨碍作业的疾病和生理缺陷，并经过专业培训、考核合格取得建设行政主管部门颁发的操作或公安部门颁发的机动车驾驶执照后，方可持证上岗。学员应在专人指导下进行工作。

2）在工作中操作人员和配合作业人员必须按规定穿戴劳动保护用品，长发应束紧不得外露，高处作业时必须系安全带。

3）机械必须按照出厂使用说明书规定的技术性能、承载能力和使用条件，正确操作，合理使用，严禁超载作业或任意扩大使用范围。

4）机械上的各种安全防护装置及监测、指示、仪表、报警等自动报警、信号装置应完好齐全，有缺损时应及时修复。安全防护装置不完整或已失效的机械不得使用。

5）变配电所、乙炔站、氧气站、空气压缩机房、发电机房、锅炉房等易于发生危险的场所，应在危险区域界限处，设置围栅和警告标志，非工作人员未经批准不得入内。挖掘机、起重机、打桩机等重要作业区域，应设立警告标志及采取现场安全措施。

6）在机械产生对人体有害的气体、液体、尘埃、渣滓、放射性射线、振动、噪声等场所，必须配置相应的安全保护设备和三废处理装置；在隧道、沉井基础施工中，应采取措施，使有害物限制在规定的限度内。

2. 关于动力与电气装置安全使用的强制性条文

1）严禁利用大地作工作零线，不得借用机械本身金属结构作工作零线。

2）电气设备的每个保护接地或保护接零点必须用单独的接地（零）线与接地干线（或保护零线）相连接。严禁在一个接地（零）线中串接几个接地（零）点。

3）严禁带电作业或采用预约停送电时间的方式进行电气检修。检修前必须先切断电源并在电源开关上挂"禁止合闸，有人工作"的警告牌。警告牌的挂、取应有专人负责。

4）发生人身触电时，应立即切断电源，然后方可对触电者作紧急救护。严禁在未切断电源之前与触电者直接接触。

5）各种电源导线严禁直接绑扎在金属架上。

6）配电箱电力容量在15kW以上的电源开关严禁采用瓷底胶木刀型开关。4.5kW以上电动机不得用刀型开关直接启动。各种刀型开关采用静触头接电源，动触头接载荷，严禁倒接线。

7）对混凝土搅拌机、钢筋加工机械、木工机械等设备进行清理、检查、维修时，必须首先将其开关箱分闸断电，呈现可见电源分断点，并关门上锁。

3. 关于桩工机械安全使用基本要求的强制性条文

1）打桩机作业区内应无高压线路。作业区应有明显标志或围栏，非工作人员不得进入。桩锤在施打过程中，操作人员必须在距离桩锤中心5m以外监视。

2）严禁吊桩、吊锤、回转或行走等动作同时进行。打桩机在吊有桩和锤的情况下，操作人员不得离开岗位。

4. 关于振动桩锤安全使用的强制性条文

悬挂振动桩锤的起重机，其吊钩上必须有防松脱的保护装置。振动桩锤悬挂钢架的耳环上应加装保险钢丝绳。

5. 关于静力压桩机安全使用的强制性条文

压桩时，非工作人员应离机10m以外。起重机的起重臂下，严禁站人。

6. 关于强夯机械安全使用的强制性条文

夯锤下落后，在吊钩尚未降至夯锤吊环附近前，操作人员不得提前下坑挂钩。从坑中提锤时，严禁挂钩人员站在锤上随锤提升。

（二）混凝土机械

混凝土机械可能发生的安全事故主要是机械伤害和触电。

1. 混凝土机械安全使用一般要求

1）作业场地应有良好的排水条件，机械近旁应有水源，机棚内应有良好的通风、采光及防雨、防冻设施，并不得有积水。

2）固定式机械应有可靠的基础，移动式机械应在平坦坚硬的地坪上用方木或撑架架牢，并应保持水平。

3）当气温降到5℃以下时，管道、水泵、机内均应采取防冻保温措施。

4）作业后，应及时将机内、水箱内、管道内的存料、积水放尽，并应清洁、保养机械，清理工作场地，切断电源，锁好开关箱。

5）装有轮胎的机械，转移时拖行速度不得超过15km/h。

2. 混凝土搅拌机

1）固定式搅拌机应安装在牢固的台座上，当长期固定时，应埋置地脚螺栓；在短期使用时，应在机座上铺设木枕并找平放稳。

2）固定式搅拌机的操纵台，应使操作人员能看到各部工作情况。电动搅拌机的操纵台，应垫上橡胶板或干燥木板。

3）移动式搅拌机的停放位置应选择平整坚实的场地，周围应有良好的排水沟渠。就位后，应放下支腿将机架顶起达到水平位置，使轮胎离地。当使用较长时，应将轮胎卸下妥善保管，轮轴端部用油布包扎好，并用枕木将机架垫起支牢。

4）对需设置上料斗地坑的搅拌机，其坑口周围应垫高夯实，应防止地面水流入坑内。上料轨道架的底端支承面应夯实或铺砖，轨道架的后面应采用木料加以支承，应防止作业时轨道变形。

5）料斗放到最低位置时，在料斗与地面之间，应加一层缓冲垫木。

6）作业前重点检查项目应符合下列要求：

A. 电源电压升降幅度不超过额定值的5%；

B. 电动机和电器元件的接线牢固，保护接零或接地电阻符合规定；

C. 各传动机构、工作装置、制动器等均紧固可靠，开式齿轮、皮带轮等均有防护罩；

D. 齿轮箱的油质、油量符合规定。

7）作业前，应先启动搅拌机空载运转。应确认搅拌筒或叶片旋转方向与筒体上箭头所示方向一致。对反转出料的搅拌机，应使搅拌筒正、反转运转数分钟，并应无冲击抖动现象和异常噪声。

8）作业前，应进行料斗提升试验，应观察并确认离合器、制动器灵活可靠。

9）应检查并校正供水系统的指示水量与实际水量的一致性；当误差超过2%时，应检查管路的漏水点，或应校正节流阀。

10）应检查骨料规格并应与搅拌机性能相符，超出许可范围的不得使用。

11）搅拌机启动后，应使搅拌筒达到正常转速后进行上料。上料时应及时加水。每次加入的拌合料不得超过搅拌机的额定容量并应减少物料粘罐现象，加料的次序应为石子——水泥——砂子或砂子——水泥——石子。

12）进料时，严禁将头或手伸入料斗与机架之间。运转中，严禁用手或工具伸入搅拌筒内扒料、出料。

13）搅拌机作业中，当料斗升起时，严禁任何人在料斗下停留或通过；当需要在料斗下检修或清理料坑时，应将料斗提升后用铁链或插入销锁住。

14）向搅拌筒内加料应在运转中进行，添加新料应先将搅拌筒内原有的混凝土全部卸出后方可进行。

15）作业中，应观察机械运转情况，当有异常或轴承温升过高等现象时，应停机检查；当需检修时，应将搅拌筒内的混凝土清除干净，然后再进行检修。

16）加入强制式搅拌机的骨料最大粒径不得超过允许值，并应防止卡料。每次搅拌时，加入搅拌筒的物料不应超过规定的进料容量。

17）强制式搅拌机的搅拌叶片与搅拌筒底及侧壁的间隙，应经常检查并确认符合规定，当间隙超过标准时，应及时调整。当搅拌叶片磨损超过标准时，应及时修补或更换。

18）作业后，应对搅拌机进行全面清理；当操作人员需进入筒内时，必须切断电源或卸下熔断器，锁好开关箱，挂上"禁止合闸"标牌，并应有专人在外监护。

19）作业后，应将料斗降落到坑底，当需升起时，应用链条或插销扣牢。

20）冬季作业后，应将水泵、放水开关、量水器中的积水排尽。

21）搅拌机在场内移动或远距离运输时，应将进料斗提升到上止点，用保险铁链或插销锁住。

3. 混凝土搅拌站

1）混凝土搅拌站的安装，应由专业人员按出厂说明书规定进行，并应在技术人员主持下，组织调试，在各项技术性能指标全部符合规定并经验收合格后，方可投产使用。

2）与搅拌站配套的空气压缩机、皮带输送机及混凝土搅拌机等设备，应执行相应的安全使用规定。

3）作业前检查项目应符合下列要求：

A. 搅拌筒内和各配套机构的传动、运动部位及仓门、斗门、轨道等均无异物卡住；

B. 各润滑油箱的油面高度符合规定；

C. 打开阀门排放气路系统中气水分离器的过多积水，打开贮气筒排污螺塞放出油水混合物；

D. 提升斗或拉铲的钢丝绳安装、卷筒缠绕均正确，钢丝绳及滑轮符合规定，提升料斗及拉铲的制动器灵敏有效；

E. 各部螺栓已紧固，各进、排料阀门无超限磨损，各输送带的张紧度适当，不跑偏；

F. 称量装置的所有控制和显示部分工作正常，其精度符合规定；

G. 各电气装置能有效控制机械动作，各接触点和动、静触头无明显损伤。

4）应按搅拌站的技术性能准备合格的砂、石骨料，粒径超出许可范围的不得使用。

5）机组各部分应逐步启动。启动后，各部件运转情况和各仪表指示情况应正常，油、气、水的压力应符合要求，方可开始作业。

6）作业过程中，在贮料区内和提升斗下，严禁人员进入。

7）搅拌筒启动前应盖好仓盖。机械运转中，严禁将手、脚伸入料斗或搅拌筒探摸。

8）当拉铲被障碍物卡死时，不得强行起拉，不得用拉铲起吊重物，在拉料过程中，不得进行回转操作。

9）搅拌机满载搅拌时不得停机，当发生故障或停电时，应立即切断电源，锁好开关箱，将搅拌筒内的混凝土清除干净，然后排除故障或等待电源恢复。

10）搅拌站各机械不得超载作业；应检查电动机的运转情况，当发现运转声音异常或温升过高时，应立即停机检查；电压过低时不得强制运行。

11）搅拌机停机前，应先卸载，然后按顺序关闭各部开关和管路。应将螺旋管内的水泥全部输送出来，管内不得残留任何物料。

12）作业后，应清理搅拌筒、出料门及出料斗，并用水冲洗，同时冲洗附加剂及其供给系统。称量系统的刀座、刀口应清洗干净，并应确保称量精度。

13）冰冻季节，应放尽水泵、附加剂泵、水箱及附加剂箱内的存水，并应起动水泵和附加剂泵运转 1～2min。

14）当搅拌站转移或停用时，应将水箱、附加剂箱、水泥、砂、石贮存料斗及称量斗内的物料排净，并清洗干净。转移中，应将杆杠秤表头平衡砣秤杆固定，传感器应卸载。

4. 混凝土泵

1）混凝土泵应安放在平整、坚实的地面上，周围不得有障碍物，在放下支腿并调整后应使机身保持水平和稳定，轮胎应揳紧。

2）泵送管道的敷设应符合下列要求：

A. 水平泵送管道宜直线敷设。

B. 垂直泵送管道不得直接装接在泵的输出口上，应在垂直管前端加装长度不小于20m的水平管，并在水平管近泵处加装逆止阀。

C. 敷设向下倾斜的管道时，应在输出口上加装一段水平管，其长度不应小于倾斜管高低差的5倍。当倾斜度较大时，应在坡度上端装设排气活阀。

D. 泵送管道应有支承固定，在管道和固定物之间应设置木垫作缓冲，不得直接与钢筋或模板相连，管道与管道间应连接牢靠；管道接头和卡箍应扣牢密封，不得漏浆；不得将已磨损管道装在后端高压区。

E. 泵送管道敷设后，应进行耐压试验。

3）砂石粒径、水泥标号及配合比应按出厂规定，满足泵机可泵性的要求。

4）作业前应检查并确认泵机各部螺栓紧固，防护装置齐全可靠，各部位操纵开关、调整手柄、手轮、控制杆、旋塞等均在正确位置，液压系统正常无泄漏，液压油符合规定，搅拌斗内无杂物，上方的保护格网完好无损并盖严。

5）输送管道的管壁厚度应与泵送压力匹配，近泵处应选用优质管子。管道接头、密封圈及弯头等应完好无损。高温烈日下应采用湿麻袋或湿草袋遮盖管路，并应及时浇水降温，寒冷季节应采取保温措施。

6）应配备清洗管、清洗用品、接球器及有关装置。开泵前，无关人员应离开管道周围。

7）启动后，应空载运转，观察各仪表的指示值，检查泵和搅拌装置的运转情况，确认一切正常后，方可作业。泵送前应向料斗加入10L清水和0.3m³的水泥砂浆润滑泵及管道。

8）泵送作业中，料斗中的混凝土平面应保持在搅拌轴线以上。料斗格网上不得堆满混凝土，应控制供料流量，及时清除超粒径的骨料及异物，不得随意移动格网。

9）当进入料斗的混凝土有离析现象时应停泵，待搅拌均匀后再泵送。当骨料分离严重，料斗内灰浆明显不足时，应剔除部分骨料，另加砂浆重新搅拌。

10）泵送混凝土应连续作业；当因供料中断被迫暂停时，停机时间不得超过30min。暂停时间内应每隔5～10min（冬季3～5min）作2～3个冲程反泵——正泵运动，再次投料泵送前应先将料搅拌。当停泵时间超限时，应排空管道。

11）垂直向上泵送中断后再次泵送时，应先进行反向推送，使分配阀内混凝土吸回料斗，经搅拌后再正向泵送。

12）泵机运转时，严禁将手或铁锹伸入料斗或用手抓握分配阀。当需在料斗或分配阀上工作时，应先关闭电动机和消除蓄能器压力。

13）不得随意调整液压系统压力。当油温超过70℃时，应停止泵送，但仍应使搅拌叶片和风机运转，待降温后再继续运行。

14）水箱内应贮满清水，当水质混浊并有较多砂粒时，应及时检查处理。

15）泵送时，不得开启任何输送管道和液压管道；不得调整、修理正在运转的部件。

16）作业中，应对泵送设备和管路进行观察，发现隐患应及时处理。对磨损超过规定的管子、卡箍、密封圈等应及时更换。

17）应防止管道堵塞。泵送混凝土应搅拌均匀，控制好坍落度；在泵送过程中，不得中途停泵。

18）当出现输送管堵塞时，应进行反泵运转，使混凝土返回料斗；当反泵几次仍不能消除堵塞，应在泵机卸载情况下，拆管排除堵塞。

19）作业后，应将料斗内和管道内的混凝土全部输出，然后对泵机、料斗、管道等进行冲洗。当用压缩空气冲洗管道时，进气阀不应立即开大，只有当混凝土顺利排出时，方可将进气阀开至最大。在管道出口端前方 10m 内严禁站人；并应用金属网篮等收集冲出的清洗球和砂石粒。对凝固的混凝土，应采用刮刀清除。

20）作业后，应将两侧活塞转到清洗室位置，并涂上润滑油。各部位操纵开关、调整手柄、手轮、控制杆、旋塞等均应复位，液压系统应卸载。

5. 混凝土喷射机

1）喷射机应采用干喷作业，应按出厂说明书规定的配合比配料，风源应是符合要求的稳压源，电源、水源、加料设备等均应配套。

2）管道安装应正确，连接处应紧固密封。当管道通过道路时，应设置在地槽内并加盖保护。

3）喷射机内部应保持干燥和清洁，加入的干料配合比及潮润程序，应符合喷射机性能要求，不得使用结块的水泥和未经筛选的砂石。

4）作业前重点检查项目应符合下列要求：

A. 安全阀灵敏可靠；

B. 电源线无破裂现象，接线牢靠；

C. 各部密封件密封良好，对橡胶结合板和旋转板出现的明显沟槽及时修复；

D. 压力表指针在上、下限之间，根据输送距离，调整上限压力的极限值；

E. 喷枪水环（包括双水环）的孔眼畅通。

5）启动前，应先接通风、水、电，开启进气阀逐步达到额定压力，再起动电动机空载运转，确认一切正常后，方可投料作业。

6）机械操作和喷射操作人员应有联系信号，送风、加料、停料、停风以及发生堵塞时，应及时联系，密切配合。

7）在喷嘴前方严禁站人，操作人员应始终站在已喷射过的混凝土支护面以内。

8）作业中，当暂停时间超过 1h 时，应将仓内及输料管内的干混合料全部喷出。

9）发生堵管时，应先停止喂料，对堵塞部位进行敲击，迫使物料松散，然后用压缩空气吹通。此时，操作人员应紧握喷嘴，严禁甩动管道伤人。当管道中有压力时，不得拆卸管接头。

10）转移作业面时，供风、供水系统液压随之移动，输送软管不得随地拖拉和折弯。

11）停机时，应先停止加料，然后再关闭电动机和停送压缩空气。

12）作业后，应将仓内和输料软管内的干混合料全部喷出，并应将喷嘴拆下清洗干净，清除机身内外粘附的混凝土料及杂物。同时应清理输料管，并应使密封件处于放松状态。

6. 插入式振动器

1）插入式振动器的电动机电源上，应安装漏电保护装置，接地或接零应安全可靠。

2）操作人员应经过用电教育，作业时应穿戴绝缘胶鞋和绝缘手套。

3）电缆线应满足操作所需的长度。电缆线上不得堆压物品或让车辆挤压，严禁用电缆线拖拉或吊挂振动器。

4）使用前，应检查各部并确认连接牢固，旋转方向正确。

5）振动器不得在初凝的混凝土、地板、脚手架和干硬的地面上进行试振。在检修或作业间断时，应断开电源。

6）作业时，振动棒软管的弯曲半径不得小于500mm，并不得多于两个弯，操作时应将振动棒垂直地沉入混凝土，不得用力硬插、斜推或让钢筋夹住棒头，也不得全部插入混凝土中，插入深度不应超过棒长的3/4，不宜触及钢筋、芯管及预埋件。

7）振动棒软管不得出现断裂，当软管使用过久使长度增长时，应及时修复或更换。

8）作业停止需移动振动器时，应先关闭电动机，再切断电源。不得用软管拖拉电动机。

9）作业完毕，应将电动机、软管、振动棒清理干净，并应按规定要求进行保养作业。振动器存放时，不得堆压软管，应平直放好，并应对电动机采取防潮措施。

7. 附着式、平板式振动器

1）附着式、平板式振动器轴承不应承受轴向力，在使用时，电动机轴应保持水平状态。

2）在一个模板上同时使用多台附着式振动器时，各振动器的频率应保持一致，相对面的振动器应错开安装。

3）作业前，应对附着式振动器进行检查和试振。试振不得在干硬土或硬质物体上进行。安装在搅拌站料仓上的振动器，应安置橡胶垫。

4）安装时，振动器底板安装螺孔的位置应正确，应防止底脚螺栓安装扭斜而使机壳受损。底脚螺栓应紧固，各螺栓的紧固程度应一致。

5）使用时，引出电缆线不得拉得过紧，更不得断裂。作业时，应随时观察电气设备的漏电保护器和接地或接零装置并确认合格。

6）附着式振动器安装在混凝土模板上时，每次振动时间不应超过1min，当混凝土在模内泛浆流动或成水平状即可停振，不得在混凝土初凝状态时再振。

7）装置振动器的构件模板应坚固牢靠，其面积应与振动器额定振动面积相适应。

8）平板式振动器作业时，应使平板与混凝土保持接触，使振波有效地振实混凝土，待表面出浆，不再下沉后，即可缓慢向前移动，移动速度应能保证混凝土振实出浆。在振的振动器，不得搁置在已凝或初凝的混凝土上。

（三）钢筋加工机械

钢筋加工机械可能发生的安全事故主要是机械伤害（包括钢筋弹出伤人）和触电，高处进行作业可能发生高处坠落，液压设备可能发生高压液压油喷出伤人事故。

1. 钢筋加工机械安全使用的基本要求

1）机械的安装应坚实稳固，保持水平位置。固定式机械应有可靠的基础；移动式机械作业时应揳紧行走轮。

2）室外作业应设置机棚，机旁应有堆放原料、半成品的场地。

3）加工较长的钢筋时，应有专人帮扶，并听从操作人员指挥，不得任意推拉。

4）作业后，应堆放好成品，清理场地，切断电源，锁好开关箱，做好润滑工作。

2. 钢筋切断机

1）接送料的工作台面应和切刀下部保持水平，工作台的长度可根据加工材料长度确定。

2）启动前，应检查并确认切刀无裂纹，刀架螺栓紧固，防护罩牢靠。然后用手转动皮带轮，检查齿轮啮合间隙，调整切刀间隙。

3）启动后，应先空运转，检查各传动部分及轴承运转正常后，方可作业。

4）机械未达到正常转速时，不得切料。切料时，应使用切刀的中、下部位，紧握钢筋对准刃口迅速投入，操作者应站在固定刀片一侧用力压住钢筋，应防止钢筋末端弹出伤人。严禁用两手分在刀片两边握住钢筋俯身送料。

5）不得剪切直径及强度超过机械铭牌规定的钢筋和烧红的钢筋。一次切断多根钢筋时，其总截面积应在规定范围内。

6）剪切低合金钢时，应更换高硬度切刀，剪切直径应符合机械铭牌规定。

7）切断短料时，手和切刀之间的距离应保持在150mm以上，如手握端小于400mm时，应采用套管或夹具将钢筋短头压住或夹牢。

8）运转中，严禁用手直接清除切刀附近的断头和杂物。钢筋摆动周围和切刀周围，不得停留非操作人员。

9）当发现机械运转不正常、有异常响声或切刀歪斜时，应立即停机检修。

10）作业后，应切断电源，用钢刷清除切刀间的杂物，进行整机清洁润滑。

11）液压传动式切断机作业前，应检查并确认液压油位及电动机旋转方向符合要求。启动后，应空载运转，松开放油阀，排净液压缸体内的空气，方可进行切筋。

12）手动液压式切断机使用前，应将放油阀按顺时针方向旋紧，切割完毕后，应立即按逆时针方向旋松。作业中，手应持稳切断机，并戴好绝缘手套。

3. 钢筋弯曲机

1）工作台和弯曲机台面应保持水平，作业前应准备好各种芯轴及工具。

2）应按加工钢筋的直径和弯曲半径的要求，装好相应规格的芯轴和成型轴、挡铁轴。挡铁轴应有轴套。

3）挡铁轴的直径和强度不得小于被弯钢筋的直径和强度。不直的钢筋，不得在弯曲机上弯曲。

4）应检查并确认芯轴、挡铁轴、转盘等无裂纹和损伤，防护罩坚固可靠，空载运转正常后，方可作业。

5）作业时，应将钢筋需弯一端插入在转盘固定销的间隙内，另一端紧靠机身固定销，并用手压紧；应检查机身固定销并确认安放在挡住钢筋的一侧，方可开动转盘。

6）转盘转动过程中，严禁更换轴芯、销子、变换角度以及调速，也不得进行清扫和加油。

7）对超过机械铭牌规定直径的钢筋严禁进行弯曲。在弯曲未经冷拉或带有锈皮的钢筋时，应戴护目镜。

8）弯曲高强度或低合金钢筋时，应按机械铭牌规定换算最大允许直径并应调换相应的芯轴。

9) 在弯曲钢筋的作业半径内和机身不设固定销的一侧严禁站人。弯曲好的半成品，应堆放整齐，弯钩不得朝上。

10) 转盘换向时，应待停稳后进行。

11) 作业后，应停机及时清除转盘及插入座孔内的铁锈、杂物等。

4. 钢筋冷拉机

1) 应根据冷拉钢筋的直径，合理选用卷扬机。卷扬钢丝绳应经封闭式导向滑轮并和被拉钢筋水平方向成直角。卷扬机的位置应使操作人员能见到全部冷拉场地，卷扬机与冷拉中线距离不得少于 5m。

2) 冷拉场地应在两端地锚外侧设置警戒区，并应安装防护栏及警告标志。无关人员不得在此停留。操作人员在作业时必须离开钢筋 2m 以外。

3) 用配重控制的设备应与滑轮匹配，并应有指示起落的记号，没有指示记号时应有专人指挥。配重框提起时高度应限制在离地面 300mm 以内，配重架四周应有栏杆及警告标志。

4) 作业前，应检查冷拉夹具，夹齿应完好，滑轮、拖拉小车应润滑灵活，拉钩、地锚及防护装置均应齐全牢固。确认良好后，方可作业。

5) 卷扬机操作人员必须看到指挥人员发出信号，并待所有人员离开危险区后方可作业。冷拉应缓慢、均匀。当有停车信号或见到有人进入危险区时，应立即停拉，并稍稍放松卷扬钢丝绳。

6) 用延伸率控制的装置，应装设明显的限位标志，并应有专人负责指挥。

7) 夜间作业的照明设施，应装设在张拉危险区外。当需要装设在场地上空时，其高度应超过 5m。灯泡应加防护罩，导线严禁采用裸线。

8) 作业后，应放松卷扬钢丝绳，落下配重，切断电源，锁好开关箱。

5. 预应力钢丝拉伸设备

1) 作业场地两端外侧应设有防护栏杆和警告标志。

2) 作业前，应检查被拉钢丝两端的镦头，当有裂纹或损伤时，应及时更换。

3) 固定钢丝镦头的端钢板上圆孔直径应较所拉钢丝的直径大 0.2mm。

4) 高压油泵启动前，应将各油路调节阀松开，然后开动油泵，待空载运转正常后，再紧闭回油阀，逐渐拧开进油阀，待压力表指示值达到要求，油路无泄漏，确认正常后，方可作业。

5) 作业中，操作应平稳、均匀。张拉时，两端不得站人。拉伸机在有压力情况下，严禁拆卸液压系统的任何零件。

6) 高压油泵不得超载作业，安全阀应按设备额定油压调整，严禁任意调整。

7) 在测量钢丝的伸长时，应先停止拉伸，操作人员必须站在侧面操作。

8) 用电热张拉法带电操作时，应穿戴绝缘胶鞋和绝缘手套。

9) 张拉时，不得用手摸或脚踩钢丝。

10) 高压油泵停止作业时，应先断开电源，再将回油阀缓慢松开，待压力表退回至零位时，方可卸开通往千斤顶的油管接头，使千斤顶全部卸荷。

6. 钢筋冷挤压连接机

1) 有下列情况之一时，应对挤压机的挤压力进行标定：

A. 新挤压设备使用前；

B. 旧挤压设备大修后；

C. 油压表受损或强烈振动后；

D. 套筒压痕异常且查不出其他原因时；

E. 挤压设备使用超过一年；

F. 挤压的接头数超过 5000 个。

2）设备使用前后的拆装过程中，超高压油管两端的接头及压接钳、换向阀的进出油接头，应保持清洁，并应及时用专用防尘帽封好。超高压油管的弯曲半径不得小于250mm，扣压接头处不得扭转，且不得有死弯。

3）挤压机液压系统的使用，应符合液压装置安全使用的有关规定；高压胶管不得荷重拖拉、弯折和受到尖利物体刻划。

4）压模、套筒与钢筋应相互配套使用，压模上应有相对应的连接钢筋规格标记。

5）挤压前的准备工作应符合下列要求：

A. 钢筋端头的锈、泥沙、油污等杂物应清理干净。

B. 钢筋与套筒应先进行试套，当钢筋有马碲、弯折或纵肋尺寸过大时，应预先进行矫正或用砂轮打磨；不同直径钢筋的套筒不得串用。

C. 钢筋端部应划出定位标记与检查标记，定位标记与钢筋端头的距离应为套筒长度的一半，检查标记与定位标记的距离宜为 20mm。

D. 检查挤压设备情况，应进行试压，符合要求后方可作业。

6）挤压操作应符合下列要求：

A. 钢筋挤压连接宜先在地面上挤压一端套筒，在施工作业区插入待接钢筋后再挤压另一端套筒；

B. 压接钳就位时，应对准套筒压痕位置的标记，并应与钢筋轴线保持垂直；

C. 挤压顺序宜从套筒中部开始，并逐渐向端部挤压；

D. 挤压作业人员不得随意改变挤压力、压接道数或挤压顺序。

7）作业后，应收拾好成品、套筒和压模，清理场地，切断电源，锁好开关箱，最后将挤压机和挤压钳放到指定地点。

7．其他钢筋加工机械作业

（1）钢筋除锈机

1）使用电动除锈机除锈，要先检查钢丝刷固定螺丝有无松动，检查封闭式防护罩装置及排尘设备的完好情况，防止发生机械伤害。

2）使用移动式除锈机，要注意检查电气设备的绝缘及接地是否良好。

3）操作人员要将袖口扎紧，并戴好口罩、手套、防护眼镜，防止圆盘钢丝刷上的钢丝甩出伤人。

4）送料时，操作人员要侧身操作，严禁在除锈机的正前方站人，长料除锈需两人互相呼应，紧密配合。

（2）人工调直安全要求

1）用人工绞磨调直钢筋时，绞磨地锚必须牢固，严禁将地锚绳拴在树杆、下水井及其他不坚固的物体或建筑物上。

2) 人工推转绞磨时，要步调一致，稳步进行，严禁任意撒手。

3) 钢筋端头应用夹具夹牢，卡头不得小于 100mm。

4) 钢筋产生应力并调直到预定程度后，应缓慢回车卸下钢筋，防止机械伤人。手工调直钢筋，必须在牢固的操作台上进行。

（3）钢筋手工弯曲成型

1) 用横口扳子弯曲粗钢筋时，要注意掌握操作要领，脚跟要站稳，两腿站成弓步，搭好扳子，注意扳距，扳口卡牢钢筋，起弯时用力要慢，不要用力过猛，防止扳子扳脱，人被甩倒。

2) 不允许在高处或脚手架上弯粗钢筋，避免因操作时脱扳造成高处坠落。

（四）焊 接 设 备

焊接设备可能发生的安全事故主要是机械伤害、火灾、触电、灼烫和中毒事故，高空焊接作业可能发生高处坠落。

1. 焊接设备安全使用基本要求

1) 焊接设备应有完整的防护外壳，一、二次接线柱处应有保护罩。

2) 焊接操作及配合人员必须按规定穿戴劳动防护用品。并必须采取防止触电、高空坠落、瓦斯中毒和火灾等事故的安全措施。

3) 现场使用的电焊机，应设有防雨、防潮、防晒的机棚，并应装设相应的消防器材。

4) 施焊现场 10m 范围内，不得堆放油类、木材、氧气瓶、乙炔发生器等易燃、易爆物品。

5) 当长期停用的电焊机恢复使用时，其绝缘电阻不得小于 0.5MΩ，接线部分不得有腐蚀和受潮现象。

6) 电焊机导线应具有良好的绝缘，绝缘电阻不得小于 1MΩ，不得将电焊机导线放在高温物体附近。电焊机导线和接地线不得搭在易燃、易爆和带有热源的物品上，接地线不得接在管道、机械设备和建筑物金属构架或轨道上，接地电阻不得大于 4Ω。严禁利用建筑物的金属结构、管道、轨道或其他金属物体搭接起来形成焊接回路。

7) 电焊钳应有良好的绝缘和隔热能力。电焊钳握柄必须绝缘良好，握柄与导线连结应牢靠，接触良好，连结处应采用绝缘布包好并不得外露。操作人员不得用胳膊夹持电焊钳。

8) 电焊导线长度不宜大于 30m。当需要加长导线时，应相应增加导线的截面。当导线通过道路时，必须架高或穿入防护管内埋设在地下；当通过轨道时，必须从轨道下面通过。当导线绝缘受损或断股时，应立即更换。

9) 对承压状态的压力容器及管道、带电设备、承载结构的受力部位和装有易燃、易爆物品的容器严禁进行焊接和切割。

10) 焊接铜、铝、锌、锡等有色金属时，应通风良好，焊接人员应戴防毒面罩、呼吸滤清器或采取其他防毒措施。

11) 当需施焊受压容器、密封容器、油桶、管道、沾有可燃气体和溶液的工件时，应先清除容器及管道内压力，消除可燃气体和溶液，然后冲洗有毒、有害、易燃物质；对存有残余油脂的容器，应先用蒸汽、碱水冲洗，并打开盖口，确认容器清洗干净后，再灌满清水方可进行焊接。在容器内焊接应采取防止触电、中毒和窒息的措施。焊、割密封容器应留出气孔，必要时在进、出气口处装设通风设备；容器内照明电压不得超过12V，焊工与焊件间应绝缘；容器外应设专人监护。严禁在已喷涂过油漆和塑料的容器内焊接。

12）当焊接预热焊件温度达150~700℃时，应设挡板隔离焊件发出的辐射热，焊接人员应穿戴隔热的石棉服装和鞋、帽等。

13）高空焊接或切割时，必须系好安全带，焊接周围和下方应采取防火措施，并应有专人监护。

14）雨天不得在露天电焊。在潮湿地带作业时，操作人员应站在铺有绝缘物品的地方，并应穿绝缘鞋。

15）应按电焊机额定焊接电流和暂载率操作，严禁过载。在载荷运行中，应经常检查电焊机的温升，当温升超过A级60℃、B级80℃时，必须停止运转并采取降温措施。

16）当清除焊缝焊渣时，应戴防护眼镜，头部应避开敲击焊渣飞溅方向。

2. 手工弧焊机

（1）交流电焊机

1）使用前，应检查并确认初、次级线接线正确，输入电压符合电焊机的铭牌规定，接通电源后，严禁接触初级线路的带电部分。

2）次级抽头连接铜板应压紧，接线桩应有垫圈。合闸前，应详细检查接线螺帽、螺栓及其他部件并确认完好齐全、无松动或损坏。

3）多台电焊机集中使用时，应分接在三相电源网络上，使三相负载平衡。多台焊机的接地装置，应分别由接地极处引接，不得串联。

4）移动电焊机时，应切断电源，不得用拖拉电缆的方法移动焊机。当焊接中突然停电时，应立即切断电源。

（2）旋转式直流电焊机

1）新机使用前，应将换向器上的污物擦干净，换向器与电刷接触应良好。

2）启动时，应检查并确认转子的旋转方向符合焊机标志的箭头方向。

3）启动后，应检查电刷和换向器，当有大量火花时，应停机查明原因，排除故障后方可使用。

4）当数台焊机在同一场地作业时，应逐台起动。

5）运行中，当需调节焊接电流和极性开关时，不得在负荷时进行。调节不得过快、过猛。

（3）硅整流直流焊机

1）焊机应在出厂说明书要求的条件下作业。

2）使用前，应检查并确认硅整流元件与散热片连接紧固，各接线端头紧固。

3）使用时，应先开启风扇电机，电压表指示值应正常，风扇电机无异响。

4）硅整流直流电焊机主变压器的次级线圈和控制变压器的次级线圈严禁用摇表测试。

5）硅整流元件应进行保护和冷却。当发现整流元件损坏时，应查明原因，排除故障后，方可更换新件。

6）整流元件和有关电子线路应保持清洁和干燥。启用长期停用的焊机时，应空载通电一定时间进行干燥处理。

7）搬运由高导磁材料制成的磁放大铁芯时，应防止强烈震击引起磁能恶化。

8）停机后，应清洁硅整流器及其他部件。

3. 埋弧焊机

1）作业前，应检查并确认各部分导线连接良好，控制箱的外壳和接线板上的罩壳盖好。

2）应检查并确认送丝滚轮的沟槽及齿纹完好，滚轮、导电嘴（块）磨损或接触不良时应更换。

3）作业前，应检查减速箱油槽中的润滑油，不足时应添加。

4）软管式送丝机构的软管槽孔应保持清洁，并定期吹洗。

5）作业时，应及时排走焊接中产生的有害气体，在通风不良的舱室或容器内作业时，应安装通风设备。

4. 竖向钢筋电渣压力焊机

1）应根据施焊钢筋直径选择具有足够输出电流的电焊机。电源电缆和控制电缆连接应正确、牢固。控制箱的外壳应牢靠接地。

2）施焊前，应检查供电电压并确认正常，当一次电压降大于8％时，不宜焊接。焊接导线长度不得大于30m，截面面积不得小于50mm²。

3）施焊前应检查并确认电源及控制电路正常，定时准确，误差不大于5％，机具的传动系统、夹装系统及焊钳的转动部分灵活自如，焊剂已干燥，所需附件齐全。

4）施焊前，应按所焊钢筋的直径，根据参数表，标定好所需的电源和时间。一般情况下，时间（s）可为钢筋的直径数（mm），电流（A）可为钢筋直径的20倍数（mm）。

5）起弧前，上、下钢筋应对齐，钢筋端头应接触良好。对锈蚀粘有水泥的钢筋，应要用钢丝刷清除，并保证导电良好。

6）施焊过程中，应随时检查焊接质量。当发现倾斜、偏心、未熔合、有气孔等现象时，应重新施焊。

7）每个接头焊完后，应停留5～6min保温；寒冷季节应适当延长。当拆下机具时，应扶住钢筋，过热的接头不得过于受力。焊渣应待完全冷却后清除。

5. 对焊机

1）对焊机应安置在室内，并应有可靠的接地或接零。当多台对焊机并列安装时，相互间距不得小于3m，应分别接在电网的不同相位上，并应分别有各自的刀型开关。导线的截面不应小于表9-1的规定。

对焊机导线截面　　　　　　　　　　　表9-1

对焊机的额定功能率(kVA)	25	50	75	100	150	200	500
一次电压为220V时导线截面(mm²)	10	25	35	45	—	—	—
一次电压为380V时导线截面(mm²)	6	16	25	35	50	70	150

2）焊接前，应检查并确认对焊机的压力机构灵活，夹具牢固，气压、液压系统无泄漏，一切正常后，方可施焊。

3）焊接前，应根据所焊接钢筋截面，调整二次电压，不得焊接超过对焊机规定直径的钢筋。

4）断路器的接触点、电极应定期光磨，二次电路全部连接螺栓应定期紧固。冷却水温度不得超过 40℃；排水量应根据温度调节。

5）焊接较长钢筋时，应设置托架，配合搬运钢筋的操作人员，在焊接时应防止火花烫伤。

6）闪光区应设挡板，与焊接无关的人员不得入内。

7）冬季施焊时，室内温度不应低于 8℃。作业后，应放尽机内冷却水。

6. 点焊机

1）作业前，应清除上、下两电极的油污。通电后，机体外壳应无漏电。

2）启动前，应先接通控制线路的转向开关和焊接电流的小开关，调整好极数，再接通水源、气源，最后接通电源。

3）焊机通电后，应检查电气设备、操作机构、冷却系统、气路系统及机体外壳有无漏电现象。电极触头应保持光洁。有漏电时，应立即更换。

4）作业时，气路、水冷系统应畅通。气体应保持干燥。排水温度不得超过 40℃，排水量可根据气温调节。

5）严禁在引燃电路中加大熔断器。当负载过小使引燃管内电弧不能发生时，不得闭合控制箱的引燃电路。

6）当控制箱长期停用时，每月应通电加热 30min。更换闸流管时应预热 30min。正常工作的控制箱的预热时间不得小于 5min。

7. 气焊设备

（1）气焊设备的危险有害因素

气焊设备使用乙炔和氧气，因此存在火灾、爆炸、中毒危险性（详见第十章中"施工现场消防管理"相关内容）。

（2）气焊设备的安全使用技术

1）使用瓶装乙炔的气焊设备

① 氧气瓶及软管、阀、表均应齐全有效，紧固牢靠，不得松动、破损和漏气。氧气瓶及其附件、胶管、工具不得沾染油污。软管接头不得采用铜质材料制作。

② 氧气瓶和焊炬相互间的距离不得小于 10m。当不满足上述要求时，应采取隔离措施。

③ 氧气橡胶软管应为红色，工作压力应为 1500kPa；乙炔橡胶软管应为黑色，工作压力应为 300kPa。新橡胶软管应经压力试验。未经压力试验或代用品及变质、老化、脆裂、漏气及沾上油脂的胶管均不得使用。

④ 不得将橡胶软管放在高温管道和电线上，或将重物及热的物件压在软管上，且不得将软管与电焊用的导线敷设在一起。软管经过车行道时，应加护套或盖板。

⑤ 氧气瓶应与其他易燃气瓶、油脂以及其他易燃、易爆物品分别存放，且不得同车运输。氧气瓶应有防震圈和安全帽，不得倒置，不得在强烈日光下曝晒，不得用行车或吊车吊运氧气瓶。

⑥ 开启氧气瓶阀门时，应采用专用工具，动作应缓慢，不得面对减压器，压力表指针应灵敏正常。氧气瓶中的氧气不得全部用尽，应留 49kPa 以上的剩余压力。

⑦ 未安装减压器的氧气瓶严禁使用。

⑧ 安装减压器时，应先检查氧气瓶阀门接头，不得有油脂，并略开氧气瓶阀门吹除

污垢，然后安装减压器，操作者不得正对氧气瓶阀门出气口，关闭氧气瓶阀门时，应先松开减压器的活门螺丝。

⑨ 点燃焊（割）炬时，应先开乙炔阀点火，再开氧气阀调整火。关闭时，应先关闭乙炔阀，再关闭氧气阀。

⑩ 在作业中，发现氧气瓶阀门失灵或损坏不能关闭时，应让瓶内的氧气自动放尽后，再进行拆卸修理。

⑪ 乙炔软管、氧气软管不得错装。使用中，当氧气软管着火时，不得折弯软管断气，应迅速关闭氧气阀门，停止供氧。当乙炔软管着火时，应先关熄炬火，可采用弯折前面一段软管将火熄灭。

⑫ 冬期在露天施工，当软管和回火防止器冻结时，可用热水或在暖气设备下化冻。严禁用火焰烘烤。

⑬ 不得将橡胶软管背在背上操作。当焊枪内带有乙炔、氧气时不得放在金属管、槽、罐、箱内。

⑭ 氢氧并用时，应先开乙炔气，再开氢气，最后开氧气，再点燃。熄灭火时，应先关氧气，再关氢气，最后关乙炔气。

⑮ 作业后，应卸下减压器，拧上气瓶安全帽，将软管卷起捆好，挂在室内干燥处。

2）使用乙炔发生器的气焊设备

① 乙炔发生器所使用的电石是遇湿易燃类危险化学品，因此乙炔发生器具有火灾爆炸危险性。

② 使用乙炔发生器的气焊设备应严格按《建筑机械使用安全技术规程》（JGJ 33—2001）中 12.14 的规定进行安全操作和检查。

（五）装修机械安全技术

装修机械可能发生的安全事故主要是机械伤害和触电事故，高空作业可能发生高处坠落事故。

1. 装修机械安全使用基本要求

1）装修机械上的刀具、胎具、模具、成型辊轮等应保证强度和精度，刃磨锋利，安装稳妥，紧固可靠。

2）装修机械上外露的传动部分应有防护罩，作业时，不得随意拆卸。

3）装修机械应安装在防雨、防风沙的机棚内。

4）长期搁置再用的机械，在使用前必须测量电动机绝缘电阻，合格后方可使用。

2. 灰浆搅拌机

1）固定式搅拌机应有牢靠的基础，移动式搅拌机应采用方木或撑架固定，并保持水平。

2）作业前应检查并确认传动机构、工作装置、防护装置等牢固可靠，三角胶带松紧度适当，搅拌叶片和筒壁间隙在 3～5mm 之间，搅拌轴两端密封良好。

3）启动后，应先空运转，检查搅拌叶旋转方向正确，方可加料加水，进行搅拌作业。加入的砂子应过筛。

4）运转中，严禁用手或木棒等伸进搅拌筒内，或在筒口清理灰浆。

5）作业中，当发生故障不能继续搅拌时，应立即切断电源，将筒内灰浆倒出，排除故障后方可使用。

6）固定式搅拌机的上料斗应能在轨道上移动。料斗提升时，严禁斗下有人。

7）作业后，应清除机械内外砂浆和积料，用水清洗干净。

3. 灰浆泵

（1）柱塞式、隔膜式灰浆泵

1）灰浆泵应安装平稳。输送管路的布置宜短直、少弯头；全部输送管道接头应紧密连接，不得渗漏；垂直管道应固定牢固；管道上不得加压或悬挂重物。

2）作业前应检查并确认球阀完好，泵内无干硬灰浆等物，各连接紧固牢靠，安全阀已调整到预定的安全压力。

3）泵送前，应先用水进行泵送试验，检查并确认各部位无渗漏。当有渗漏时，应先排除。

4）被输送的灰浆应搅拌均匀，不得有干砂和硬块，不得混入石子或其他杂物。

5）泵送时，应先开机后加料；应先用泵压送适量石灰膏润滑输送管道，然后再加入稀灰浆，最后调整到所需稠度。

6）泵送过程应随时观察压力表的泵送压力，当泵送压力超过预调的 1.5MPa 时，应反向泵送，使管道内部分灰浆返回料斗，再缓慢泵送；当无效时，应停机卸压检查，不得强行泵送。

7）泵送过程不宜停机。当短时间内不需泵送时，可打开回浆阀使灰浆在泵体内循环运行。当停泵时间较长时，应每隔 3～5min 泵送一次，泵送时间宜为 0.5min，应防灰浆凝固。

8）故障停机时，应打开泄浆阀使压力下降，然后排除故障。灰浆泵压力未达到零时，不得拆卸空气室、安全阀和管道。

9）作业后，应采用石灰膏或浓石灰水把输送管道里的灰浆全部泵出，再用清水将泵和输送管道清洗干净。

（2）挤压式灰浆泵

1）使用前，应先接好输送管道，往料斗加注清水，起动灰浆泵，当输送胶管出水时，应折起胶管，待升到额定压力时停泵、观察各部位应无渗漏现象。

2）作业前，应先用水，再用白灰膏润滑输送管道后，方可加入灰浆，开始泵送。

3）料斗加满灰浆后，应停止振动，待灰浆从料斗泵送完时，再加新灰浆振动筛料。

4）泵送过程应注意观察压力表。当压力迅速上升，有堵管现象时，应反转泵送 2～3 转，使灰浆返回料斗，经搅拌后再泵送，当多次正反泵仍不能畅通时，应停机检查，排除堵塞。

5）工作间歇时，应先停止送灰，后停止送气，并应防气嘴被灰堵塞。

6）作业后，应将泵机和管路系统全部清洗干净。

4. 喷浆机

1）石灰浆的密度应为 $1.06～1.10g/cm^3$。

2）喷涂前，应对石灰浆采用 60 目筛网过滤两遍。

3）喷嘴孔径宜为 2.0～2.8mm；当孔径大于 2.8mm 时，应及时更换。

4）泵体内不得无液体干转。在检查电动机旋转方向时，应先打开料桶开关，让石灰浆流入泵体内部后，再开动电动机带泵旋转。

5）作业后，应往料斗注入清水，开泵清洗直到水清为止，再倒出泵内积水，清洗疏通喷头座及滤网，并将喷枪擦洗干净。

6）长期存放前，应清除前、后轴承座内的石灰浆积料，堵塞进浆口，从出浆口注入机油约50mL，再堵塞出浆口，开机运转约30s，使泵体内润滑防锈。

5. 水磨石机

1）水磨石机宜在混凝土达到设计强度的70％～80％时进行磨削作业。

2）作业前，应检查并确认各连接件紧固。当用木槌轻击磨石发出无裂纹的清脆声音时，方可作业。

3）电缆线应离地架设，不得放在地面上拖动。电缆线应无破损，保护接地良好。

4）在接通电源、水源后，应手压扶把使磨盘离开地面，再起动电动机。并应检查确认磨盘旋转方向与箭头所示方向一致，待运转正常后，再缓慢放下磨盘，进行作业。

5）作业中，使用的冷却水不得间断，用水量宜调至工作面不发干。

6）作业中，当发现磨盘跳动或异响，应立即停机检修。停机时，应先提升磨盘后关机。

7）更换新磨石后，应先在废水磨石地坪上或废水泥制品表面磨1～2h，待金刚石切削刃磨出后，再投入工作面作业。

8）作业后，应切断电源，清洗各部位的泥浆，放置在干燥处，用防雨布遮盖。

6. 混凝土切割机

1）使用前，应检查并确认电动机、电缆线均正常，保护接地良好，防护装置安全有效，锯片选用符合要求，安装正确。

2）启动后，应空载运转，检查并确认锯片运转方向正确，升降机构灵活，运转中无异常、异响，一切正常后，方可作业。

3）操作人员应双手按紧工件，均匀送料，在推进切割机时，不得用力过猛。操作时不得带手套。

4）切割厚度应按机械出厂铭牌规定进行，不得超厚切割。

5）加工件送到与锯片相距300mm处或切割小块料时，应使用专用工具送料，不得直接用手推料。

6）作业中，当工件发生冲击、跳动及异常音响时，应立即停机检查，排除故障后，方可继续作业。

7）严禁在运转中检查、维修各部件。锯台上和构件锯缝中的碎屑应采用专用工具及时清除，不得用手拣拾或抹拭。

8）作业后，应清洗机身，擦干锯片，排放水箱余水，收回电缆线，并存放在干燥、通风处。

（六）木工机械安全技术

现行部标准《建筑机械使用安全技术规程》（JGJ 33—2001）中，已未将木工机械列入，其原因是木工机械从分类上不属于建筑机械，但是施工工地仍然使用此类机械。

木工机械可能发生的安全事故主要是机械伤害和触电。

1. 平刨

（1）事故隐患

1）木质不均匀（如节疤），刨削时切削力突然增加，使得两手推压木料原有的平衡突遭破坏，木料弹出或翻倒，而操作人员的两手仍按原来的方式施力，手指伸进刨口被切。

2）加工的木料过短，木料长度小于 250mm。操作人员违章操作或操作方法不正确。手指被切。

3）临时用电不符规范要求，如三级配电二级保护不完善，缺漏电保护器或失效，导致触电。

4）传动部位无防护罩，导致机械伤害。

（2）安全要求

1）平刨使用前，必须经设备管理部门验收，确认符合要求，方可正式使用。设备挂上合格牌。

2）用电必须符合规范要求，三级配电两级保护，有保护接零（TN-S 系统）和漏电保护器。

3）必须使用圆柱形刀轴，禁止使用方轴。刨口开口量不得超过规定值。刨刀刃口伸出量不能超过外径 1.1mm。

4）每台木工平刨上必须装有安全防护装置（护手安全装置及传动部位防护罩），并配有刨小薄料的压板或压棍。

5）平刨在施工现场应置于木工作业区内，若位于塔吊作业范围内时，应搭设防护棚，并落实消防措施。

6）操作人员衣袖要扎紧，不准戴手套，应严格执行安全操作规程。机械运转时，不得进行维修、保养，不得移动或拆除护手装置进行刨削。

2. 圆盘锯

（1）事故隐患

1）圆锯片安装不正确，锯齿因受力较大而变钝后，锯切时引起木材飞掷伤人。

2）圆锯片有裂缝、凹凸、歪斜等缺陷，锯齿折断使得圆锯片在工作时发生撞击，引起木材飞掷或圆锯本身破裂伤人等危险。

3）安全防护缺陷，如传动皮带防护缺陷、护手安全装置残损、未作保护接零和漏电保护、其装置失效等，引发安全事故。

（2）安全要求

1）圆盘锯进入施工现场后，必须经过验收，安装三级配电二级保护，电器开关良好（必须采用单向按钮开关），熔丝规格符合规定，确认符合要求方能使用，设备应挂上合格牌。

2）锯片上方必须安装保险挡板和滴水装置，在锯片后面，离齿 10～15mm 处，必须安装弧形楔刀。锯片的安装，应保持与轴同心。皮带传动处应有防护罩。

3）锯片必须平整，锯口要适当，锯片要与主动轴匹配、紧固。锯片必须锯齿尖锐，不得连续缺齿两个，裂纹长度不得超过 20mm，裂缝末端应冲止裂孔。

4）操作前应检查机械是否完好，锯片是否有断、裂现象，并装好防护罩，运转正常后方能投入使用。

5）操作人员应戴安全防护眼镜；操作人员不得站在锯片旋转离心力面上操作，手不得跨越锯片。

6）木料锯到接近端头时，应由下手拉料进锯，上手不得用手直接送料，应用木板推送。锯料时，不准将木料左右搬动或高抬；送料不宜用力过猛，遇木节要减慢进锯速度，以防木节弹出伤人。

7）锯短料时，应使用推棍，不准直接用手推，进料速度不得过快，下手接料必须使用刨钩。剖短料时，料长不得小于锯片直径的1.5倍，料高不得大于锯片直径的1/3。截料时，截面高度不准大于锯片直径的1/3。

8）锯线走偏，应逐渐纠正，不准猛扳。锯片运转时间过长，温度过高时，应用水冷却，直径60cm以上的锯片在操作中，应喷水冷却。

9）木料若卡住锯片时，应立即停车后处理。

（七）其他机械设备安全技术

1. 卷扬机

卷扬机是建筑工地上常见的机械，一般与龙门架、井架提升机配套使用。

（1）事故隐患

1）卷扬机固定不坚固，地锚设置不牢固，导致卷扬机移位和倾覆。

2）卷筒上无防止钢丝绳滑脱的防护装置或防护装置设置不合理、不可靠，致使钢丝绳脱离卷筒。

3）钢丝绳末端未固定或固定不符合要求，致使钢丝绳脱落。

4）卷扬机制动器失灵，无法定位。

5）绳筒轴端定位不准确引起轴疲劳断裂。

（2）安全要求

1）安装位置要求

① 搭设操作棚，并保证操作人员能看清指挥人员和拖动或吊起的物件。施工过程中的建筑物、脚手架以及现场堆放材料、构件等，都不应影响司机对操作范围内全过程的监视。处于危险作业区域内的操作棚，应符合相应要求。

② 地基坚固。卷扬机应尽量远离危险作业区域，选择地势较高、土质坚固的地方，埋设地锚用钢丝绳与卷扬机座锁牢，前方应打桩，防止卷扬机移动和倾覆。

2）作业人员要求

① 卷扬机司机应经专业培训持证上岗。

② 作业时要精神集中，发现视线内有障碍物时，要及时清除，信号不清时不得操作。当被吊物没有完全落在地面时，司机不得离岗。

3）安全使用要求

① 安装时，基座应平稳牢固、周围排水畅通、地锚设置可靠，并应搭设工作棚。操作人员的位置应能看清指挥人员和拖动或起吊的物件。

② 作业前，应检查卷扬机与地面的固定，弹性联轴器不得松旷。并应检查安全装置、防护设施、电气线路、接零或接地线、制动装置和钢丝绳等，全部合格后方可使用。

③ 使用皮带或开式齿轮传动的部分，均应设防护罩，导向滑轮不得用开口拉板式滑轮。

④ 卷扬机的卷筒旋转方向应与操纵开关上指示的方向一致。

⑤ 从卷筒中心线到第一导向滑轮的距离，带槽卷筒应大于卷筒宽度的 15 倍；无槽卷筒应大于卷筒宽度的 20 倍。当钢丝绳在卷筒中间位置时，滑轮的位置应与卷筒轴线垂直，其垂直度允许偏差为 6°。

⑥ 钢丝绳应与卷筒及吊笼连接牢固，不得与机架或地面摩擦，通过道路时，应设过路保护装置。

⑦ 在卷扬机制动操作杆的行程范围内，不得有障碍物或阻卡现象。

⑧ 卷筒上的钢丝绳应排列整齐，当重叠或斜绕时，应停机重新排列，严禁在转动中用手拉、脚踩钢丝绳。

⑨ 作业中，任何人不得跨越正在作业的卷扬钢丝绳。物件提升后，操作人员不得离开卷扬机，物件或吊笼下面严禁人员停留或通过。休息时应将物件或吊笼降至地面。

⑩ 作业中如发现异响、制动不灵、制动带或轴承等温度剧烈上升等异常情况时，应立即停机检查，排除故障后方可使用。

⑪ 作业中停电时，应切断电源，将提升物件或吊笼降至地面。

⑫ 作业完毕，应将提升吊笼或物件降至地面，并应切断电源，锁好开关箱。

2. 机动翻斗车

（1）事故隐患

1）车辆由于缺乏定期检查和维修保养而引起车辆伤害事故。

2）司机未经培训违章行驶，引起车辆伤害事故。

（2）安全使用要求

1）行驶前，应检查锁紧装置并将料斗锁牢，不得在行驶时掉斗。

2）行驶时应从一档起步。不得用离合器处于半结合状态来控制车速。

3）上坡时，当路面不良或坡度较大时，应提前换入低档行驶；下坡时严禁空档滑行；转弯时应先减速；急转弯时应先换入低档。

4）翻斗车制动时，应逐渐踩下制动踏板，并应避免紧急制动。

5）通过泥泞地段或雨后湿地时，应低速缓行，应避免换档、制动、急剧加速，且不得靠近路边或沟旁行驶，并应防侧滑。

6）翻斗车排成纵队行驶时，前后车之间应保持 8m 的间距，在下雨或冰雪的路面上，应加大间距。

7）在坑沟边缘卸料时，应设置安全挡块，车辆接近坑边时，应减速行驶，不得剧烈冲撞挡块。

8）停车时，应选择适合地点，不得在坡道上停车。冬季应采取防止车轮与地面冻结的措施。

9）严禁料斗内载人。料斗不得在卸料工况下行驶或进行平地作业。

10）内燃机运转或料斗内载荷时，严禁在车底下进行任何作业。

11）操作人员离机时，应将内燃机熄火，并挂档、拉紧手制动器。

12）作业后，应对车辆进行清洗，清除砂土及混凝土等粘结在料斗和车架上的脏物。

3. 蛙式夯实机

（1）事故隐患

1）违章指挥，违章操作，导致机械伤害事故。

2）未装漏电保护器，未作保护接零，导致触电事故。

（2）安全使用要求

1）蛙式夯实机应适用于夯实灰土和素土的地基、地坪及场地平整，不得夯实坚硬或软硬不一的地面、冻土及混有砖石碎块的杂土。

2）作业前重点检查项目应符合下列要求：

A. 除接零或接地外，应设置漏电保护器，电缆线接头绝缘良好；

B. 传动皮带松紧合适，皮带轮与偏心块安装牢固；

C. 转动部分有防护装置，并进行试运转，确认正常后，方可作业。

3）作业时夯实机扶手上的按钮开关和电动机的接线均应绝缘良好。当发现有漏电现象时，应立即切断电源，进行检修。

4）夯实机作业时，应一人扶夯，一人传递电缆线，且必须戴绝缘手套和穿绝缘鞋。递线人员应跟随夯机后或两侧调顺电缆线，电缆线不得扭结或缠绕，且不得张拉过紧，应保持有 3～4m 的余量。

5）作业时，应防止电缆线被夯击。移动时，应将电缆线移至夯机后方，不得隔机抢扔电缆线，当转向倒线困难时，应停机调整。

6）作业时，手握扶手应保持机身平衡，不得用力向后压，并应随时调整行进方向。转弯时不得用力过猛，不得急转弯。

7）夯实填高土方时，应在边缘以内 100～150mm 夯实 2～3 遍后，再夯实边缘。

8）在较大基坑作业时，不得在斜坡上夯行，应避免造成夯头后折。

9）夯实房心土时，夯板应避开房心内地下构筑物、钢筋混凝土基桩、基座及地下管道等。

10）在建筑物内部作业时，夯板或偏心块不得打在墙壁上。

11）多机作业时，其平列间距不得小于 5m，前后间距不得小于 10m。

12）夯机前进方向和夯机四周 1m 范围内，不得站立非操作人员。

13）夯机连续作业时间不应过长，当电动机超过额定温升时，应停机降温。

14）夯机发生故障时，应先切断电源，然后排除故障。

15）作业后，应切断电源，卷好电缆线，清除夯机上的泥土，并妥善保管。

4. 潜水泵

（1）事故隐患

潜水泵保护装置不灵敏、使用不合理，造成漏电伤人事故。

（2）安全使用要求

1）潜水泵宜先装在坚固的篮筐里再入水中，亦可在水中将泵的四周设立坚固的防护围网。泵应直立于水中，水深不得小于 0.5m，不得在含泥砂的水中使用。

2）潜水泵放入水中或提出水面时，应先切断电源，严禁接拽电缆或出水管。

3）潜水泵应装设保护接零或漏电保护装置，工作时泵周围 30m 以内水面，不得有人、畜进入。

4）启动前检查项目应符合下列要求：

① 水管结扎牢固；

② 放气、放水、注油等螺塞均旋紧；

③ 叶轮和进水节无杂物；

④ 电缆绝缘良好。

5）接通电源后，应先试运转，并应检查并确认旋转方向正确，在水外运转时间不得超过 5min。

6）应经常观察水位变化，叶轮中心至水平距离应在 0.5～3.0m 之间，泵体不得陷入污泥或露出水面。电缆不得与井壁、池壁相擦。

7）新泵或新换密封圈，在使用 50h 后，应旋开放水封口塞，检查水、油的泄漏量。当泄漏量超过 5mL 时，应进行 0.2MPa 的气压试验，查出原因，予以排除，以后应每月检查一次；当泄漏量不超过 25mL 时，可继续使用。检查后应换上规定的润滑油。

8）经过修理的油浸式潜水泵，应先经 0.2MPa 气压试验，检查各部无泄漏现象，然后将润滑油加入上、下壳体内。

9）当气温降到 0℃ 以下时，在停止运转后，应从水中提出潜水泵擦干后存放室内。

10）每周应测定一次电动机定子绕组的绝缘电阻，其值应无下降。

5. 小型空压机

（1）事故隐患

安全装置失灵、违章操作，导致空压机或储气罐物理性爆炸事故。

（2）安全使用要求

1）固定式空压机应安装在固定的基础上，移动式空压机应用楔木将轮子固定。

2）各部机件联接牢固，气压表、安全阀和压力调节器等齐全完整、灵敏可靠，外露传动部分防护罩齐全。

3）输送管无急弯；储气罐附近严禁施焊和其他热作业。

4）操作人员持有效证上岗，上岗前对机具做好例行保养工作。

5）压力表和安全阀应每年至少校验一次。

6）输气胶管应保持畅通，不得扭曲，开启送气阀前，应将输气管道连接好，并通知现场有关人员后方可送气。在出气口前方，不得有人工作或站立。

7）作业中贮气罐内压力不得超过铭牌额定压力，安全阀应灵敏有效。进、排气阀、轴承及各部件应无异响或过热现象。

8）发现下列情况之一时应立即停机检查，找出原因并排除故障后，方可继续作业：

① 漏气、漏电；

② 压力表指示值超过规定；

③ 排气压力突然升高，排气阀、安全阀失效；

④ 机械有异响或电动机电刷发生强烈火花。

9）在潮湿地区及隧道中施工时，对空气压缩机外露摩擦面应定期加注润滑油，对电动机和电气设备应做好防潮保护工作。

6. 手持电动工具

（1）手持电动工具触电保护分类

施工作业使用手持式电动工具，必须遵守《手持电动工具管理、使用、检查和维修安全技术规程》标准。电动工具按其触电保护分为Ⅰ、Ⅱ、Ⅲ类：

1）Ⅰ类工具在防止触电的保护方面不能仅依靠其本身的基本绝缘，还要有一个附加的安全防护措施（必须作保护接零）。由于安全性差，现已停止生产，但仍有以前生产的Ⅰ类工具在使用中。在电动工具造成触电死亡事故的统计中，几乎都是Ⅰ类工具引起的。

2）Ⅱ类工具在防止触电的保护方面不仅依靠基本绝缘，而且它还提供双重绝缘或加强绝缘的附加安全预防措施，或者说是将个人防护用品以可靠、有效的方式设计制作在工具上，具有双重独立的保护系统，可不做保护接零。

3）Ⅲ类工具在防止触电保护方面依靠由安全特低电压供电和在工具内部不会产生比安全特低电压高的高压，其电压一般为36V。使用时必须用安全隔离变压器供电。可不做保护接零。

（2）事故隐患

手持电动工具的安全隐患主要存在于电器方面，易发生触电事故：

1）未设置保护接零和两级漏电保护器，或保护失效。

2）电动工具绝缘层破损漏电。

3）电源线和随机开关箱不符合要求。

4）工人违反操作规定或未按规定穿戴绝缘用品。

（3）安全要求及预防措施

1）手持电动工具在使用前，外壳、手柄、负荷线、插头、开关等必须完好无损，使用前必须作空载试验，经过设备、安全管理部门验收，确定符合要求，发给准用证或有验收手续方能使用。设备挂上合格牌。

2）使用Ⅰ类手持电动工具必须按规定穿戴绝缘用品或站在绝缘垫上。并确保有良好的接零或接地措施，保护零线与工作零线分开，保护零线采用1.5mm²以上多股软铜线。安装漏电保护器漏电电流不大于15mA，动作时间不大于0.1s。

3）在一般的场所为保证安全，应当用Ⅱ类工具，并装设额定漏电电流不大于15mA，动作时间不大于0.1s的漏电保护器。Ⅱ类工具绝缘电阻不得低于7MΩ。

4）露天、潮湿场所或在金属构架上作业必须使用Ⅱ类或Ⅲ类工具，并装设防溅的漏电保护器。严禁使用Ⅰ类手持电动工具。

5）狭窄场所（锅炉、金属容器、地沟、管道内等），宜选用带隔离变压器的Ⅲ类手持电动工具。隔离变压器、漏电保护器装设在狭窄场所外面，工作时应有人监护。

6）手持电动工具的负荷线必须采用耐气候型的橡皮护套铜芯软电缆，并不得有接头。

7）电动工具在使用中不得任意调换插头，更不能不用插头，而将导线直接插入插座内。当电动工具不用或需调换工作头时，应及时拔下插头。插插头时，开关应在断开位置，以防突然起动。

8）使用过程中要经常检查，如发现绝缘损坏、电源线或电缆护套破裂、接地线脱落、插头插座开裂、接触不良以及断续运转等故障时，应立即停机修理。移动电动工具时，必须握持工具的手柄，不能用拖拉橡皮软线来搬动工具，并随时注意防止橡皮软线擦破、割断和轧坏现象，以免造成人身事故。

9）长期搁置未用的电动工具，使用前必须用500V兆欧表测定绕组与机壳之间的绝缘电阻值，应不得低于7MΩ，否则须进行干燥处理。

10）电动工具不适宜在含有易燃、易爆或腐蚀性气体及潮湿等特殊环境中使用，并应存放于干燥、清洁和没有腐蚀性气体的环境中。对于非金属壳体的电机、电器，在存放和使用时应避免与汽油等溶剂接触。

<h2 align="center">思 考 题</h2>

1. 搅拌机的安全使用注意事项有哪些？
2. 钢筋加工机械的安全使用注意事项有哪些？
3. 手工弧焊机的安全使用注意事项有哪些？
4. 木工机械的安全使用注意事项有哪些？
5. 蛙式打夯机的安全使用注意事项有哪些？
6. 手持电动工具分为几类？使用Ⅰ类手持电动工具有哪些注意事项？

十、建筑施工专项安全技术

建筑施工专项安全技术主要指不特定属于某一分部分项工程，可能贯穿施工全过程，涉及施工全现场的施工组织或技术方面的设施及其安全措施，主要有：高处作业、脚手架工程、施工用电以及现场消防等。

（一）高处作业安全技术

1. 高处作业的定义、分类与分级

（1）高处作业的基本定义

《高处作业分级》（GB/T 3608—93）规定：凡在坠落高度基准面 2m 以上（含 2m）有可能坠落的高处进行的作业称为高处作业。所谓坠落高度基准面，即通过可能坠落范围内最低处的水平面。如从作业位置可能坠落到的最低点的地面、楼面、楼梯平台、相邻较低建筑物的屋面、基坑的底面、脚手架的通道板等等。

以作业位置为中心，6m 为半径，划出一个垂直于水平面的柱形空间，此柱形空间内最低处与作业位置间的高度差称为基础高度。基础高度以 h 表示。

以作业位置为中心，可能坠落范围半径为半径划成的与水平面垂直的柱形空间，称为可能坠落范围。

（2）高处作业的作业高度

作业区各作业位置至相应坠落高度基准面的垂直距离的最大值，称为该作业区的高处作业高度。简称作业高度，以 H 表示。

作业高度越高，危险性也就越大，按作业高度，将高处作业分为 2~5m；>5~15m；>15~30m 及 >30m 四个区域。高处作业可能坠落范围用坠落半径（R）表示，用以确定不同高度作业时，其安全平网的防护宽度。坠落半径与高处作业的基础高度 h 相关，如表10-1所示。

高处作业基础高度与坠落半径 表 10-1

高处作业基础高度(h)	坠落半径(m)	高处作业基础高度(h)	坠落半径(m)
2~5m	3	15~30m	5
5~15m	4	>30m	6

（3）高处作业分类与分级

高处作业分为 A、B 两类。其中，存在下列九类直接引起坠落的客观危险因素的为 B 类高处作业：

1）阵风风力六级（风速 10.8m/s）以上；

2）《高温作业分级》（GB 4200）规定的Ⅱ级以上的高温条件；

3）气温低于 10℃的室外环境；

4）场地有冰、雪、霜、水、油等易滑物；

5）自然光线不足，能见度差；

6）接近或接触危险电压带电体；

7）摆动，立足处不是平面或只有很小的平面，致使作业者无法维持正常姿势；

8）抢救突然发生的各种灾害事故；

9）超过《体力搬运重量限值》（CB 12330）规定的搬运。

不存在上述九类中的任一种客观危险因素的高处作业为 A 类高处作业。两类高处作业都按作业高度的不同分为 4 个级别，如表 10-2 所示。

高处作业分级   表 10-2

作业高度（m） 级别 分类法	2～5	>5～15	>15～30	>30
A	I	II	III	IV
B	II	III	IV	IV

（4）高处作业的危险有害因素

高处作业极易发生高处坠落事故，也容易因高处作业人员违章或失误，发生物体打击事故，结构安装工程的高处作业，还可能发生起重伤害事故。

2. 高处作业基本安全要求

《建筑施工高处作业安全技术规范》（JGJ 80—91）对工业与民用房屋建筑及一般构筑物施工时，高处作业中临边、洞口、攀登、悬空、操作平台及交叉等项作业，以及属于高处作业的各类洞、坑、沟、槽等工程施工的安全要求作出了明确规定。

（1）高处作业的基本安全规定

1）高处作业的安全技术措施及其所需料具，必须列入工程的施工组织设计。

2）单位工程施工负责人应对工程的高处作业安全技术负责并建立相应的责任制。施工前，应逐级进行安全技术教育及交底，落实所有安全技术措施和人身防护用品，未经落实时不得进行施工。

3）高处作业中的安全标志、工具、仪表、电气设施和各种设备，必须在施工前加以检查，确认其完好，方能投入使用。

4）攀登和悬空高处作业人员以及搭设高处作业安全设施的人员，必须经过专业技术培训及专业考试合格，持证上岗，并必须定期进行体格检查。

5）施工中对高处作业的安全技术设施，发现有缺陷和隐患时，必须及时解决；危及人身安全时，必须停止作业。

6）施工作业场所有坠落可能的物件，应一律先行撤除或加以固定。高处作业中所用的物料，均应堆放平稳，不妨碍通行和装卸。工具应随手放入工具袋；作业中的走道、通道板和登高用具，应随时清扫干净；拆卸下的物件及余料和废料均应及时清理运走，不得任意乱置或向下丢弃。传递物件禁止抛掷。

7）雨天和雪天进行高处作业时，必须采取可靠的防滑、防寒和防冻措施。凡水、冰、霜、雪均应及时清除。对进行高处作业的高耸建筑物，应事先设置避雷设施。遇有六级以上强风、浓雾等恶劣气候，不得进行露天攀登与悬空高处作业。暴风雪及台风暴雨后，应对高处作业安全设施逐一加以检查，发现有松动、变形、损坏或脱落等现象，应立即修理完善。

8）因作业必需，临时拆除或变动安全防护设施时，必须经施工负责人同意，并采取相应的可靠措施，作业后应立即恢复。

9）防护棚搭设与拆除时，应设警戒区，并应派专人监护。严禁上下同时拆除。

10）高处作业安全设施的主要受力杆件，力学计算按一般结构力学公式，强度及挠度计算按现行有关规范进行，但钢受弯构件的强度计算不考虑塑性影响，构造上应符合现行的相应规范的要求。

（2）高处作业人员的基本要求

1）身体健康：从事高处作业人员要定期进行体格检查。凡患有高血压、心脏病、贫血病、癫痫病、四肢有残缺以及其他不适于高处作业的人员，不得从事高处作业。酒后禁止高处作业。

2）正确佩带和使用安全带。

3）戴好安全帽。进入施工区域的所有人员，必须戴好符合 GB 2811—81 标准的安全帽。安全帽应完好、无破损、变形，有衬垫，并系好帽带。

4）按规定着装。高处作业人员衣着要灵便，禁止赤脚、穿硬底鞋、拖鞋、高跟鞋以及带钉易滑鞋从事高处作业。

5）配带好工具袋。高处作业人员使用的工具，应随手装入工具袋中。

6）登高的梯子材质必须坚固，不得缺档，梯子上下端必须采取防滑措施，梯子搭设斜度以 60°～70°为宜，不得两人同时在梯上作业。

7）使用直爬梯进行攀登作业时，高度以 5m 为宜，超过 7m 时，应加设防护笼，超过 8m 时，必须设置梯间平台。

8）作业人员应从规定的通道上下，不得在阳台、脚手架大横杆上等非规定通道进行攀登，也不得任意利用吊车臂架及非载人提升设备进行攀登。

（3）高处作业安全防护设施的验收

1）建筑施工进行高处作业之前，应进行安全防护设施的逐项检查和验收。验收合格后，方可进行高处作业。验收也可分层进行，或分阶段进行。

2）安全防护设施，应由单位工程负责人验收，并组织有关人员参加。

3）安全防护设施的验收，应具备下列资料：

① 施工组织设计及有关验算数据；

② 安全防护设施验收记录；

③ 安全防护设施变更记录及签证。

4）安全防护设施的验收，主要包括以下内容：

① 所有临边、洞口等各类技术措施的设置状况；

② 技术措施所用的配件、材料和工具的规格和材质；

③ 技术措施的节点构造及其与建筑物的固定情况；

④ 扣件和连接件的紧固程度；

⑤ 安全防护设施的用品及设备的性能与质量是否合格的验证。

5）安全防护设施的验收应按类别逐项查验，并作出验收记录。凡不符合规定者，必须整改合格后再行查验。施工工期内还应定期进行抽查。

3. 临边作业安全防护

临边作业是指施工现场中工作面边沿无围护或围护设施高度低于 80cm 时的高处

作业。

1）对临边高处作业，必须设置防护措施，并符合下列规定：

① 基坑周边，尚未安装栏杆或栏板的阳台、料台与挑平台周边，雨篷与挑檐边，无外脚手的屋面与楼层周边及水箱与水塔周边等处，都必须设置防护栏杆。

② 头层墙高度超过3.2m的二层楼面周边，以及无外脚手的高度超过3.2m的楼层周边，必须在外围架设安全平网一道。

③ 分层施工的楼梯口和梯段边，必须安装临时护栏。顶层楼梯口应随工程结构进度安装正式防护栏杆。

④ 井架与施工用电梯和脚手架等与建筑物通道的两侧边，必须设防护栏杆。地面通道上部应装设安全防护棚。双笼井架通道中间，应予分隔封闭。

⑤ 各种垂直运输接料平台，除两侧设防护栏杆外，平台口还应设置安全门或活动防护栏杆。

2）临边防护栏杆杆件的规格及连接要求，应符合下列规定：

① 毛竹横杆小头有效直径不应小于72mm，栏杆柱小头直径不应小于80mm，并须用不小于16号的镀锌钢丝绑扎，不应少于3圈，并无斜滑。

② 原木横杆上杆梢径不应小于70mm，下杆梢径不应小于60mm，栏杆柱梢径不应小于75mm。并须用相应长度的圆钉钉紧，或用不小于12号的镀锌钢丝绑扎，要求表面平顺和稳固无动摇。

③ 钢筋横杆上杆直径不应小于16mm，下杆直径不应小于14mm，栏杆柱直径不应小于18mm，采用电焊或镀锌钢丝绑扎固定。

④ 钢管横杆及栏杆柱均采用$\varphi 48 \times (2.75\sim3.5)$ mm的管材，以扣件或电焊固定。

⑤ 以其他钢材如角钢等作防护栏杆杆件时，应选用强度相当的规格，以电焊固定。

3）搭设临边防护栏杆时，必须符合下列要求：

① 防护栏杆应由上、下两道横杆及栏杆柱组成，上杆离地高度为1.0～1.2m，下杆离地高度为0.5～0.6m。坡度大于1：2.2的屋面，防护栏杆应高1.5m，并加挂安全立网。除经设计计算外，横杆长度大于2m时，必须加设栏杆柱。

② 栏杆柱的固定应符合下列要求：

A. 当在基坑四周固定时，可采用钢管并打入地面50～70cm深。钢管离边口的距离，不应小于50cm。当基坑周边采用板桩时，钢管可打在板桩外侧。

B. 当在混凝土楼面、屋面或墙面固定时，可用预埋件与钢管或钢筋焊牢。采用竹、木栏杆时，可在预埋件上焊接30cm长的∟50×5角钢，其上下各钻一孔，然后用10mm螺栓与竹、木杆件拴牢。

C. 当在砖或砌块等砌体上固定时，可预先砌入规格相适应的80×6弯转扁钢作预埋铁的混凝土块，然后用上项方法固定。

③ 栏杆柱的固定及其与横杆的连接，其整体构造应使防护栏杆在上杆任何处，能经受任何方向的1000N外力。当栏杆所处位置有发生人群拥挤、车辆冲击或物件碰撞等可能时，应加大横杆截面或加密柱距。

④ 防护栏杆必须自上而下用安全立网封闭，或在栏杆下边设置严密固定的高度不低于18cm的挡脚板或40cm的挡脚笆。挡脚板与挡脚笆上如有孔眼，不应大于25mm。板

与笆下边距离底面的空隙不应大于10mm。卸料平台两侧的栏杆，必须自上而下加挂安全立网或满扎竹笆。

⑤ 当临边的外侧面临街道时，除防护栏杆外，敞口立面必须采取满挂安全网或其他可靠措施作全封闭处理。

⑥ 临边防护栏杆的构造型式如图 10-1、图 10-2、图 10-3 所示。

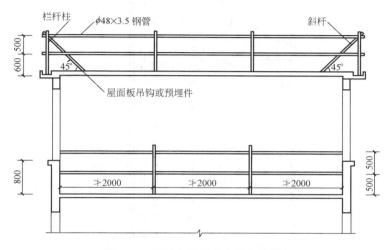

图 10-1　屋面和楼层临边的防护栏杆

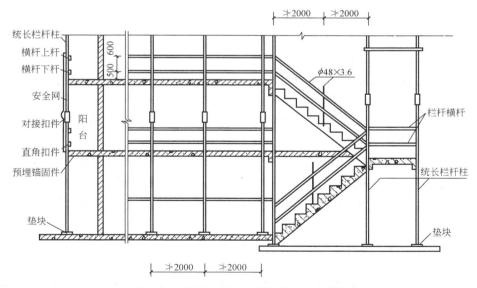

图 10-2　楼梯、楼层和阳台临边防护栏杆

4. 洞口作业安全防护

《建筑施工高处作业安全技术规范》关于孔、洞的定义是：

孔——是指楼板、屋面、平台等面上，短边尺寸小于 25cm 的；墙上，高度小于 75cm 的孔洞。

洞——是指楼板、屋面、平台等面上，短边尺寸等于或大于 25cm 的孔洞；墙上，高

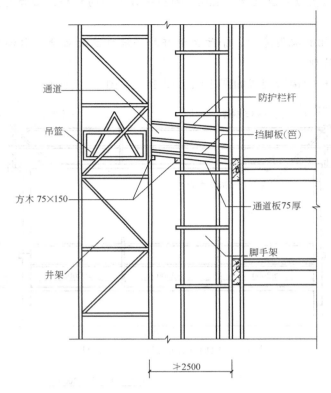

图 10-3 通道侧边防护栏杆

度大于或等于 75cm，宽度大于 45cm 的孔洞。

洞口作业，是指洞与孔边口旁的高处作业，包括施工现场及通道旁深度在 2m 及 2m 以上的桩孔、人孔、沟槽与管道、孔洞等边沿上的作业。

施工现场因工程和工序需要而产生洞口，常见的有楼梯口、电梯井口、预留洞口、井架通道口，即常称的"四口"。

1) 进行洞口作业以及在因工程和工序需要而产生的，使人与物有坠落危险或危及人身安全的其他洞口进行高处作业时，必须按下列规定设置防护设施：

① 板与墙的洞口，必须设置牢固的盖板、防护栏杆、安全网或其他防坠落的防护设施。

② 电梯井口必须设防护栏杆或固定栅门；电梯井内应每隔两层并最多隔 10m 设一道安全网。

③ 钢管桩、钻孔桩等桩孔上口，杯形、条形基础上口，未填土的坑槽，以及人孔、天窗、地板门等处，均应按洞口防护设置稳固的盖件。

④ 施工现场通道附近的各类洞口与坑槽等处，除设置防护设施与安全标志外，夜间还应设红灯示警。

2) 洞口根据具体情况采取设防护栏杆、加盖件、张挂安全网与装栅门等措施时，必须符合下列要求：

① 楼板、屋面和平台等面上短边尺寸小于 25cm 但大于 2.5cm 的孔口，必须用坚实

的盖板盖没。盖板应防止挪动移位。

② 楼板面等处边长为25～50cm的洞口、安装预制构件时的洞口以及缺件临时形成的洞口，可用竹、木等作盖板盖住洞口。盖板须能保持四周搁置均衡，并有固定其位置的措施。

③ 边长为50～150cm的洞口，必须设置以扣件扣接钢管而成的网格，并在其上满铺竹笆或脚手板。也可采用贯穿于混凝土板内的钢筋构成防护网，钢筋网格间距不得大于20cm。

④ 边长在150cm以上的洞口，四周设防护栏杆，洞口下张设安全平网。

⑤ 垃圾井道和烟道，应随楼层的砌筑或安装而消除洞口，或参照预留洞口作防护。管道井施工时，除按上办理外，还应加设明显的标志。如有临时性拆移，需经施工负责人核准，工作完毕后必须恢复防护设施。

⑥ 位于车辆行驶道旁的洞口、深沟与管道坑、槽，所加盖板应能承受不小于当地额定卡车后轮有效承载力2倍的荷载。

⑦ 墙面等处的竖向洞口，凡落地的洞口应加装开关式、工具式或固定式的防护门，门栅网格的间距不应大于15cm，也可采用防护栏杆，下设挡脚板（笆）。

⑧ 下边沿至楼板或底面低于80cm的窗台等竖向洞口，如侧边落差大于2m时，应加设1.2m高的临时护栏。

⑨ 对邻近的人与物有坠落危险性的其他竖向的孔、洞口，均应予以盖没或加以防护，并有固定其位置的措施。

3）洞口防护设施的构造型式见图10-4、图10-5、图10-6。

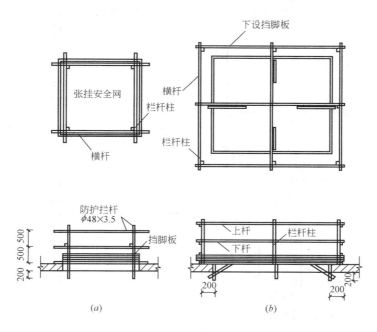

图10-4 洞口防护栏杆

(a) 边长1500～2000的洞口；(b) 边长2000～4000的洞口

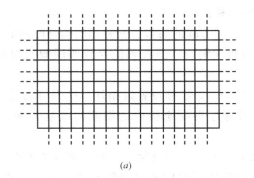

(a)

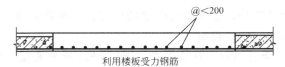

@<200

利用楼板受力钢筋

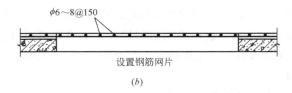

$\phi 6 \sim 8 @ 150$

设置钢筋网片

(b)

图 10-5　洞口钢筋防护网

(a) 平面图；(b) 剖面图

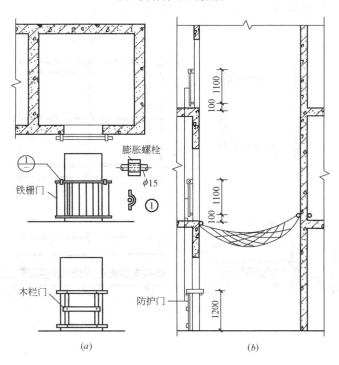

膨胀螺栓

$\phi 15$

铁栅门

木栏门

防护门

(a)　　　　　　　　　(b)

图 10-6　电梯井口防护门

(a) 立面图；(b) 剖面图

5. 攀登作业安全防护

攀登作业指借助登高用具或登高设施，在攀登条件下进行的高处作业。

1）在施工组织设计中应确定用于现场施工的登高和攀登设施。现场登高应借助建筑结构或脚手架上的登高设施，也可采用载人的垂直运输设备。进行攀登作业时可使用梯子或采用其他攀登设施。

2）柱、梁和行车梁等构件吊装所需的直爬梯及其他登高用拉攀件，应在构件施工图或说明内作出规定。

3）攀登的用具，结构构造上必须牢固可靠。供人上下的踏板其使用荷载不应大于1100N。当梯面上有特殊作业，重量超过上述荷载时，应按实际情况加以验算。

4）移动式梯子，均应按现行的国家标准验收其质量。

5）梯脚底部应坚实，不得垫高使用。梯子的上端应有固定措施。立梯不得有缺档。立梯工作角度以 75°±5° 为宜，踏板上下间距以 30cm 为宜。

6）梯子如需接长使用，必须有可靠的连接措施，且接头不得超过 1 处。连接后梯梁的强度，不应低于单梯梯梁的强度。

7）折梯使用时上部夹角以 35°～45° 为宜，铰链必须牢固，并应有可靠的拉撑措施。

8）固定式直爬梯应用金属材料制成。梯宽不应大于 50cm，支撑应采用不小于∟70×6 的角钢，埋设与焊接均必须牢固。梯子顶端的踏棍应与攀登的顶面齐平，并加设 1～1.5m 高的扶手。使用直爬梯进行攀登作业时，攀登高度以 5m 为宜。超过 2m 时，宜加设护笼；超过 8m 时，必须设置梯间平台。

9）作业人员应从规定的通道上下，不得在阳台之间等非规定通道进行攀登，也不得任意利用吊车臂架等施工设备进行攀登。上下梯子时，必须面向梯子，且不得手持器物。

10）钢柱安装登高时，应使用钢挂梯或设置在钢柱上的爬梯。挂梯构造如图 10-7。

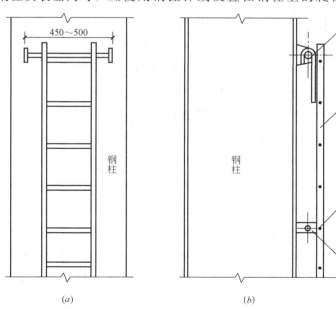

图 10-7　钢柱登高挂梯
(a) 立面图；(b) 剖面图

钢柱的接柱应使用梯子或操作台。操作台横杆高度。当无电焊防风要求时，其高度不宜小于 1m，有电焊防风要求时，其高度不宜小于 1.8m，见图 10-8。

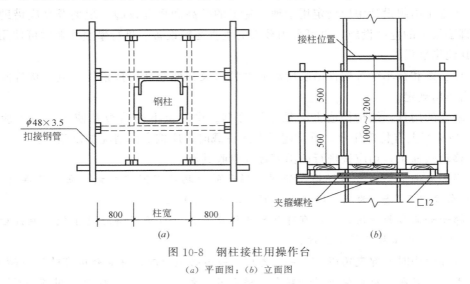

图 10-8　钢柱接柱用操作台

(a) 平面图；(b) 立面图

11）登高安装钢梁时，应视钢梁高度，在两端设置挂梯或搭设钢管脚手架，构造形式参见图 10-9。梁面上需行走时，其一侧的临时护栏横杆可采用钢索，当改用扶手绳时，绳的自然下垂度不应大于 $L/20$（L 为绳的长度），并应控制在 10cm 以内，见图 10-10。

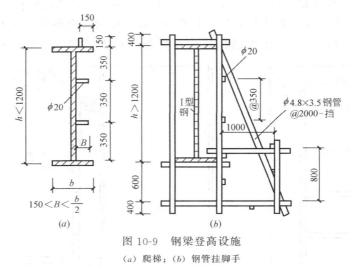

图 10-9　钢梁登高设施

(a) 爬梯；(b) 钢管挂脚手

12）钢屋架的安装，应遵守下列规定：

① 在屋架上下弦登高操作时，对于三角形屋架应在屋脊处，梯形屋架应在两端，设置攀登时上下的梯架。材料可选用毛竹或原木，踏步间距不应大于 40cm，毛竹梢径不应小于 70mm。

② 屋架吊装以前，应在上弦设置防护栏杆。

③ 屋架吊装以前，应预先在下弦挂设安全网；吊装完毕后，即将安全网铺设固定。

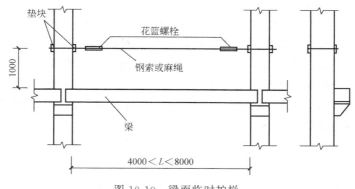

图 10-10　梁面临时护栏

6. 悬空作业安全防护

在无立足点或无牢靠立足点的条件下，进行的高处作业，统称为悬空作业。即在施工现场，高度在 2m 及 2m 以上，周边临空状态下进行作业，属于悬空作业。因为无立足点，因此必须适当地建立牢靠的立足点，如搭设操作平台，脚手架或吊篮等，方可进行施工。

（1）悬空作业一般安全要求

1）悬空作业处应有牢靠的立足处，并必须视具体情况，配置防护栏网、栏杆或其他安全设施。

2）悬空作业所用的索具、脚手板、吊篮、吊笼、平台等设备，均需经过技术鉴定或验证方可使用。

（2）构件吊装和管道安装时悬空作业必须遵守的规定

1）钢结构的吊装，构件应尽可能在地面组装，并应搭设进行临时固定、电焊、高强螺栓连接等工序的高空安全设施，随构件同时上吊就位。拆卸时的安全措施，亦应一并考虑和落实。高空吊装预应力钢筋混凝土屋架、桁架等大型构件前，也应搭设悬空作业中所需的安全设施。

2）悬空安装大模板、吊装第一块预制构件、吊装单独的大中型预制构件时，必须站在操作平台上操作。吊装中的大模板和预制构件以及石棉水泥板等屋面板上，严禁站人和行走。

3）安装管道时必须有已完结构或操作平台为立足点，严禁在安装中的管道上站立和行走。

（3）模板支撑和拆卸时悬空作业必须遵守的规定

1）支模应按规定的作业程序进行，模板未固定前不得进行下一道工序。严禁在连接件和支撑件上攀登上下，并严禁在上下同一垂直面上装、拆模板。结构复杂的模板，装、拆应严格按照施工组织设计的措施进行。

2）支设高度在 3m 以上的柱模板，四周应设斜撑，并应设立操作平台。低于 3m 的可使用马凳操作。

3）支设悬挑形式的模板时，应有稳固的立足点。支设临空构筑物模板时，应搭设支架或脚手架。模板上有预留洞时，应在安装后将洞盖没。混凝土板上拆模后形成的临边或洞口，应按规范进行防护。拆模高处作业，应配置登高用具或搭设支架。

（4）钢筋绑扎时悬空作业必须遵守的规定

1）绑扎钢筋和安装钢筋骨架时，必须搭设脚手架和马道。

2）绑扎圈梁、挑梁、挑檐、外墙和边柱等钢筋时，应搭设操作台架和张挂安全网。悬空大梁钢筋的绑扎，必须在满铺脚手板的支架或操作平台上操作。

3）绑扎立柱和墙体钢筋时，不得站在钢筋骨架上或攀登骨架上下。3m 以内的柱钢筋，可在地面或楼面上绑扎，整体竖立；绑扎 3m 以上的柱钢筋，必须搭设操作平台。

（5）混凝土浇筑时悬空作业必须遵守的规定

1）浇筑离地 2m 以上框架、过梁、雨蓬和小平台时，应设操作平台，不得直接站在模板或支撑件上操作。

2）浇筑拱形结构，应自两边拱脚对称地相向进行。浇筑储仓，下口应先行封闭，并搭设脚手架以防人员坠落。

3）特殊情况下如无可靠的安全设施，必须系好安全带并扣好保险钩，或架设安全网。

（6）进行预应力张拉时悬空作业必须遵守的规定

1）进行预应力张拉时，应搭设站立操作人员和设置张拉设备的牢固可靠的脚手架或操作平台。雨天张拉时，还应架设防雨棚。

2）预应力张拉区域应标示明显的安全标志，禁止非操作人员进入。张拉钢筋的两端必须设置挡板。挡板应距所张拉钢筋的端部 1.5～2m，且应高出最上一组张拉钢筋 0.5m，其宽度应距张拉钢筋两外侧各不小于 1m。

3）孔道灌浆应按预应力张拉安全设施的有关规定进行。

（7）悬空进行门窗作业时必须遵守的规定

1）安装门、窗，油漆及安装玻璃时，严禁操作人员站在楹子、阳台栏板上操作。门、窗临时固定，封填材料未达到强度，以及电焊时，严禁手拉门、窗进行攀登。

2）在高处外墙安装门、窗，无外脚手时，应张挂安全网。无安全网时，操作人员应系好安全带，其保险钩应挂在操作人员上方的可靠物件上。

3）进行各项窗口作业时，操作人员的重心应位于室内，不得在窗台上站立，必要时应系好安全带进行操作。

7. 操作平台

（1）移动式操作平台必须符合下列规定

1）操作平台应由专业技术人员按现行的相应规范进行设计，计算书及图纸应编入施工组织设计。

2）操作平台的面积不应超过 10m²，高度不应超过 5m。还应进行稳定验算，并采用措施减少立柱的长细比。

3）装设轮子的移动式操作平台，轮子与平台的接合处应牢固可靠，立柱底端离地面不得超过 80mm。

4）操作平台可用 $\phi(48～51)×3.5mm$ 钢管以扣件连接，亦可采用门架式或承插式钢管脚手架部件，按产品使用要求进行组装。平台的次梁，间距不应大于 40cm；台面应满铺 3cm 厚的木板或竹笆。

5）操作平台四周必须按临边作业要求设置防护栏杆，并应布置登高扶梯。

（2）悬挑式钢平台必须符合下列规定

1）悬挑式钢平台应按现行的相应规范进行设计，其结构构造应能防止左右晃动，计算书及图纸应编入施工组织设计。

2）悬挑式钢平台的搁支点与上部拉结点，必须位于建筑物上，不得设置在脚手架等施工设备上。

3）斜拉杆或钢丝绳，构造上宜两边各设前后两道，两道中的每一道均应作单道受力计算。

4）应设置4个经过验算的吊环。吊运平台时应使用卡环，不得使吊钩直接钩挂吊环。吊环应用甲类3号沸腾钢制作。

5）钢平台安装时，钢丝绳应采用专用的挂钩挂牢，采取其他方式时卡头的卡子不得少于3个。建筑物锐角利口围系钢丝绳处应加衬软垫物，钢平台外口应略高于内口。

6）钢平台左右两侧必须装置固定的防护栏杆。

7）钢平台吊装，需待横梁支撑点电焊固定，接好钢丝绳，调整完毕，经过检查验收，方可松卸起重吊钩，上下操作。

8）钢平台使用时，应有专人进行检查，发现钢丝绳有锈蚀损坏应及时调换，焊缝脱焊应及时修复。

操作平台上应显著地标明容许荷载值。操作平台上人员和物料的总重量，严禁超过设计的容许荷载。应配备专人加以监督。

8. 交叉作业安全防护

施工现场常会有上下立体交叉的作业。凡在上下不同层次，处于空间贯通状态下同时进行高处作业，属于交叉作业。

1）支模、粉刷、砌墙等各工种进行上下立体交叉作业时，不得在同一垂直方向上操作。下层作业的位置，必须处于依上层高度确定的可能坠落范围半径之外。不符合以上条件时，应设置安全防护层。

2）钢模板、脚手架等拆除时，下方不得有其他操作人员。

3）钢模板部件拆除后，临时堆放处离楼层边沿不应小于1m，堆放高度不得超过1m。楼层边口、通道口、脚手架边缘等处，严禁堆放任何拆下物件。

4）结构施工自二层起，凡人员进出的通道口（包括井架、施工用电梯的进出通道口），均应搭设安全防护棚。高度超过24m的层上的交叉作业，应设双层防护。

5）由于上方施工可能坠落物件或处于起重机把杆回转范围之内的通道，在其受影响的范围内，必须搭设顶部能防止穿透的双层防护廊。

6）交叉作业通道防护的构造型式图10-11。

9. 建设施工安全"三宝"

建设施工安全"三宝"，是指建设施工防护使用的安全网和个人防护用的安全帽、安全带。安全网用来防止人、物坠落，安全帽用来保护使用者的头部，减轻撞击伤害，安全带用来预防高处作业人员坠落。因此，坚持正确使用、佩戴建设施工安全"三宝"，是降低施工伤亡事故的有效措施。

（1）安全帽

在发生物体打击的事故分析中，由于不戴安全帽而造成伤害者占事故总数的90％。安全帽的标准要求是：

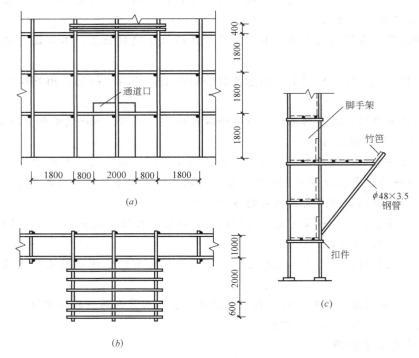

图 10-11 交叉作业通道防护

(*a*) 立面图；(*b*) 平面图；(*c*) 剖面图

1）安全帽是防冲击的主要用品，它是采用具有一定强度的帽壳和帽衬缓冲结构组成。可以承受和分散落物的冲击力，并保护或减轻由于高处坠落头部先着地面的撞击伤害。

2）人体颈椎冲击承受能力是有一定限度的，国标规定：用 5kg 钢锤自 1m 高度落下进行冲击试验，头模所受冲击力的最大值不应超过 500kg；耐穿透性能用 3kg 钢锥自 1m 高度落下进行试验，钢锥不应与头模接触。

3）帽壳采用半球形，表面光滑，易于滑走落物。前部的帽舌尺寸为 10～55mm，其余部分的帽沿尺寸为 10～35mm。

4）帽衬顶端至帽壳顶内面的垂直间距为 20～25mm，帽衬至帽壳内侧面的水平间距为 5～20mm。

5）安全帽在保证承受冲击力的前提下，要求越轻越好，重量不应超过 400g。

6）每顶安全帽上应有：制造厂名称、商标、型号；制造年、月；许可证编号。每顶安全帽出厂时，必须有检验部门批量验证和工厂检验合格证。

7）佩戴安全帽时，必须系紧下颚系带，防止安全帽坠落失去防护作用。不同头型或冬季佩戴在防寒帽外时，应随头型大小调节帽箍，保留帽衬与帽壳之间缓冲作用的空间。

（2）安全网

工程施工过程中，为防止落物和减少污染，必须采用密目式安全网对建筑物进行全封闭。

1）安全网的防护部位

① 外脚手架施工时，在落地式单排或双排脚手架的外排杆，随脚手架的升高用密目

网封闭。

② 里脚手架施工时，在建筑物外侧距离10cm搭设单排脚手架，随建筑物升高（高出作业面1.5m）用密目网封闭。当防护架距离建筑物尺寸较大时，应同时做好脚手架与建筑物每层之间的水平防护。

③ 当采用升降脚手架或悬挑脚手架施工时，除用密目网将升降脚手架或悬挑脚手架进行封闭外，还应对下部暴露出的建筑物的门窗等孔洞及框架柱之间的临边，按临边防护的标准进行防护。

2）密目式安全立网质量技术要求

① 密目式安全网用于立网，其构造为：网目密度不应低于2000目/100cm²。

② 耐贯穿性试验。用长6m，宽1.8m的密目网，紧绑在与地面倾斜30°的试验框架上，网面绷紧。将直径48～50mm、重5t的脚手管，距框架中心3m高度自由落下，钢管不贯穿为合格标准。

③ 冲击试验。用长6m，宽1.8m的密目网，紧绷在刚性试验水平架上。将长100cm，底面积2800cm²，重100kg的人形砂包1个，砂包方向为长边平行于密目网的长边，砂包位置为距网中心高度1.5m自由落下，网绳不断裂。

④ 每张安全网出厂前，必须有国家指定的监督检验部门批量验证和工厂检验合格证。

（3）安全带

安全带主要是用于防止人体坠落的防护用品，它同安全帽一样是适用于个人的防护用品。

1）安全带的正确使用

① 架子工使用的安全带绳长限定在1.5～2m。

② 应做垂直悬挂，高挂低用较为安全；当做水平位置悬挂使用时，要注意摆动碰撞；不宜低挂高用；不应将绳打结使用，以免绳结受力后剪断；不应将钩直接挂在不牢固物和直接挂在非金属绳上，防止绳被割断。

2）关于安全带标准

① 冲击力的大小主要由人体体重和坠落距离而定，坠落距离与安全挂绳长度有关。使用3m以上长绳应加缓冲器，单腰带式安全带冲击试验荷载不超过9.0kN。

② 做冲击负荷试验。对架子工安全带，挂高1m试验，以100kg重量拴挂，自由坠落不破断为合格。

（二）脚手架安全技术

脚手架作为建筑施工用临时设施，贯穿施工全过程，其设计和搭设的质量，直接影响操作人员的人身安全。脚手架可能发生的安全事故有：高处坠落、物体打击、触电、雷击。

1. 脚手架的设计与构造基本安全要求

（1）脚手架技术规范

1）《高处作业吊篮安全规则》（JG 5027—92）；

2）《高处作业吊篮》（GB 19155—2003）；

3）《建筑施工门式钢管脚手架安全技术规范》（JGJ 128—2000）；

4）《建筑施工附着升降脚手架管理暂行规定》（建建［2000］230号）；

5）《建筑施工扣件式钢管脚手架安全技术规范》（JGJ 130—2001）［2002版］；

6）《建筑施工安全检查标准》（JGJ 59—99）对脚手架提出了有关的检查标准。

（2）脚手架的分类

1）按脚手架的用途划分

① 操作（作业）脚手架。又分为结构作业脚手架和装修作业脚手架。其架面施工荷载标准值分别规定为 $3kN/m^2$ 和 $2kN/m^2$。

② 防护用脚手架。架面施工（搭设）荷载标准值可按 $1kN/m^2$ 计。

③ 承重、支撑用脚手架（主要用于模板支设）。架面荷载按实际使用值计。

2）按脚手架的材质与规格划分，常用的有：

① 扣件式钢管脚手架，按架设形式分为单排脚手架和双排脚手架；

② 门式组合脚手架。

3）按脚手架的支固方式划分

① 落地式脚手架，搭设（支座）在地面、楼面、屋面或其他平台结构之上的脚手架。

② 悬挑脚手架（简称"挑脚手架"），采用悬挑方式支固的脚手架，其挑支方式又有架设于专用悬挑梁上、架设于专用悬挑三角桁架上和架设于由撑拉杆件组合的支挑结构上3种，如图10-12所示。

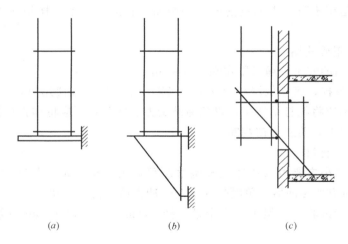

图 10-12 挑脚手架的挑支方式

（a）悬挑梁；（b）悬挑三角桁架；（c）杆件支挑结构

③ 附墙悬挂脚手架（简称"挂脚手架"），在上部或（和）中部挂设于墙体挑挂件上的定型脚手架。

④ 悬吊脚手架（简称"吊脚手架"），悬吊于悬挑梁或工程结构之下的脚手架。当采用篮式作业架时，称为"吊篮"。

⑤ 附着升降脚手架（简称"爬架"），附着于工程结构、依靠自身提升设备实现升降的悬空脚手架（其中实现整体提升者，也称为"整体提升脚手架"）。

（3）脚手架的设计计算

各种脚手架应根据建筑施工的要求选择合理的构架形式，并制定搭设、拆除作业的程序和安全措施，当搭设高度超过免计算仅构造要求的搭设高度时，必须按规定进行设计计算。

（4）脚手架的施工荷载

1）结构脚手架取 $3kN/m^2$（考虑两步同时作业）。

2）装修脚手架取 $2kN/m^2$（考虑三步同时作业）。

在脚手架设计时，如果脚手架的设计荷载低于以上规定，则脚手架施工方案设计人应在安全技术交底时予以明确，脚手架使用时应在架体上挂上限载牌。

2. 扣件式钢管脚手架安全技术

（1）脚手架材料及构配件安全要求

1）钢管

① 钢管材质应符合 Q235A 级标准，不得使用有明显变形、裂纹、严重锈蚀的材料。

② 钢管规格宜采用 $\phi48\times3.5$，亦可采用 $\phi51\times3.0$ 钢管，每根钢管的最大质量不应大于 25kg，横向水平杆的最大长度不超过 2.2m，其他杆的最大长度不超过 6.5m。

③ 钢管的尺寸和表面质量应符合验收规定。

④ 钢管上严禁打孔。

2）扣件

① 应采用可锻铸铁制作的扣件，其材质应符合现行国家标准《钢管脚手架扣件》（GB 15831）的规定；采用其他材料制作的扣件，应经试验证明其质量符合该标准的规定后方可使用。

② 脚手架采用的扣件，在螺栓拧紧扭力矩达 65N·m 时，不得发生破坏。

3）脚手板

① 脚手板可采用钢、木、竹材料制作，每块质量不宜大于 30kg。

② 冲压钢脚手板的材质应符号现行国家标准《碳素结构钢》（GB/T 700—88）中 Q235A 级钢的规定，其质量与尺寸允许偏差应符合验收规定，并应有防滑措施。

③ 木脚手板应采用杉木或松木制作，其材质应符合现行国家标准《木结构设计规范》（GBJ 5）中 II 级材质的规定。脚手板厚度不应小于 50mm，两端应各设直径为 4mm 的镀锌钢丝箍两道。

④ 竹脚手板宜采用由毛竹或楠竹制作的竹串片板、竹笆板。

4）连墙件

连墙杆的材质应符合现行国家标准《碳素结构钢》（GB/T 700—88）中 Q235A 级钢的规定。

（2）设计计算

1）50m 以下的常用敞开式单、双排脚手架，当采用规范规定的构造尺寸（表 10-3），且符合相关的构造规定时，其相应杆件可不再进行设计计算。但连墙件、立杆地基承载力等仍应根据实际荷载进行设计计算。

2）立杆稳定性计算部位的确定应符合下列规定：

① 当脚手架搭设尺寸采用相同的步距、立杆纵距、立杆横距和连墙件间距时，应计算底层立杆段；

② 当脚手架搭设尺寸中的步距、立杆纵距、立杆横距和连墙件间距有变化时，除计算底层立杆段外，还必须对出现最大步距或最大立杆纵距、立杆横距、连墙件间距等部位

的立杆段进行验算。

（3）构造要求

1）常用脚手架设计尺寸

① 常用敞开式单、双排脚手架结构的设计尺寸，宜按表 10-3、表 10-4 采用。

常用敞开式双排脚手架的设计尺寸（m） 表 10-3

连墙件设置	立杆横距 l_b	步距 h	下列荷载时的立杆纵距 l_a(m)				脚手架允许搭设高度[H]
			$2+4\times0.35$ (kN/m²)	$2+2+4\times0.35$ (kN/m²)	$3+4\times0.35$ (kN/m²)	$3+2+4\times0.35$ (kN/m²)	
二步三跨	1.05	1.20～1.35	2.0	1.8	1.5	1.5	50
		1.80	2.0	1.8	1.5	1.5	50
	1.30	1.20～1.35	1.8	1.5	1.5	1.5	50
		1.80	1.8	1.5	1.5	1.2	50
	1.55	1.20～1.35	1.8	1.5	1.5	1.5	50
		1.80	1.8	1.5	1.5	1.2	37
三步三跨	1.05	1.20～1.35	2.0	1.8	1.5	1.5	50
		1.80	2.0	1.5	1.5	1.5	34
	1.30	1.20～1.35	1.8	1.5	1.5	1.5	50
		1.80	1.8	1.5	1.5	1.2	30

注：1. 表中所示 $2+2+4\times0.35$（kN/m²），包括下列荷载：

1）$2+2$（kN/m²）是二层装修作业层施工荷载；

2）4×0.35（kN/m²）包括二层作业层脚手板，另两层脚手板根据规范规定确定。

2. 作业层横向水平杆间距，应按不大于 $l_a/2$ 设置。

常用敞开式单排脚手架的设计尺寸（m） 表 10-4

连墙件设置	立杆横距 l_b	步距 h	下列荷载时的立杆纵距 l_a(m)		脚手架允许搭设高度[H]
			$2+2\times0.35$(kN/m²)	$3+2\times0.35$(kN/m²)	
二步三跨 三步三跨	1.20	1.20～1.35	2.0	1.8	24
		1.80	2.0	1.8	24
	1.40	1.20～1.35	1.8	1.5	24
		1.80	1.8	1.5	24

注：1. 表中所示 $2+2+4\times0.35$（kN/m²），包括下列荷载：

1）$2+2$（kN/m²）是二层装修作业层施工荷载；

2）4×0.35（kN/m²）包括二层作业层脚手板，另两层脚手板根据规范规定确定。

2. 作业层横向水平杆间距，应按不大于 $l_a/2$ 设置。

2）纵向水平杆的构造应符合下列规定

① 纵向水平杆宜设置在立杆内侧，其长度不宜小于 3 跨。

② 纵向水平杆接长宜采用对接扣件连接，也可采用搭接。对接、搭接应符合下列规定：

A. 纵向水平杆的对接扣件应交错布置：两根相邻纵向水平杆的接头不宜设置在同步或同跨内；不同步或不同跨两个相邻接头在水平方向错开的距离不应小于 500mm；各接头中心至最近主节点的距离不宜大于纵距的 1/3（图 10-13）。

主节点是指立杆、纵向水平杆、横向水平杆三杆紧靠的扣接点。

B. 搭接长度不应小于 1m，应等间距设置 3 个旋转扣件固定，端部扣件盖板边缘至搭接纵向水平杆杆端的距离不应小于 100mm。

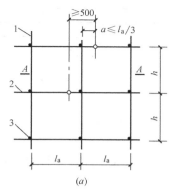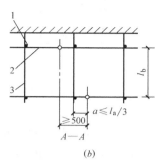

图 10-13　纵向水平杆对接接头布置
(a) 接头不在同步内（立面）；(b) 接头不在同跨内（平面）
1—立杆；2—纵向水平杆；3—横向水平杆

C. 当使用冲压钢脚手板、木脚手板、竹串片脚手板时，纵向水平杆应作为横向水平杆的支座，用直角扣件固定在立杆上；当使用竹笆脚手板时，纵向水平杆应采用直角扣件固定在横向水平杆上，并应等间距设置，间距不应大于 400mm（图 10-14）。

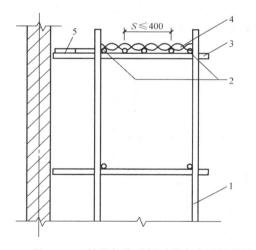

图 10-14　铺竹笆脚手板时纵向水平杆的构造
1—立杆；2—纵向水平杆；3—横向水
平杆；4—竹笆脚手板；5—其他脚手板

3) 横向水平杆的构造应符合下列规定

① 主节点处必须设置一根横向水平杆，用直角扣件扣接且严禁拆除。

② 作业层上非主节点处的横向水平杆，宜根据支承脚手板的需要等间距设置，最大间距不应大于纵距的 1/2。

③ 当使用冲压钢脚手板、木脚手板、竹串片脚手板时，双排脚手架的横向水平杆两端均应采用直角扣件固定在纵向水平杆上；单排脚手架的横向水平杆的一端，应用直角扣件固定在纵向水平杆上，另一端应插入墙内，插入长度不应小于 180mm。

④ 使用竹笆脚手板时，双排脚手架的横向水平杆两端应用直角扣件固定在立杆上；单排脚手架的横向水平杆的一端，应用直角扣件固定在立杆上，另一端应插入墙内，插入长度亦不应小于 180mm。

4) 脚手板的设置应符合下列规定

① 作业层脚手板应铺满、铺稳，离开墙面 120～150mm。

② 冲压钢脚手板、木脚手板、竹串片脚手板等，应设置在三根横向水平杆上。当脚手板长度小于 2m 时，可采用两根横向水平杆支承，但应将脚手板两端与其可靠固定，严防倾翻。此三种脚手板的铺设可采用对接平铺，亦可采用搭接铺设。脚手板对接平铺时，

接头处必须设两根横向水平杆，脚手板外伸长应取130～150mm，两块脚手板外伸长度的

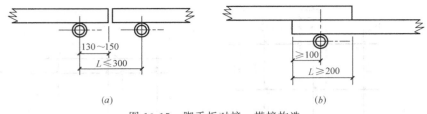

图 10-15　脚手板对接、搭接构造
（a）脚手板对接；（b）脚手板搭接

和不应大于 300mm；脚手板搭接铺设时，接头必须支在横向水平杆上，搭接长度应大于 200mm，其伸出横向水平杆的长度不应小于 100mm（图 10-15）。

③ 竹笆脚手板应按其主竹筋垂直于纵向水平杆方向铺设，且采用对接平铺，四个角应用直径 1.2mm 的镀锌钢丝固定在纵向水平杆上。

④ 作业层端部脚手板探头长度应取 150mm，其板长两端均应与支承杆可靠地固定。

5）立杆

① 每根立杆底部应设置底座或垫板。

② 脚手架必须设置纵、横向扫地杆。纵向扫地杆应采用直角扣件固定在距底座上皮不大于 200mm 处的立杆上。横向扫地杆亦应采用直角扣件固定在紧靠纵向扫地杆下方的立杆上。当立杆基础不在同一高度上时，必须将高处的纵向扫地杆向低处延长两跨与立杆固定，高低差不应大于 1m。靠边坡上方的立杆轴线到边坡的距离不应小于 500mm（图 10-16）。

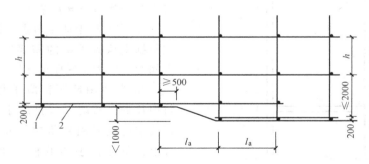

图 10-16　纵、横向扫地杆构造
1—横向扫地杆；2—纵向扫地杆

③ 脚手架底层步距不应大于 2m（图 10-16）。

④ 立杆必须用连墙件与建筑物可靠连接，连墙件布置间距宜按本规范表 10-5 采用。

⑤ 立杆接长除顶层顶步可采用搭接外，其余各层各步接头必须采用对接扣件连接。

⑥ 立杆顶端宜高出女儿墙上皮 1m，高出檐口上皮 1.5m。

⑦ 双管立杆中副立杆的高度不应低于 3 步，钢管长度不应小于 6m。

6）连墙件

① 连墙件数量的设置除应满足规范的计算要求外，尚应符合表 10-5 的规定。

② 连墙件的布置应符合下列规定：

A. 宜靠近主节点设置，偏离主节点的距离不应大于 300mm；

脚手架高度		竖向间距(h)	水平间距(l_a)	每根连墙件覆盖面积(m^2)
双排	≤50m	$3h$	$3l_a$	≤40
	>50m	$2h$	$3l_a$	≤27
单排	≤24m	$3h$	$3l_a$	≤40

注：h——步距；l_a——纵距。

　　B. 应从底层第一步纵向水平杆处开始设置，当该处设置有困难时，应采用其他可靠措施固定；

　　C. 宜优先采用菱形布置，也可采用方形、矩形布置；

　　D. 一字型、开口型脚手架的两端必须设置连墙件，连墙件的垂直间距不应大于建筑物的层高，并不应大于 4m（两步）。

　　③ 对高度在 24m 以下的单、双排脚手架，宜采用刚性连墙件与建筑物可靠连接，亦可采用拉筋和顶撑配合使用的附墙连接方式。严禁使用仅有拉筋的柔性连墙件。

　　④ 对高度 24m 以上的双排脚手架，必须采用刚性连墙件与建筑物可靠连接。

　　⑤ 连墙件的构造应符合下列规定：

　　A. 连墙件中的连墙杆或拉筋宜呈水平设置，当不能水平设置时，与脚手架连接的一端应下斜连接，不应采用上斜连接；

　　B. 连墙件必须采用可承受拉力和压力的构造。

　　⑥ 当脚手架下部暂不能设连墙件时可搭设抛撑。抛撑应采用通长杆件与脚手架可靠连接，与地面的倾角应在 45°～60°之间；连接点中心至主节点的距离不应大于 300mm。抛撑应在连墙件搭设后方可拆除。

　　⑦ 架高超过 40m 且有风涡流作用时，应采取抗上升翻流作用的连墙措施。

　　（4）扣件式钢管脚手架施工

　　1）施工准备

　　① 单位工程负责人应按施工组织设计中有关脚手架的要求，向架设和使用人员进行技术交底。

　　② 应按规范相应的规定和施工组织设计的要求对钢管、扣件、脚手板等进行检查验收，不合格产品不得使用。

　　③ 经检验合格的构配件应按品种、规格分类，堆放整齐、平稳，堆放场地不得有积水。

　　④ 应清除搭设场地杂物，平整搭设场地，并使排水畅通。

　　⑤ 当脚手架基础下有设备基础、管沟时，在脚手架使用过程中不应开挖，否则必须采取加固措施。

　　2）地基与基础

　　① 脚手架地基与基础的施工，必须根据脚手架搭设高度、搭设场地土质情况与现行国家标准《地基与基础工程施工及验收规范》（GBJ 202—83）的有关规定进行。

　　② 脚手架底座底面标高宜高于自然地坪 50mm。

　　③ 脚手架基础经验收合格后，应按施工组织设计的要求放线定位。

3）搭设

① 脚手架必须配合施工进度搭设，一次搭设高度不应超过相邻连墙件以上二步。

② 每搭完一步脚手架后，应按规范的规定校正步距、纵距、横距及立杆的垂直度。

③ 底座安放应符合下列规定：

A. 底座、垫板均应准确地放在定位线上；

B. 垫板宜采用长度不少于 2 跨、厚度不小于 50mm 的木垫板，也可采用槽钢。

④ 立杆搭设应符合下列规定：

A. 严禁将外径 48mm 与 51mm 的钢管混合使用；

B. 相邻立杆的对接扣件不得在同一高度内，错开距离应符合规范的规定；

C. 开始搭设立杆时应每隔 6 跨设置一根抛撑，直至连墙件安装稳定后，方可根据情况拆除；

D. 当搭至有连墙件的构造点时，在搭设完该处的立杆、纵向水平杆、横向水平杆后，应立即设置连墙件；

E. 顶层立杆搭接长度与立杆顶端伸出建筑物的高度应符合相应的规定。

⑤ 纵向水平杆搭设应符合下列规定：

A. 纵向水平杆的搭设应符合构造规定；

B. 在封闭型脚手架的同一步中，纵向水平杆应四周交圈，用直角扣件与内外角部立杆固定。

⑥ 横向水平杆搭设应符合下列规定：

A. 搭设横向水平杆应符合构造规定；

B. 双排脚手架横向水平杆的靠墙一端至墙装饰面的距离不宜大于 100mm；

C. 单排脚手架的横向水平杆不应设置在下列部位：

——设计上不允许留脚手眼的部位；

——过梁上与过梁两端成 60°角的三角形范围内及过梁净跨度 1/2 的高度范围内；

——宽度小于 1m 的窗间墙；

——梁或梁垫下及其两侧各 500mm 的范围内；

——砖砌体的门窗洞口两侧 200mm 和转角处 450mm 的范围内；其他砌体的门窗洞口两侧 300mm 和转角处 600mm 的范围内；

——独立或附墙砖柱。

⑦ 纵向、横向扫地杆搭设应符合构造规定。

⑧ 连墙件、剪刀撑、横向斜撑等的搭设应符合下列规定：

A. 连墙件搭设应符合构造规定。当脚手架施工操作层高出连墙件二步时，应采取临时稳定措施，直到上一层连墙件搭设完后方可根据情况拆除；

B. 剪刀撑、横向斜撑搭设应符合规定，并应随立杆、纵向和横向水平杆等同步搭设，各底层斜杆下端均必须支承在垫块或垫板上。

⑨ 门洞搭设应符合规范的构造规定。

⑩ 扣件安装应符合下列规定：

A. 扣件规格必须与钢管外径（ϕ48 或 ϕ51）相同；

B. 螺栓拧紧扭力矩不应小于 40N·m，且不应大于 65N·m；

C. 在主节点处固定横向水平杆、纵向水平杆、剪刀撑、横向斜撑等用的直角扣件、旋转扣件的中心点的相互距离不应大于 150mm；

D. 对接扣件开口应朝上或朝内；

E. 各杆件端头伸出扣件盖板边缘长度不应小于 100mm。

⑪ 作业层、斜道的栏杆和挡脚板的搭设应符合下列规定（图 10-17）：

A. 栏杆和挡脚板均应搭设在外立杆的内侧；

B. 上栏杆上皮高度应为 1.2m；

C. 挡脚板高度不应小于 180mm；

D. 中栏杆应居中设置。

⑫ 脚手板的铺设应符合下列规定：

A. 脚手架应铺满、铺稳，离开墙面 120～150mm；

B. 采用对接或搭接时均应符合规定；脚手板探头应用直径 3.2mm 镀锌钢丝固定在支承杆件上；

C. 在拐角、斜道平台口处的脚手板，应与横向水平杆可靠连接，防止滑支；

D. 自顶层作业层的脚手板下计，宜每隔 12m 满铺一层脚手板。

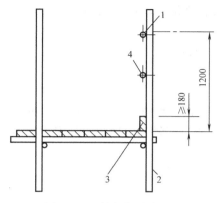

图 10-17 栏杆与挡脚板构造
1—上栏杆；2—外立杆；
3—挡脚板；4—中栏杆

⑬ 模板支架搭设除应符合构造规定外，尚应符合现行国家标准《混凝土结构工程施工及验收规范》（GB 50204—2002）的有关规定。

（5）拆除

1）拆除脚手架的准备工作应符合下列规定：

① 应全面检查脚手架的扣件连接、连墙件、支撑体系等是否符合构造要求；

② 应根据检查结果补充完善施工组织设计中的拆除顺序和措施，经主管部门批准后方可实施；

③ 应由单位工程负责人进行拆除安全技术交底；

④ 应清除脚手架上杂物及地面障碍物。

2）拆除脚手架时，应符合下列规定：

① 拆除作业必须由上而下逐层进行，严禁上下同时作业；

② 连墙件必须随脚手架逐层拆除，严禁先将连墙件整层或数层拆除后再拆脚手架；分段拆除高差不应大于两步，如高差大于两步，应增设连墙件加固；

③ 当脚手架拆至下部最后一根长立杆的高度（约 6.5m）时，应先在适当位置搭设临时抛撑加固后，再拆除连墙件；

④ 当脚手架采取分段、分立面拆除时，对不拆除的脚手架两端，应先按规定设置连墙件和横向斜撑加固。

3）卸料时应符合下列规定：

① 各构配件严禁抛掷至地面；

② 运至地面的构配件应按规定及时检查、整修与保养，并按品种、规格随时码堆存放。

（6）构配件检查与验收

1）新钢管的检查应符合下列规定：

① 应有产品质量合格证；

② 应有质量检验报告，钢管材质检验方法应符合现行国家标准《金属拉伸试验方法》（GB/T 228—1987）的有关规定，质量应符合本规范的规定；

③ 钢管表面应平直光滑，不应有裂缝、结疤、分层、错位、硬弯、毛刺、压痕和深的划道；

④ 钢管外径、壁厚、端面等的偏差，应分别符合规范的规定；

⑤ 钢管必须涂有防锈漆。

2）旧钢管的检查应符合下列规定：

① 表面锈蚀深度不应超过 0.5mm。锈蚀检查应每年一次。检查时，应在锈蚀严重的钢管中抽取三根，在每根锈蚀严重的部位横向截断取样检查，当锈蚀深度超过规定值时不得使用；

② 钢管弯曲变形应符合规定。

3）扣件的验收应符合下列规定：

① 新扣件应有生产许可证、法定检测单位的测试报告和产品质量合格证。当对扣件质量有怀疑时，应按现行国家标准《钢管脚手架扣件》（GB 15831）的规定抽样检测；

② 旧扣件使用前应进行质量检查，有裂缝、变形的严禁使用，出现滑丝的螺栓必须更换；

③ 新、旧扣件均应进行防锈处理。

4）脚手板的检查应符合下列规定：

① 冲压钢脚手板的检查应符合下列规定：

——新脚手板应有产品质量合格证；

——尺寸偏差应符合规定，且不得有裂纹、开焊与硬弯；

——新、旧脚手板均应涂防锈漆。

② 木脚手板的检查应符合下列规定：

——木脚手板的宽度不宜小于 200mm，厚度不应小于 50mm；其质量应符合规定；腐朽的脚手板不得使用；

——竹笆脚手板、竹串片脚手板的材料应符合规定。

5）构配件的偏差应符合规范的规定。

（7）脚手架检查与验收

1）脚手架及其地基基础应在下列阶段进行检查与验收：

① 基础完工后及脚手架搭设前；

② 作业层上施加荷载前；

③ 每搭设完 10～13m 高度后；

④ 达到设计高度后；

⑤ 遇有六级大风与大雨后；寒冷地区开冻后；

⑥ 停用超过一个月。

2）进行脚手架检查、验收时应根据下列技术文件：

①《建筑施工扣件式钢管脚手架安全技术规范》（JGJ 130—2001）表 8.2.3～8.2.5 条的规定；

② 施工组织设计及变更文件；

③ 技术交底文件。

3）脚手架使用中，应定期检查下列项目：

① 杆件的设置和连接，连墙件、支撑、门洞桁架等的构造是否符合要求；

② 地基是否积水，底座是否松动，立杆是否悬空；

③ 扣件螺栓是否松动；

④ 高度在 24m 以上的脚手架，其立杆的沉降与垂直度的偏差是否符合规定；

⑤ 安全防护措施是否符合要求；

⑥ 是否超载。

4）脚手架搭设的技术要求、允许偏差与检验方法，应符合《建筑施工扣件式钢管脚手架安全技术规范》（JGJ 130—2001）表 8.2.4 的规定。

5）安装后的扣件螺栓拧紧扭力矩应采用扭力扳手检查，抽样方法应按随机分布原则进行。抽样检查数目与质量判定标准，应按《建筑施工扣件式钢管脚手架安全技术规范》（JGJ 130—2001）表 8.2.5 的规定确定。不合格的必须重新拧紧，直至合格为止。

（8）安全管理

1）脚手架搭设人员必须是经过按现行国家标准《特种作业人员安全技术考核管理规则》（GB 5036—85）考核合格的专业架子工。上岗人员应定期体检，合格者方可持证上岗。

2）搭设脚手架人员必须戴安全帽、系安全带、穿防滑鞋。

3）脚手架的构配件质量与搭设质量，应按规范的规定进行检查验收，合格后方准使用。

4）作业层上的施工荷载应符合设计要求，不得超载。不得将模板支架、缆风绳、泵送混凝土和砂浆的输送管等固定在脚手架上；严禁悬挂起重设备。

5）当有六级及六级以上大风和雾、雨、雪天气时应停止脚手架搭设与拆除作业。雨、雪后上架作业应有防滑措施，并应扫除积雪。

6）脚手架的安全检查与维护，应按规定进行。安全网应按有关规定搭设或拆除。

7）在脚手架使用期间，严禁拆除下列杆件：

① 主节点处的纵、横向水平杆，纵、横向扫地杆；

② 连墙件。

8）不得在脚手架基础及其邻近处进行挖掘作业，否则应采取安全措施，并报主管部门批准。

9）临街搭设脚手架时，外侧应有防止坠物伤人的防护措施。

10）在脚手架上进行电、气焊作业时，必须有防火措施和专人看守。

11）工地临时用电线路的架设及脚手架接地、避雷措施等，应按现行行业标准《施工现场临时用电安全技术规范》（JGJ 46—2005）的有关规定执行。

12）搭拆脚手架时，地面应设围栏和警戒标志，并派专人看守，严禁非操作人员入内。

3. 门式钢管脚手架安全技术

（1）搭设高度

落地门式钢管脚手架的搭设高度不宜超过表10-6的规定。

落地门式钢管脚手架搭设高度 表 10-6

施工荷载标准值$\sum Q_k(kN/m^2)$	搭设高度（m）	施工荷载标准值$\sum Q_k(kN/m^2)$	搭设高度（m）
3.0～5.0	≤45	≤3.0	≤60

注：施工荷载系指一个跨距内各施工层均布施工荷载的总和。

（2）构配件材质性能要求

1）门架及其配件的规格、性能及质量应符合现行行业标准《门式钢管脚手架》（JG 13—1999）的规定，并应有出厂合格证明书及产品标志。

2）周转使用的门架及配件应按规定进行质量类别判定、维修及使用。

3）水平加固杆、封口杆、扫地杆、剪刀撑及脚手架转角处连接杆等宜采有 $\phi42 \times 2.5mm$ 焊接钢管，也可采用 $\phi48 \times 3.5mm$ 焊接钢管，其材质在保证可焊性的条件下应符合现行国家标准《碳素结构钢》（GB/T 700—88）中 Q235A 钢的规定，相应的扣件规格也应分别为 $\phi42mm$、$\phi48mm$ 或 $\phi42mm/\phi48mm$。

4）钢管应平直，平直度允许偏差为管长的 1/500；两端面应平整，不得有斜口、毛口；严禁使用有硬伤（硬弯、砸扁等）及严重锈蚀的钢管。

5）连接外径 48mm 钢管的扣件的性能、质量应符合现行国家标准《钢管脚手架扣件》（GB 15831）的规定，连接外径 42mm 与 48mm 钢管的扣件应有明显标记并按照现行国家标准《钢管脚手架扣件》（GB 15831）中的有关规定执行。

6）连墙件采用钢管、角钢等型钢时，其材质应符合现行国家标准《碳素结构》（GB/T 700—88）中 Q235A 钢的要求。

（3）构造要求

1）门架

①门架跨距应符合现行行业标准《门式钢管脚手架》（JGJ 76）的规定，并与交叉支撑规格配合。

②门架立杆离墙面净距不宜大于 150mm；大于 150mm 时应采取内挑架板或其他离口防护的安全措施。

2）配件

①门架的内外两侧均应设置交叉支撑并应与门架立杆上的锁销锁牢。

②上、下榀门架的组装必须设置连接棒及锁臂，连接棒直径应小于立杆内径的 1～2mm。

③有脚手架的操作层上应连续满铺与门架配套的挂扣式脚手板，并扣紧挡板，防止脚手板脱落和松动。

④水平架设置应符合下列规定：

A. 在脚手架的顶层门架上部、连墙件设置层、防护棚设置处必须设置；

B. 当脚手架搭设高度 H≤45m 时，沿脚手架高度，水平架应至少两步一设；当脚手架搭设高度 H＞45m 时，水平架应每步一设；不论脚手架多高，均应在脚手架的转角处、端部及间断处一个跨距范围内每一步一设；

C. 水平架在其设置层面内应连续设置；

D. 当因施工需要，临时局部拆除脚手架内侧交叉支撑时，应在拆除交叉支撑的门架上方及下方设置水平架；

E. 水平架可由挂扣式脚手板或门架两侧设置的水平加固杆代替。

⑤ 底步门架的立杆下端应设置固定底座或可调底座。

3）加固件

① 剪刀撑设置应符合下列规定：

A. 脚手架高度超过 20m 时，应在脚手架外侧连续设置；

B. 剪刀撑斜杆与地面的倾角宜为 45°～60°，剪刀撑宽度宜为 4～8m；

C. 剪刀撑应采用扣件与门架立杆扣紧；

D. 剪刀撑斜杆若采用搭接接长，搭接长度不宜小于 600mm，搭接处应采用两个扣件扣紧。

② 水平加固杆设置应符合以下规定：

A. 当脚手架高度超过 20m 时，应在脚手架外侧每隔 4 步设置一道，并宜在有连墙件的水平层设置；

B. 设置纵向水平加固杆连续，并形成水平闭合圈；

C. 在脚手架的底步门架下端应加封口杆，门架的内、外两侧应设通长扫地杆；

D. 水平加固杆应采用扣件与门架立杆扣牢。

4）转角处门架连接

① 在建筑物转角处的脚手架内、外两侧应按步设置水平连接杆，将转角处的两门架连成一体（图 10-18）。

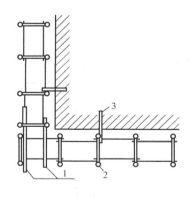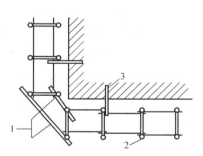

图 10-18　转角处脚手架连接
1—连接钢管；2—门架；3—连墙件

② 水平连接杆应采用钢管，其规格应与水平加固杆相同。

③ 水平连接杆应采用扣件与门架立杆及水平加固杆扣紧。

5）连墙件

① 脚手架必须采用连墙件与建筑物做到可靠连接。连墙件的设置除应满足规范的计算要求外，尚应满足表 10-7 的要求。

脚手架搭设高度(m)	基本风压 w_0(kN/m²)	连墙件的间距(m)	
		竖向	水平向
≤45	≤0.55	≤6.0	≤8.0
	<0.55	≤4.0	≤6.0
>45	—		

② 在脚手架的转角处、不闭合（一字型、槽型）脚手架的两端应增设连墙件，其竖向间距不应大于 4.0m。

③ 在脚手架外侧因设置防护棚或安全网而承受偏心荷载的部位，应增设连墙件，其水平间距不应大于 4.0m。

④ 连墙件应能承受拉力与压力，其承载力标准值不应小于 10kN；连墙件与门架、建筑物的连接也应具有相应的连接强度。

6）地基与基础

① 搭设脚手架的场地必须平整坚实，并做好排水，回填土地面必须分层回填，逐层夯实。

② 落地式脚手架的基础根据土质及搭设高度可按表 10-8 的要求处理。当土质与表不符合时，应按现行国家标准《建筑地基基础设计规范》的有关规定经计算确定。

地基基础要求 表 10-8

搭设高度 (m)	地基土质		
	中低压缩性且压缩性均匀	回填土	高压缩性或压缩性不均匀
≤25	夯实原土，干重力密度要求15.5 kN/m³。立杆底座置于面积不小于 0.075m² 的混凝土垫块或垫木上	土夹石或灰土回填夯实，立杆底座置于面积不小于0.10 m² 混凝土垫块或垫木上	夯实原土，铺设宽度不小于 200mm 的通长槽钢或垫木
26～35	混凝土垫块或垫木面积不小于 0.1m²，其余同上	砂夹石回填夯实，其余同上	夯实原土，铺厚不小于 200mm 砂垫层，其余同上
36～60	混凝土垫块或垫木面积不小于 0.15m² 或铺通长槽钢或垫木，其余同上	砂夹石回填夯实，混凝土垫块或垫木面积不小于 0.15 m²，或铺通长槽钢或木板	夯实原土，铺 150mm 厚道渣夯实，再铺通长槽钢或垫木，其余同上

注：表中混凝土垫块厚度不小于 200mm；垫木厚度不小于 50mm，宽度不小于 200mm。

③ 当脚手架搭设在结构的楼面、挑台上时，立杆底座下应铺设垫板或混凝土垫板，并应对楼面或挑台等结构进行承载力验算。

（4）搭设与拆除

1）施工准备

① 脚手架搭设前，工程技术负责人应按规程和施工组织设计要求向搭设的使用人员做技术和安全作业要求的交底。

② 对门架、配件、加固件应按要求进行检查、验收；严禁使用不合格的门架、配件。

③ 对脚手架的搭设场地应进行清理、平整，并做好排水。

2）基础

① 地基基础施工应按规定和施工组织设计要求进行。

② 基础上应先弹出门架立杆位置线，垫板、底座安放位置应准确。

3）搭设

① 搭设门架及配件应符合下列规定：

A. 交叉支撑、水平架、脚手板、连接棒和锁臂的设置应符合规范要求；

B. 不配套的门架与配件不得混合使用于同一脚手架；

C. 门架安装应自一端向另一端延伸，并逐层改变搭设方向，不得相对进行。搭完一步架后，应按规范要求检查并调整其水平度与垂直度；

D. 交叉支撑、水平架或脚手板应紧随门架的安装及时设置；

E. 连接门架与配件的锁臂、搭钩必须处于锁住状态；

F. 水平架或脚手板应在同一步内连续设置，脚手板应满铺；

G. 底层钢梯的底部应加设钢管并用扣件扣紧在门架的立杆上，钢梯的两侧均应设置扶手，每段梯可跨越两步或三步门架再行转折；

H. 栏板（杆）、挡脚板应设置在脚手架操作层外侧、门架立杆的内侧。

② 加固杆、剪刀撑等加固件的搭设除应符合规范的要求外，尚应符合下列规定：

A. 加固杆、剪刀撑必须与脚手架同步搭设；

B. 水平加固杆应设于门架立杆内侧，剪刀撑应设于门架立杆外侧并连牢。

③ 连墙件的搭设应符合下列规定：

A. 连墙件的搭设必须随脚手架搭设同步进行，严禁滞后设置或搭设完毕后补做；

B. 当脚手架操作层高出相邻连墙件以上两步时，应采用确保脚手架稳定的临时拉结措施，直到连墙件搭设完毕后方可拆除；

C. 连墙件宜垂直于墙面，不得向上倾斜，连墙件埋入墙身的部分必须锚固可靠；

D. 连墙件应连于上、下两榀门架的接头附近。

④ 加固件、连墙件等与门架采用扣件连接时应符合下列规定：

A. 扣件规格应与所连钢管外径相匹配；

B. 扣件螺栓拧紧扭力矩宜为 50～60N·m，并不得小于 40N·m；

C. 各杆件端头伸出扣件盖板边缘长度不应小于 100mm。

⑤ 脚手架应沿建筑物周围连续、同步搭设升高，在建筑物周围形成封闭结构；如不能封闭时，在脚手架两端应增设连墙件。

（5）验收

1）脚手架搭设完毕或分段搭设完毕，应按规范规定对脚手架工程的质量进行检查，经检查合格后方可交付使用。

2）高度在 20m 及 20m 以下的脚手架，应由单位工程负责人组织技术安全人员进行检查验收。高度大于 20m 的脚手架，应由上一级技术负责人随工程进行分段组织工程负责人及有关的技术人员进行检查验收。

3）验收时应具备下列文件：

① 脚手架工程施工组织设计文件；

② 脚手架构配件的出厂合格证或质量分类合格标志；

③ 脚手架工程的施工记录及质量检查记录；

④ 脚手架搭设过程中出现的重要问题及处理记录；

⑤ 脚手架工程的施工验收报告。

4）脚手架工程验收，除查验有关文件外，还应进行现场检查，检查应着重以下各项，并记入施工验收报告。

　　① 构配件和加固件是否齐全，质量是否合格，连接和挂扣是否紧固可靠；

　　② 安全网的张挂及扶手的设置是否齐全；

　　③ 基础是否平整坚实、支垫是否符合规定；

　　④ 连墙件的数量、位置和设置是否符合要求；

　　⑤ 垂直度及水平度是否合格。

　　5）脚手架搭设的垂直度与水平度允许偏差应符合表 10-9 的要求。

脚手架搭设垂直度与水平度允许偏差　　　　　　表 10-9

项　　目		允许偏差（mm）	项　　目		允许偏差（mm）
垂直度	每步架	$h/1000$ 及 ±2.0	水平度	一跨距内水平架两端高差	$\pm\dfrac{l}{600}$ 及 ±3.0
	脚手架整体	$\dfrac{H}{600}$ 及 ±50		脚手架整体	$\pm\dfrac{L}{600}$ 及 ±50

　　注：h——步距；H——脚手架高度；l——跨距；L——脚手架长度。

　　（6）拆除

　　1）脚手架经单位工程负责人检查验证并确认不再需要时，方可拆除。

　　2）拆除脚手架前，应清除脚手架上的材料、工具和杂物。

　　3）拆除脚手架时，应设置警戒区和警戒标志，并由专职人员负责警戒。

　　4）脚手架的拆除应在统一指挥下，按后装先拆、先装后拆的顺序及下列安全作业的要求进行：

　　① 脚手架的拆除应从一端走向另一端、自上而下逐层地进行；

　　② 同一层的构配件和加固件应按先上后下，先外后里的顺序进行，最后拆除连墙件；

　　③ 在拆除过程中，脚手架的自由悬臂高度不得超过两步，当必须超过两步时，应加设临时拉结；

　　④ 连墙杆、通长水平杆和剪刀撑等，必须在脚手架拆卸到相关的门架时方可拆除；

　　⑤ 工人必须站在临时设置的脚手板上进行拆卸作业，并按规定使用安全防护用品；

　　⑥ 拆除工作中，严禁使用榔头等硬物击打、撬挖，拆下的连接棒应放入袋内，锁臂应先传递至地面并放室内堆存；

　　⑦ 拆卸连接部件时，应先将锁座上的锁板与卡钩上的锁片旋转至开启位置，然后开始拆除，不得硬拉，严禁敲击；

　　⑧ 拆下的门架、钢管与配件，应成捆用机械吊运或由井架传送至地面，防止碰撞，严禁抛掷。

　　（7）安全管理与维护

　　1）搭拆脚手架必须由专业架子工担任，并按现行国家标准《特种作业人员安全技术考核管理规则》（GB 5036）考核合格，持证上岗。上岗人员应定期进行体检，凡不适于高处作业者，不得上脚手架操作。

　　2）搭拆脚手架时工人必须戴安全帽，系安全带，穿防滑鞋。

　　3）操作层上施工荷载应符合设计要求，不得超载；不得在脚手架上集中堆放模板、钢筋等物件。严禁在脚手架上拉缆风绳或固定、架设混凝土泵、泵管及起重设备等。

　　4）六级及六级以上大风和雨、雪、雾天应停止脚手架的搭设、拆除及施工作业。

5）施工期间不得拆除下列杆件：

① 交叉支撑，水平架；

② 连墙件；

③ 加固杆件：如剪刀撑、水平加固杆、扫地杆、封口杆等；

④ 栏杆。

6）作业需要时，临时拆除交叉支撑或连墙件应经主管部门批准，并应符合下列规定：

① 交叉支撑只能在门架一侧局部拆除，临时拆除后，在拆除交叉支撑的门架上、下层面应满铺水平架或脚手板。作业完成后，应立即恢复拆除的交叉支撑；拆除时间较长时，还应加设扶手或安全网。

② 只能拆除个别连墙件，在拆除前、后应采取安全措施，并应在作业完成后立即恢复；不得在竖向或水平向同时拆除两个及两个以上连墙件。

7）在脚手架基础或邻近严禁进行挖掘作业。

8）临街搭设的脚手架外侧应有防护措施，以防坠物伤人。

9）脚手架与架空输电线路的安全距离、工地临时用电线路架设及脚手架接地避雷措施等应按现行行业标准《施工现场临时用电安全技术规范》（JGJ 46）的有关规定执行。

10）沿脚手架外侧严禁任意攀登。

11）对脚手架应设专人负责进行经常检查和保修工作。对高层脚手架应定期作门架立杆基础沉降检查，发现问题应立即采取措施。

12）拆下的门架及配件应清除杆件及螺纹上的沾污物，并按规范的规定分类检验和维修，按品种、规格分类整理存放，妥善保管。

4. 脚手架的防电、避雷措施

《施工现场临时用电安全技术规范》（JGJ 46—2005）对脚手架的防电、避雷措施作了明确规定。

（1）脚手架的防电措施

脚手架的周边与外电架空线路的边线之间的最小安全操作距离应符合表 10-10 的规定。

（2）脚手架的避雷措施

1）施工现场内的钢脚手架，当在相邻建筑物、构筑物等设施的防雷装置接闪器的保护范围以外时，应按表 10-15 的规定安装防雷装置。

2）当最高机械设备上避雷针（接闪器）的保护范围能覆盖其他设备，且又最后退出现场，则其他设备可不设防雷装置。

3）机械设备或设施的防雷引下线可利用该设备或设施的金属结构体，但应保证电气连接。

4）机械设备上的避雷针（接闪器）长度应为 1～2m。

5）施工现场内所有防雷装置的冲击接地电阻值不得大于 30Ω。

（三）施工用电安全技术

1. 施工临时用电施工组织设计

（1）施工临时用电供电方式及相关规定

1)《供电营业规则》规定

① 单相用电设备总容量不足 10kW 的可采用低压 220V 供电。有单台设备容量超过 1kW 的单相电焊机，为消除对电能质量的影响，可采用三相供电。

② 用电设备容量在 100kW 及以下或需用变压器容量在 50kVA 及以下者，可采用低压三相供电，特殊情况也可采用高压供电。

③ 临时用电期限除经供电企业准许外，一般不得超过六个月。

④ 临时用电不得向外转供电，也不得转让给其他用户。

⑤ 临时用电应安装电计量装置。

2)《施工现场临时用电安全技术规范》(JGJ 46—2005)(以下简称《规范》) 要求

建筑施工现场临时用电工程专用的电源中性点直接接地的 220/380V 三相四线制低压电力系统，必须符合下列规定：

1) 采用三级配电系统；

2) 采用 TN-S 接零保护系统；

3) 采用二级漏电保护系统。

(2) 施工临时用电施工组织设计内容及步骤

临时用电设备在 5 台及 5 台以上或用电设备总容量在 50kW 及以上者，必须编制临时用电施工组织设计。

1) 临时用电施工组织设计的主要内容

① 现场勘探。

② 确定电源进线，变电所或配电室、配电装置、用电设备位置及线路走向。

③ 进行负荷计算。

④ 选择变压器。

⑤ 设计配电系统：

A. 设计配电线路，选择导线或电缆；

B. 设计配电装置，选择电器；

C. 设计接地装置；

D. 绘制临时用电工程图纸，主要包括用电工程总平面图、配电装置布置图、配电系统接线图、接地装置设计图。

⑥ 设计防雷装置。

⑦ 确定防护措施。

⑧ 制定安全用电措施和电气防火措施。

2) 临时用电施工组织设计的审批

临时用电工程图纸应单独绘制，临时用电工程应按图施工。

临时用电组织设计及变更时，必须履行"编制、审核、批准"程序，由电气工程技术人员组织编制，经相关部门审核及具有法人资格企业的技术负责人批准后实施。变更用电组织设计时应补充有关图纸资料。

3) 临时用电工程的验收

临时用电工程必须经编制、审核、批准部门和使用单位共同验收，合格后方可投入使用。

（3）电工及用电人员

1）电工必须经过按国家现行标准考核合格后，持证上岗工作；其他用电人员必须通过国家相关安全教育培训和技术交底，考核合格后方可上岗工作。

2）安装、巡检、维修或拆除临时用电设备和线路，必须由电工完成，并应有人监护。电工等级应同工程的难易程度和技术复杂性相适应。

3）各类用电人员应掌握安全用电基本知识和所用设备的性能，并应符合下列规定：

① 使用设备前必须按规定穿戴和配备好相应的劳动防护用品；并应检查电气装置和保护设施。严禁设备带"缺陷"运转；

② 保管和维修所用设备，发现问题及时报告解决；

③ 暂时停用设备的开关箱必须分断电源、隔离开关，并应关门上锁；

④ 移动电气设备时，必须经电工切断电源并做妥善处理后进行。

（4）施工临时用电档案管理

1）施工现场临时用电必须建立安全技术档案，并应包括下列内容：

① 用电组织设计的全部资料；

② 修改用电组织设计的资料；

③ 用电技术交底资料；

④ 用电工程检查验收表；

⑤ 电气设备的试、检验凭单和调试记录；

⑥ 接地电阻、绝缘电阻和漏电保护器漏电动作参数测定记录表；

⑦ 定期检（复）查表；

⑧ 电工安装、巡检、维修、拆除工作记录。

2）安全技术档案应由主管该现场的电气技术人员负责建立与管理。其中"电工安装、巡检、维修、拆除工作记录"可指定电工代管，每周由项目经理审核认可，并应在临时用电工程拆除后统一归档。

（5）临时用电工程的检查

1）临时用电工程应定期检查。定期检查时，应复查接地电阻值和绝缘电阻值。

2）临时用电工程定期检查应按分部、分期工程进行，对安全隐患必须及时处理，并应履行复查验收手续。

2. 外电线路防护安全技术

（1）外电线路安全距离

安全距离主要是根据空气间隙的放电特性确定的。在施工现场中，安全距离主要是指在建工程（含脚手架）的外侧边缘与外电架空线路的边线之间的最小安全操作距离和施工现场机动车道与外电架空线路交叉时的最小垂直距离。对此，《规范》做出了具体的规定。见表 10-10、表 10-11。

在建工程（含脚手架）与外电架空线路的最小安全距离　　表 10-10

外电线路电压(kV)	<1	1~10	35~110	154~220	330~500
最小安全距离(m)	4.0	6.0	8.0	10	15

施工现场的机动车道与外电架空线路交叉时的最小垂直距离　表 10-11

外电线路电压(kV)	<1	1~10	35
最小垂直距离(m)	6.0	7.0	7.0

在建工程不得在外电架空线路正下方施工、搭设作业棚、建造生活设施或堆放构件、架具、材料及其他杂物等。

（2）外电防护

起重机严禁越过无防护设施的外电架空线路作业。在外电架空线路附近吊装时，起重机的任何部位或被吊物边缘在最大偏斜时与架空线路边线的最小安全距离应符合表 10-12 规定。

起重机与架空线路边线的最小安全距离　表 10-12

电压(kV) 安全距离(m)	<1	10	35	110	220	330	500
沿垂直方向	1.5	3.0	4.0	5.0	6.0	7.0	8.5
沿水平方向	1.5	2.0	3.5	4.0	6.0	7.0	8.5

施工现场开挖沟槽的边缘与埋地外电缆沟槽边缘之间距离不得小于 0.5m。在建工程与外电线路无法保证规定的最小安全距离时，为了确保施工安全，则必须采取绝缘隔离防护措施，并应悬挂醒目的警告标志牌。

架设防护设施时，必须经有关部门批准，采用线路暂时停电或其他可靠的安全技术措施，并应有电气工程技术人员和专职安全人员监护。

防护设施与外电线路之间的安全距离不得小于表 10-13 所列数值。

防护设施与外电线路之间的最小安全距离　表 10-13

外电线路电压等级(kV)	≤10	35	110	220	330	500
最小安全距离(m)	1.7	2.0	2.5	4.0	5.0	6.0

防护设施应坚固、稳定，且对外电线路的隔离防护应达到 IP30 级。

设置网状遮栏、栅栏时，如果无法保证安全距离，则应与有关部门协商，采取停电、迁移外电线路或改变工程位置等措施，不得强行施工。

（3）电气设备防护

电气设备现场周围不得存放易燃易爆物、污源和腐蚀介质，否则应予清除或做防护处置，其防护等级必须与环境条件相适应。

电气设备设置场所应能避免物体打击和机械损伤，否则应做防护处置。

3. 接地接零安全技术

（1）基本概念

1）电压常识

①接触电压：人体的两个部位同时接触具有不同电位的两处，则人体内就会有电流通过。接触电压是在人体两个部位之间出现的电位差。

②跨步电压：系指人的两脚分别站在地面上具有不同对地电位两点时，在人的两脚

之间的电位差。跨步电压主要与人体和接地体之间距离，跨步的大小和方向及接地电流大小等因素有关，一般离接地体越近，跨步电压越大，反之越小，离开接地体 20m 以外，可以不考虑跨步电压的作用。

③ 高压与低压：正弦交流电 1000V 以上（含 1000V）为高压，1000V 以下为低压。

④ 安全电压：目前国际上公认，流经人体电流与电流在人体持续时间的乘积等于 30mA·s 为安全界限值。国家标准《安全电压》（GB 3805—83）中规定，安全电压额定值的等级为 50V、42V、36V、24V、12V、6V。

2）接地——将电气设备的某一可导电部分与大地通过接地装置用导体作电气联接。

① 工作接地：在正常或故障情况下，为了保证电气设备能安全工作，必须把电力系统（电网上）某一点，通常为变压器的中性点接地，称为工作接地。接地方式可以直接接地，或经电阻接地、经电抗接地、经消弧线圈接地。

② 保护接地：在正常情况下把不带电，而在故障情况下可能呈现危险的对地电压的金属外壳和机械设备的金属构件，用导线和接地体连接起来，称为保护接地。保护接地的接地电阻一般不大于 4Ω。

③ 重复接地：在中性点直接接地的系统中，除在中性点直接接地以外，为了保证接地的作用和效果，还须在中性线上的一处或多处再作接地，称为重复接地。重复接地电阻应小于 10Ω。

④ 防雷接地：防雷装置（避雷针、避雷器、避雷线等）的接地，称为防雷接地。

3）接零——电气设备与零线连接，就称为接零，是把电气设备在正常情况下不带电的金属部分与电网的零线紧密连接，有效地起到保护人身和设备安全的作用。

① 工作接零：电气设备因运行需要而与工作零线连接，称为工作接零。

② 保护接零：电气设备正常情况不带电的金属外壳和机械设备的金属构架与保护零线连接，称为保护接零。城防、人防、隧道等潮湿或条件特别恶劣的施工现场电气设备须采用保护接零。

③ 要注意的是，当施工现场与外电线路共用同一供电系统时，不得一部分设备作保护接零，另一部分作保护接地。

（2）接地、接零保护系统简介

中性点直接接地的低压供电系统中，其电气设备的保护方式，分为两种：接地保护系统与接零保护系统。

1）接地保护（TT 系统）

TT 系统是指将电气设备的金属外壳直接接地的保护系统，称为接地保护系统。第一个符号 T 表示电力系统的中性点直接接地；第二个符号 T 表示负载设备外露不与带电体相接的金属导电部分与大地直接连接，而与系统如何接地无关。在 TT 系统中负载的所有接地均称为保护接地，如图 10-19 所示。这种供电系统的特点：

① 当电气设备的金属外壳带电（相线碰壳或设备绝缘损坏而漏电）时，由于有接地保护，可以大大减少触电的危险性。但是，低压断路器（自动开关）不一定能跳闸，造成漏电设备的外壳对地电压高于安全电压，属于危险电压。

② 当漏电电流比较小时，即使有熔断器也不一定能熔断，还需要漏电保护器作保护。

③ TT 系统接地装置耗用钢材多，而且难以回收、费工、费料，因此 TT 系统难以

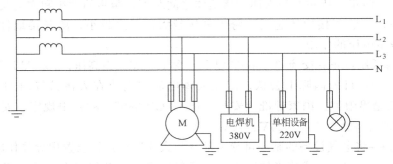

图 10-19　接地保护系统（TT 系统）

推广。

当建设单位的供电是采用电力系统中性点直接接地的 TT 系统，施工单位需借用其电源作临时用电时，可采用一条专用保护线，以减少接地装置所需的钢材用量，如图 10-20 所示。

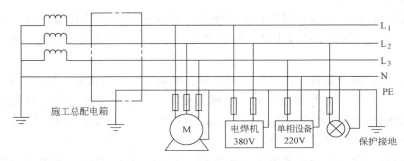

图 10-20　TT 系统供电设备专线接地保护

图中点画线框内是施工用电总配电箱，把新增加的专用保护线 PE 线和工作零线 N 分开，其特点是：

① 共用接地线与工作零线没有电的联系；

② 正常运行时，工作零线可以有电流，而专用保护线没有电流；

③ 适用于接地保护很分散的工地。

2）接零保护（TN）系统

接零保护系统是将电气设备的金属外壳与工作零线相接的保护系统，用 TN 表示。第一个字母 T 表示电力系统中性点直接接地；第二个字母 N 表示用电装置外露的可导电部分采用接零保护。

在接零保护系统中，一旦出现设备外壳带电，接零保护系统能将漏电电流上升为短路电流，这个电流很大，是 TT 系统的 5.3 倍，实际上就是单相对地短路故障，熔断器的熔丝会熔断，低压断路器的脱扣器会立即动作而跳闸，使故障设备断电，比较安全。

TN 系统节省材料、工时，在我国和其他许多国家得到广泛应用，比 TT 系统优点多。TN 方式供电系统中，根据其保护零线是否与工作零线分开而划分为 TN-C 和 TN-S 两种系统。这第三个字母表示工作零线与保护零线的组合关系。C 表示工作零线与保护零线是合一的，即 TN-C；S 表示工作零线与保护零线是严格分开的，即 TN-S。专用保护零线又称为 PE 线。

① TN-C 系统（三相四线接零保护）　TN-C 供电系统是用工作零线兼作保护零线，可以称作保护中性线，用 NPE 表示，如图 10-21 所示。TN-C 方式供电系统只适用于三相负载基本平衡情况。这种供电系统的特点如下：

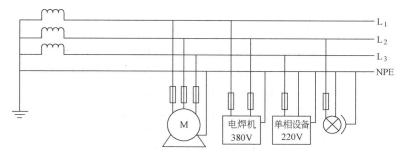

图 10-21　三相四线接零保护（TN-C 系统）

A. 由于三相负载不平衡，工作零线上有不平衡电流，对地有电压，所以与保护线所联接的电气设备金属外壳有一定的电压。

B. 如果工作零线断线，则保护接零的漏电设备外壳带电。

C. 如果电源的相线碰地，则设备的外壳电位升高，使中性线上的危险电位蔓延。

D. TN-C 系统干线上使用漏电保护器时，工作零线后面的所有重复接地必须拆除，否则漏电开关合不上；而且，工作零线在任何情况下都不得断线。所以，实用中工作零线只能在漏电保护器的上侧有重复接地。

② TN-S 系统（三相五线接零保护）　为避免 TN-C 系统的缺陷，TN-S 供电系统把工作零线 N 和专用保护线 PE 严格分开设置。其特点是：系统正常工作时，专用保护线上没有电流，只是工作零线上有不平衡电流。PE 线对地没有电压，而电气设备金属外壳接零保护是接在专用保护线 PE 上的，所以安全可靠。当在干线上使用漏电保护器时，工作零线不得有重复接地，而 PE 线可以重复接地，但是不经过漏电保护器，所以 TN-S 系统供电干线上也可以安装漏电保护器。TN-S 系统如图 10-22 所示。

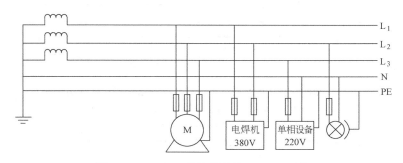

图 10-22　三相五线接零保护（TN-S 系统）

4. 施工临时用电系统的接零保护

因为 TN-S 方式接零保护系统安全可靠，因此，建筑施工现场临时用电工程中，必须采用 TN-S 接零保护系统。

（1）施工供电的接零保护系统

1）施工用电采用专用变压器供电时的接零保护系统

在施工现场专用变压器的供电的 TN-S 接零保护系统中，电气设备的金属外壳必须与保护零线连接。保护零线应由工作接地线、配电室（总配电箱）电源侧零线或总漏电保护器电源侧零线处引出（图 10-23）。

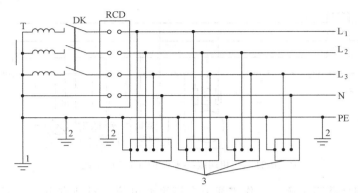

图 10-23　专用变压器供电时 TN-S 接零保护系统示意

1—工作接地；2—PE 线重复接地；3—电气设备金属外壳（正常不带电的外露可导电部分）；

L₁、L₂、L₃—相线；N—工作零线；PE—保护零线；DK—总电源隔离开关；

RCD—总漏电保护器（兼有短路、过载、漏电保护功能的漏电断路器）；T—变压器

2）施工用电不是采用专用变压器供电时的接零保护系统

当施工现场与外电线路共用同一供电系统时，电气设备的接地、接零保护应与原系统保持一致。不得一部分设备做保护接零，另一部分设备做保护接地。

采用 TN 系统做保护接零时，工作零线（N 线）必须通过总漏电保护器，保护零线（PE 线）必须由电源进线零线重复接地处或总漏电保护器电源侧零线处，引出形成局部 TN-S 接零保护系统（图 10-24）。

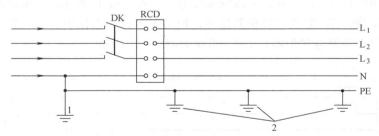

图 10-24　三相四线供电时局部 TN-S 接零保护系统保护零线引出示意

1—NPE 线重复接地；2—PE 线重复接地；L₁、L₂、L₃—相线；

N—工作零线；PE—保护零线；DK—总电源隔离开关；

RCD—总漏电保护器（兼有短路、过载、漏电保护功能的漏电断路器）

3）在 TN 接零保护系统中，通过总漏电保护器的工作零线与保护零线之间不得再做电气连接。

4）在 TN 接零保护系统中，PE 零线应单独敷设。重复接地线必须与 PE 线相连接，严禁与 N 线相连接。

5）施工现场的临时用电电力系统严禁利用大地做相线或零线。

6）PE 线所用材质与相线、工作零线（N 线）相同时，其最小截面应符合表 10-14 的规定。

PE 线截面与相线截面的关系   表 10-14

相线芯线截面 $S(mm^2)$	PE 线最小截面(mm^2)	相线芯线截面 $S(mm^2)$	PE 线最小截面(mm^2)
$S\leqslant16$	5	$S>35$	$S/2$
$16<S\leqslant35$	16		

7）保护零线必须采用绝缘导线。配电装置和电动机械相连接的 PE 线应为截面不小于 2.5mm² 的绝缘多股铜线。手持式电动工具的 PE 线应为截面不小于 1.5mm² 的绝缘多股铜线。

8）PE 线上严禁装设开关或熔断器，严禁通过工作电流，且严禁断线。

9）相线、N 线、PE 线的颜色标记必须符合以下规定：相线 L1(A)、L2（B）、L3（C）相序的绝缘颜色依次为黄、绿、红色；N 线的绝缘颜色为淡蓝色；PE 线的绝缘颜色为绿/黄双色。任何情况下上述颜色标记严禁混用和互相代用。

（2）电气设备的接零保护

1）在 TN 系统中，下列电气设备不带电的外露可导电部分应做保护接零：

① 电机、变压器、电器、照明器具、手持式电动工具的金属外壳；

② 电气设备传动装置的金属部件；

③ 配电柜与控制柜的金属框架；

④ 配电装置的金属箱体、框架及靠近带电部分的金属围栏和金属门；

⑤ 电力线路的金属保护管、敷线的钢索、起重机的底座和轨道、滑升模板金属操作平台等；

⑥ 安装在电力线路杆（塔）上的开关、电容器等电气装置的金属外壳及支架。

2）城防、人防、隧道等潮湿或条件特别恶劣施工现场的电气设备必须采用保护接零。

3）在 TN 系统中，下列电气设备不带电的外露可导电部分，可不做保护接零：

① 在木质、沥青等不良导电地坪的干燥房间内，交流电压 380V 及以下的电气装置金属外壳（当维修人员可能同时触及电气设备金属外壳和接地金属件的除外）；

② 安装在配电柜、控制柜金属框架和配电箱的金属箱体上，且与其可靠电气连接的电气测量仪表、电流互感器、电器的金属外壳。

（3）接地与接地电阻

1）TN 系统中的保护零线除必须在配电室或总配电箱处做重复接地外，还必须在配电系统的中间处和末端处做重复接地。在 TN 系统中，保护零线每一处重复接地装置的接地电阻值不应大于 10Ω。在工作接地电阻值允许达到 10Ω 的电力系统中，所有重复接地的等效电阻值不应大于 10Ω。

2）在 TN 系统中，严禁将单独敷设的工作零线再做重复接地。

3）每一接地装置的接地线应采用 2 根及以上导体，在不同点与接地体做电气连接。不得采用铝导体做接地体或地下接地线。垂直接地体宜采用角钢、钢管或光面圆钢，不得采用螺纹钢。接地可利用自然接地体，但应保证其电气连接和热稳定。

5. 防雷安全技术

1）施工现场具有临时性、露天性和移动性的特点，它的防雷要求应根据实际情况而决定。在土壤电阻率低于 $200\Omega \cdot m$ 区域的电杆可不另设防雷接地装置。但在配电室的架空进线或出线处应将绝缘子铁脚与配电室的接地装置相连接。

2）施工现场内的起重机、井字架、龙门架等机械设备，以及钢脚手架和正在施工的在建工程等的金属结构，当在相邻建筑物、构筑物等设施的防雷装置接闪器的保护范围以外，在表 10-15 规定范围内，则应参考地区年平均雷暴日（d）多少来决定安装防雷装置。

3）当最高机械设备上的避雷针（接闪器）的保护范围能覆盖其他设备，且又最后退出现场，则其他设备可不设防雷装置。

施工现场内机械设备及高架设施需安装防雷装置的规定　　　　　表 10-15

地区年平均雷暴日（d）	机械设备高度（m）	地区年平均雷暴日（d）	机械设备高度（m）
≤15	≥50	≥40，<90	≥20
>15，<40	≥32	≥90 及雷害特别严重地区	≥12

雷暴日：表示雷电活动频繁程度的标准，即在一年内发生雷暴的天数。

4）防雷装置的设置应符合下述规定：

① 机械设备或设施的防雷引下线可利用该设备或设施的金属结构体，但应保证电气连接。

② 机械设备上的避雷针（接闪器）长度应为 1～2m。塔式起重机可不另设避雷针（接闪器）。

③ 安装避雷针（接闪器）的机械设备，所用固定的动力、控制、照明、信号及通信路线，宜采用钢管敷设。钢管与该机械设备的金属结构体做电气连接。

④ 施工现场内所有防雷装置的冲击接地电阻不得大于 30Ω。

⑤ 做防雷接地机械上的电气设备，所连接的 PE 线必须同时做重复接地，同一台机械电气设备的重复接地和机械的防雷接地可共用同一接地体，但接地电阻应符合重复接地电阻值的要求。

6. 配电室及临时用电线路架设安全技术

施工现场临时用电，无论系统容量大小，均应设置现场配电室或室外总配电箱。其位置应方便电源进线和负荷出线，不影响在建工程正常施工。

（1）配电室位置选择

1）应尽量靠近负荷中心，以减少配电线路的长度和导线截面。同时还能使配电线路清晰，便于维护。

2）进、出线方便，便于电气设备搬运。

3）尽量设在污染源的上风口，防止因空气污秽引起电气设备绝缘，导电水平降低。

4）尽量避开多尘、震动、高温、潮湿等场所，以防止尘埃、潮气、高温对配电装置导电部分和绝缘部分的浸蚀，及震动对配电装置运行的影响。

5）不应设在容易积水场所的正下方。

配电室应靠近电源，并应设在无灰尘、潮气少、振动小、无腐蚀介质、无易燃易爆物及道路畅通的地方。

（2）配电室建筑要求

基本要求是室内设备搬运、装设、操作方便，运行安全可靠。其长度和宽度应按配电屏的数量和排列方式确定，其高度视其进、出线的方式确定。

1）配电室的建筑物和构筑物的耐火等级不低于 3 级。

2）室内配置砂箱和可用于扑灭电气火灾的灭火器。

3）配电室的顶棚与地面的距离不低于 3m。

4）室内不得存放易燃易爆物品。

5）屋面应有隔热及防水、排水措施。

6）应有自然通风和采光，配电室的照明分别设置正常照明和事故照明。

7）应采取防止雨雪和动物进入的措施。

8）配电室门应向外开，并配锁等。

（3）配电室的布置及其安全措施

1）配电柜正面的操作通道宽度，单列布置或双列背对背布置不小于 1.5m；双列面对面布置不小于 2m。

2）配电柜后面的维护通道宽度，单列布置或双列面对面布置不小于 0.8m；双列背对背布置不小于 1.5m，个别地点有建筑物结构凸出的地方，则此点通道宽度可减少 0.2m。

3）配电柜侧面的维护通道宽度不小于 1m。

4）成列的配电柜和控制柜两端应与重复接地线及保护零线做电气连接。

5）配电装置的上端距顶棚不小于 0.5m。

6）配电柜应装设电度表，并应装设电流、电压表。电流表与计费电度表不得共用一组电流互感器。

7）配电柜装设电源隔离开关及短路、过载、漏电保护器。电源隔离开关分断时应有明显分断点。

8）配电柜应编号，并应有用途标记。

9）配电柜或配电线路停电维修时，应挂接地线，并应悬挂"禁止合闸、有人工作"停电标志牌。停、送电必须由专人负责。

10）配电室应保持整洁，不得堆放任何妨碍操作、维修的杂物。

11）配电室内的母线均涂刷有色油漆，以标志相序；以柜正面方向为基准，其涂色符合表 10-16 规定。

母线涂色　　　　　　　　　　　　　　　　表 10-16

相　别	颜　色	垂直排列	水平排列	引下排列
L1（A）	黄	上	后	左
L2（B）	绿	中	中	中
L3（C）	红	下	前	右
N	淡蓝	—	—	—

（4）架空线路安全要求

1）架空线必须采用绝缘导线。

2）架空线必须设在专用电杆上，严禁架设在树木、脚手架上。其档距不得大于 35m，线间距不小于 30cm，靠近电杆的两导线的间距不得小于 0.5m。

3）架空线的最大弧垂处与地面的最小垂直距离：施工现场 4m，机动车道 6m，铁路轨道 7.5m。

4）架空线的最小截面，应通过负荷计算确定。但铝线不得小于 16mm²，铜线不得小于 10mm²。

5）架空线在一个档距内，每层导线的接头数不得超过该层导线条数的 50%，且一条导线应只有一个接头。在跨越铁路、公路、河流、电力线路档距内，架空线不得有接头。

6）架空线电杆宜采用混凝土杆或木杆，但木杆梢径应不小于 14cm，其埋设深度为杆长的 1/10 加 0.6m，但在松软土质处应适当加大埋设深度，或采用卡盘加固。

7）考虑施工情况，防止先架设的架空线与后施工的外脚手、结构挑檐、外墙装饰等距离太近而达不到要求。

8）架空线路必须设置短路保护和过载保护。

9）架空导线的相序排列：

① 在一根横担架设时：面向负荷从左侧起依次为 L1、N、L2、L3、PE。

② 在两根横担上动力线、照明线分别架设时：上层横担面向负荷从左侧起为 L1、L2、L3；下层横担面向负荷从左侧起为 L1（L2、L3）、N、PE。

③ 横担长度：架设两线为 0.7m，架设三线、四线为 1.5m，架设五线为 1.8m。

（5）电缆线路的安全要求

1）一般规定

① 电缆中必须包含全部工作芯线和用作保护零线或保护线的芯线。需要三相四线制配电的电缆线路必须采用五芯电缆。五芯电缆必须包含淡蓝、绿/黄两种颜色绝缘芯线。淡蓝色芯线必须用作 N 线；绿/黄双色芯线必须用作 PE 线，严禁混用。

② 电缆线路应采用埋地或架空敷设，严禁沿地面明设，并应避免机械损伤和介质腐蚀。埋地电缆路径应设方位标志。

2）埋地敷设

① 埋地敷设宜选用铠装电缆；当选用无铠装电缆时，应能防水、防腐。架空敷设宜选用无铠装电缆。

② 电缆直接埋地敷设的深度不应小于 0.7m，并应在电缆紧邻上、下、左、右侧均匀敷设不小于 50mm 厚的细砂，然后覆盖砖或混凝土板等硬质保护层。

③ 埋地电缆在穿越建筑物、构筑物、道路、易受机械损伤、介质腐蚀场所及引出地面从 2m 高到地下 0.2m 处，必须加设防护套管，防护套管内径不应小于电缆外径的 1.5 倍。

④ 埋地电缆与其附近外电电缆和管沟的平行间距不得小于 2m、交叉间距不得小于 1m。

⑤ 埋地电缆的接头应设在地面上的接线盒内，接线盒应能防水、防尘、防机械损伤，并应远离易燃、易爆、易腐蚀场所。

3）架空敷设

① 应沿电杆、支架或墙壁敷设，并采用绝缘子固定，绑扎线必须采用绝缘线，固定点间距应保证电缆能承受自重所带来的荷载，沿墙壁敷设时最大弧垂距地不得小于 2m。

② 架空电缆严禁沿脚手架、树木或其他设施敷设。

③ 在建工程内的电缆线路必须采用电缆埋地引入，严禁穿越脚手架引入。电缆垂直敷设应充分利用在建工程的竖井、垂直孔洞等，并宜靠近用电负荷中心，固定点每楼层不得少于一处。电缆水平敷设宜沿墙或门口固定，最大弧垂距地不得小于 2m。

④ 装饰装修工程或其他特殊阶段，应补充编制单项施工用电方案。电源线可沿墙角、地面敷设，但应采取防机械损伤和电火措施。

⑤ 电缆线路必须有短路保护和过载保护。

（6）室内配线安全要求

室内配线分明装和暗装。不论哪种配线均应满足使用和安全可靠，一般要求如下：

1）室内配线必须采用绝缘导线或电缆。

2）室内配线应根据配线类型采用瓷瓶、瓷（塑料）夹、嵌绝缘槽、穿管或钢索敷设。

3）潮湿场所或埋地非电缆配线必须穿管敷设，管口和管接头应密封；当采用金属管敷设时，金属管必须做等电位连接，且必须与 PE 线相连接。

4）室内非埋地明敷主干线距地面高度不得小于 2.5m。

5）架空进户线的室外端应采用绝缘子固定，过墙处应穿管保护，距地面高度不得小于 2.5m，并应采取防雨措施。

6）室内配线所用导线或电缆的截面应根据用电设备或线路的计算负荷确定，但铜线截面不应小于 $1.5mm^2$，铝线截面不应小于 $2.5mm^2$。

7）钢索配线的吊架间距不宜大于 12m。采用瓷夹固定导线时，导线间距不应小于 35mm，瓷夹间距不应大于 800mm；采用瓷瓶固定导线时，导线间距不应小于 100mm，瓷瓶间距不应大于 1.5m；采用护套绝缘导线或电缆时，可直接敷设于钢索上。

8）室内配线必须有短路保护和过载保护，对穿管敷设的绝缘导线线路，其短路保护熔断器的熔体额定电流不应大于穿管绝缘导线长期连续负荷允许载流量的 2.5 倍。

7. 配电箱、开关箱安全技术

施工现场的配电箱是电源与用电设备之间的中间环节，开关箱是配电系统的末端，是用电设备的直接控制装置，它们的设置和运用直接影响着施工现场的用电安全。

（1）配电原则

1）"三级配电、两级保护"原则

"三级配电"是指配电系统应设置总配电箱、分配电箱、开关箱，形成三级配电，这样配电层次清楚，便于管理又便于查找故障。总配电箱以下可设若干分配电箱；分配电箱以下可设若干开关箱；开关箱下就是用电设备。

"两级保护"主要指采用漏电保护措施，除在末级开关箱内加装漏电保护器外，还要在上一级分配电箱或总配电箱中再加装一级漏电保护器，总体上形成两级保护。

2）开关箱"一机、一闸、一漏、一箱、一锁"原则

《建筑施工安全检查标准》规定，施工现场用电设备应当实行"一机、一闸、一漏、一箱"。其含义是：每台用电设备必须有各自专用的开关箱，严禁用同一个开关箱直接控制 2 台及 2 台以上用电设备（含插座）。开关箱内必须加装漏电保护器，该漏电保护器只能保护一台设备，不能保护多台设备。另外还应避免发生直接用漏电保护器兼作电器控制开关的现象。"一闸"是指一个开关箱内设一个刀闸（开关），也只能控制一台设备。

"一锁"是要求配电箱、开关箱箱门应配锁，并应由专人负责。施工现场停止作业 1 小时以上时，应将动力开关箱断电上锁。

3）动力、照明配电分设原则

动力配电箱与照明配电箱宜分别设置，当合并设置为同一配电箱时，动力和照明应分路配电；动力开关箱与照明开关箱必须分设。

（2）配电箱及开关箱的设置

1）总配电箱应设在靠近电源的区域，分配电箱应设在用电设备或负荷相对集中的区域。分配电箱与开关箱的距离不得超过 30m。开关箱与其控制的固定式用电设备的水平距离不宜超过 3m。

2）配电箱、开关箱应装设在干燥、通风及常温场所；不得装设在有严重损伤作用的瓦斯、烟气、潮气及其他有害介质中，亦不得装设在易受外来固体物撞击、强烈振动，液体侵溅及热源烘烤场所。否则，应予清除或做防护处理。

3）配电箱、开关箱周围应有足够 2 人同时工作的空间和通道。不得堆放任何妨碍操作、维修的物品；不得有灌木、杂草。

4）配电箱、开关箱应采用冷轧钢板或阻燃绝缘材料制作，钢板厚度应为 1.2～2.0mm，其中开关箱箱体钢板厚度不得小于 1.2mm，配电箱箱体钢板厚度不得小于 1.5mm，箱体表面应做防腐处理。

5）配电箱、开关箱应装设端正、牢固。固定式配电箱、开关箱的中心点与地面的垂直距离应为 1.4～1.6m。移动式配电箱、开关箱应装设在坚固的支架上。其中心点与地面的垂直距离宜为 0.8～1.6m。

6）配电箱、开关箱内的电器（含插座）应先安装在金属或非木质阻燃绝缘电器安装板上，然后方可整体紧固在配电箱、开关箱箱体内。金属电器安装板与金属箱体应做电气连接。

7）配电箱、开关箱内的电器（含插座）应按其规定的位置紧固在电器安装板上，不得歪斜和松动。

8）配电箱的电器安装板上必须分设 N 线端子板和 PE 线端子板。N 线端子板必须与金属电器安装板绝缘；PE 线端子板必须与金属电器安装板做电器连接。进出线中的 N 线必须通过 N 线端子板连接；PE 线必须通过 PE 线端子板连接。

9）配电箱、开关箱内的连接线必须采用铜芯绝缘导线。按颜色标志排列整齐；导线分支接头不得采用螺栓压接，应采用焊接并做好绝缘包扎，不得有外露带电部分。

10）配电箱和开关箱的金属箱体、金属电器安装板以及电器正常不带电的金属底座、外壳等必须通过 PE 线端子板与 PE 线做电气连接，金属箱门与金属箱体必须通过采用编织软铜线做电气连接。

11）配电箱、开关箱中导线的进线口和出线口应设在箱体的下底面。

12）配电箱、开关箱的进、出线口应配置固定线卡，进出线应加绝缘护套并成束卡固在箱体上，不得与箱体直接接触。移动式配电箱、开关箱的进、出线应采用橡皮护套绝缘电缆，不得有接头。

13）配电箱、开关箱外形结构应能防雨、防尘。

（3）隔离开关

1）总配电箱，分配电箱，开关箱中，都要装设隔离开关，满足在任何情况下都可以使用电设备实行电源隔离。隔离开关应采用分断时具有可见分断点，能同时断开电源所有极的隔离电器，并应设置于电源进线端。

2）开关箱中的隔离开关只可直接控制照明电路和容量不大于 3.0kW 的动力电路，但不应频繁操作。容量大于 3.0kW 的动力电路应采用断路器控制，操作频繁时还应附设接触器或其他启动控制装置。

（4）漏电保护器

1）漏电保护器应装设在配电箱、开关箱靠近负荷的一侧，且不得用于启动电气设备的操作。

2）开关箱中漏电保护器的额定漏电动作电流不应大于 30mA，额定漏电动作时间不应大于 0.1s。使用于潮湿和有腐蚀介质场所的漏电保护器应采用防溅型产品，其额定漏电动作电流不应大于 15mA，额定漏电动作时间不应大于 0.1s。

3）总配电箱中漏电保护器的额定漏电动作电流应大于 30mA，额定漏电动作时间应大于 0.1s，但其额定漏电动作电流与额定漏电动作时间的乘积不应大于 30mA·s。

4）总配电箱和开关箱中漏电保护器的极数和线数必须与其负荷侧负荷的相数和线数一致。

5）配电箱、开关箱中的漏电保护器宜选用无辅助电源型（电磁式）产品，或选用辅助电源故障时能自动断开的辅助电源型（电子式）产品。当选用辅助电源故障时不能自动断开的辅助电源型（电子式）产品，应同时设置缺相保护。

6）配电箱、开关箱的电源进线端严禁采用插头和插座做活动连接。

（5）使用与维护

1）配电箱、开关箱应有名称、用途、分路标记及系统接线图。

2）配电箱、开关箱箱门应配锁，并应由专人负责。

3）配电箱、开关箱应定期检查、维修。检查、维修人员必须是专业电工。检查、维修时必须按规定穿、戴绝缘鞋、手套，必须使用电工绝缘工具，并应做检查、维修工作记录。

4）对配电箱、开关箱进行定期检查、维修时，必须将其前一级相应的电源隔离开关分闸断电，并悬挂"禁止合闸、有人工作"停电标志牌，严禁带电作业。

5）配电箱、开关箱的操作，除了在电气故障的紧急情况外，必须按照下述顺序：

① 送电操作顺序为：总配电箱——分配电箱——开关箱；

② 停电操作顺序为：开关箱——分配电箱——总配电箱。

6）配电箱、开关箱内的电器配置和接线严禁随意改动。熔断器的熔体更换时，严禁采用不符合原规格的熔体代替。漏电保护器每天使用前应启动漏电试验按钮试跳一次，试跳不正常时严禁继续使用。

7）配电箱、开关箱的进线和出线严禁承受外力。严禁与金属尖锐断口、强腐蚀介质和易燃易爆物接触。

8. 现场照明安全技术

（1）一般规定

1）在坑、洞、井内作业、夜间施工或厂房、道路、仓库、办公室、食堂、宿舍、料具堆放场及自然采光差的场所，应设一般照明、局部照明或混合照明。在一个工作场所内，不得只装设局部照明。停电后，操作人员需及时撤离的施工现场，必须装设自备电源的应急照明。

2）照明器的选择必须按下列环境条件确定：

① 正常湿度的一般场所，选用密闭型防水照明器；

② 潮湿或特别潮湿的场所，选用密闭型防水照明器或配有防水灯头的开启式照明器；

③ 含有大量尘埃但无爆炸和火灾危险的场所，选用防尘型照明器；

④ 有爆炸和火灾危险的场所，按危险场所等级选用防爆型照明器；

⑤ 存在较强振动的场所，选用防振型照明器；

⑥ 有酸碱等强腐蚀介质的场所，采用耐酸碱型照明器。

3）照明器具和器材的质量应符合国家现行有关强制性标准的规定，不得使用绝缘老化或破损的器具和器材。

4）无自然采光的地下大空间施工场所，应编制单项照明用电方案。

（2）照明供电

1）一般场所宜选用额定电压为220V的照明器。

2）下列特殊场所应使用安全特低电压照明器：

① 隧道、人防工程、高温、有导电灰尘、比较潮湿或灯具离地面高度低于2.5m等场所的照明，电源电压不应大于36V；

② 潮湿和易触及带电体场所的照明，电源电压不得大于24V；

③ 特别潮湿的场所、导电良好的地面、锅炉或金属容器内的照明，电源电压不得大于12V。

3）使用行灯应符合下列要求：

① 电源电压不大于36V；

② 灯体与手柄应坚固、绝缘良好并耐热耐潮湿；

③ 灯头与灯体结合牢固，灯头无开关；

④ 灯泡外部有金属保护网；

⑤ 金属网、反光罩、悬吊挂钩固定在灯具的绝缘部位上。

4）照明变压器必须使用双绕组型安全隔离变压器，严禁使用自耦变压器。

5）照明系统宜使三相负荷平衡，其中每一个单相回路上，灯具和插座数量不宜超过25个，负荷电流不宜超过15A。

6）携带式变压器的一次侧电源线应采用橡皮护套或塑料护套软电缆，中间不得有接头，长度不宜超过3m，其中绿/黄双色线只可作PE线使用，电源插销应有保护触头。

7）工作零线截面应按下列规定选择：

① 单相二线及二相二线线路中，零线截面与相线截面相同；

② 三相四线制线路中，当照明器为白炽灯时，零线截面不小于相线截面的50%；当照明器为气体放电灯时，零线截面按最大负载的电流选择；

③ 在逐相切断的三相照明，电路中，零线截面与最大负载相线截面相同。

（3）照明装置

1）照明灯具的金属外壳必须与PE线相连接，照明开关箱内必须装设隔离开关、短路与过载保护器和漏电保护器。

2）室外220V灯具地面不得低于3m，室内220V灯具距地面不得低于2.5m。普通灯具与易燃物距离不宜小于300mm；聚光灯、碘钨灯等高热灯具与易燃物距离不宜小于

500mm，且不得直接照射易燃物。达不到规定安全距离时，应采取隔热措施。

3）路灯的每个灯具应单独装设熔断器保护。灯头线应做防水弯。

4）荧光灯管应采用管座固定或用吊链悬挂。荧光灯的镇流器不得安装在易燃的结构物上。

5）碘钨灯及钠、铊、铟等金属卤化物灯具的安装高度宜在 3m 以上，灯线应固定在杆线上，不得靠近灯具表面。

6）螺口灯头及其接线应符合下列要求：

① 灯头的绝缘外壳无损伤、无漏电。

② 相线接在与中心触头相连的一端，零线接在与螺纹口相连的一端。

7）灯具内的接线必须牢固。灯具外的接线必须做可靠的防水绝缘包扎。

8）暂设工程的照明灯具宜采用拉线开关控制。开关安装位置宜符合下列要求：

① 拉线开关距地面高度为 2～3m，与出、入口的水平距离为 0.15～0.2m。拉线的出口应向下；

② 其他开关距地面高度为 1.3m，与出、入口的水平距离为 0.15～0.2m。

9）灯具的相线必须经开关控制，不得将相线直接引入灯具。

10）对于夜间影响飞机或车辆通行的在建工程及机械设备，必须安装设置醒目的红色信号灯。其电源应设在施工现场电源总开关的前侧，并应设置外电线路停止供电时应急自备电源。

9. 触电危险与触电急救

（1）触电危险

1）触电

人体是导电体，当人体接触到具有不同电位的两点时，产生电位差，在人体内形成电流，电流通过人体就是触电。

触电会给触电者带来不同程度的伤害。当交流电电流在 0.1A 以上时，通过脑干可引起严重呼吸抑制；当电流通过心脏时，造成心室纤维颤动以致心脏停止跳动，严重者会很快死亡。

2）与触电伤害有关的因素

① 通过人体电流的大小　电流越大，对人体危害越重。1mA 的工频（50～60 周）交流电流通过人体时有麻或痛的感觉，自身能摆脱电源；超过 20～25mA 时，会使人感觉麻痹或剧痛，且呼吸困难，自身无法摆脱电源；若 100mA 工频交流电流通过人体，很短时间使触电者窒息、心跳停止、失去知觉而死亡。

一般把工频交流 10mA、直流 50mA 看作安全电流。但即使是安全电流，长时间通过人体，也是有危险的。

② 外加电压的高低　在危险工作场所，允许使用的电压不得超过规定的安全电压。安全电压是根据作业环境对人体电阻影响确定的。我国根据工作场合、不同危险程度，规定 12V、24V、36V 为安全电压。安全电压可使通过人体的电流控制在较小的范围内。

③ 人体电阻的大小　人体具有一定电阻，在人体表皮 0.05～0.2mm 厚的角质层具有很高的电阻，可达到 1 万 Ω 以上；除去角质层人体电阻就减少到 800～1000Ω；若除去皮

肤，人体电阻就进一步下降到 $600\sim800\Omega$。同一个人在大汗淋漓或被雨水淋湿时，比干燥时的电阻要小得多。在一定的电压下，人体电阻愈低，触电时流过的电流就愈大，即危险性愈大。统计分析表明，雨季闷湿天气的 6、7、8、9 月是建筑业触电事故的多发季节。

④ 电流通过人体的持续时间长短　电流通过人体的时间愈长，对生命危害愈重，所以一旦发生触电事故，要使触电者迅速脱离电源。

⑤ 电流通过人体的部位与途径　触电时，若电流首先通过人体重要部位，如穿过左胸心脏区域、呼吸系统和中枢神经等则危险性放大。所以从手到脚的触电电流途径是最危险的，极易造成呼吸停止、心脏麻痹致死。从脚到脚的触电电流途径，虽伤害程度较轻，但常可因剧烈痉挛而摔倒，以至造成电流通过全身的严重情况。

此外，还与触电者的健康状况有关，年老、体弱者，受电击后反应比较严重，患有心脏病、结核病等病症的人，受电击引起的伤害程度要比健康人严重。

3）触电种类

① 双线触电　双线触电是指触电者的身体同时接触到两条不同相带电的电线，电线上的电就会通过人体，从一条电线流至另一条电线，形成回路使人触电，触电的后果往往很严重。这类触电常见于电工违章作业中。

② 单线触电　当人未穿绝缘鞋站在地面上，接触到一条带电导线时，电流通过人体与大地形成通路，称为单线触电。如电气设备的金属外壳非正常带电时，人体碰到金属外壳就会发生单线触电。这类触电是最常见的触电事故。

③ 跨步电压触电　当高压输电线路因某种原因发生断线，导电线落下直接接触地面时，导线与大地构成回路，电流经导线入地时，会在导线周围地面形成一个很强的电场，其电位分布呈圆周状，以接地点为圆心，半径越小，圆周上的电位越高，半径越大，圆周上的电位越低。人员进入此区域，当两脚分别站在地面上具有不同电位的两点时，在人的两脚间形成电位差，即所谓跨步电压。跨步电压达到相当强度时，电流流经人体，导致触电事故。一般，离开接地点 20m 以外，可不考虑跨步电压。

（2）触电急救

见本书第五章"事故应急救援及预案"中"施工现场急救常识"。

（四）施工现场消防管理

1. 消防常识

（1）火灾

凡失去控制并对财物和人身造成损害的燃烧现象，称为火灾。

（2）火灾分类

1）按发生地点，火灾通常分为森林火灾、建筑火灾、工业火灾、城市火灾等。

2）按物质燃烧的特征分类：

① A 类：固体物质火灾。这类物质往往具有有机物的性质，一般在燃烧时能产生灼热的余烬，如木材、纸、麻火灾等。

② B 类：液体火灾和可熔化的固体物质火灾。如汽油、沥青、石蜡火灾等。

③ C 类：气体火灾。如煤气、氢气火灾等。

④ D 类：金属火灾。如钾、钠、铝、镁火灾等。

⑤ E 类：带电火灾。如家电、变压器火灾等。

（3）火灾等级

1）具有下列情形之一的火灾，为特大火灾：

① 死亡十人以上（含本数，下同）；

② 重伤二十人以上；

③ 死亡、重伤二十人以上；

④ 受灾五十户以上；

⑤ 直接财产损失一百万元以上。

2）具有下列情形之一的火灾，为重大火灾：

① 死亡三人以上；

② 重伤十人以上；

③ 死亡、重伤十人以上；

④ 受灾三十户以上；

⑤ 直接财产损失三十万元以上。

3）不具有前列两项情形的火灾，为一般火灾。

（4）火灾发生的必要条件

助燃物、可燃物和引火源，简称火三角，是火灾发生的三个必要条件，缺少任何一个，火灾燃烧不能发生和维持，所以又称火灾三要素。

火灾的发生具有自然属性（雷击、可燃物自燃）和人为属性（烟头、炉子、喷灯等），多数火灾都是人为因素引起。

（5）燃烧的类型

1）闪燃——可燃液体受热蒸发为蒸汽，液体温度越高，蒸汽浓度越高，当温度不高时，液面上少量可燃蒸汽与空气混合，遇火源会闪出火花，短暂的燃烧过程（一闪即灭，不超过 5s），称闪燃。发生闪燃的最低温度（℃）叫闪点，闪点越低，发生火灾和爆炸的危险性越大。如：车用汽油的闪点为－39℃；煤油 28～35℃ 等。

2）着火——可燃物质在火源的作用下能被点燃，并且火源移去后仍能保持继续燃烧的现象。能发生着火的最低温度（℃）叫着火点（燃点）。如：纸的燃点为 130℃，木材 295℃ 等。

3）自燃——可燃物质受热升温而无需明火作用就能自行燃烧的现象。能引起自燃的最低温度称自燃点，自燃点越低，发生火灾的危险性越大。如：黄磷的自燃点为 30℃，煤为 320℃。

（6）火灾发生的原因

1）建筑结构不合理。

2）火源或热源靠近可燃物。

3）电器设备绝缘不良、接触不牢、超负荷运行、缺少安全装置；电器设备的类型与使用场所不相适应。

4）化学易燃品生产、储存、运输、包装方法不符合要求与性质相反应的物品混存一起的。

5）应有避雷设备的场所而没有或避雷设备失效或失灵。

6）易燃物品堆积过密，缺少防火间距。

7）动火时易燃物品未清除干净。

8）从事火灾危险性较大的操作，没有防火制度，操作人员不懂防火和灭火知识。

9）潮湿易燃物品的库房地面比周围环境地面低。

10）车辆进入易燃场所没有防火的措施。

（7）消防方针

预防为主，防消结合。

（8）灭火

火灾一旦发生，只要消除燃烧的三个基本条件中的任何一条，火即熄灭。灭火的基本技术措施：

1）窒息法——消除助燃物，阻止空气流入燃烧区，断绝氧气对燃烧物的助燃，最后使火焰窒息。如 CO_2 灭火器等。

2）隔离法——消除、隔绝可燃物。如水墙，破拆，关闭燃料的阀门等。

3）冷却法——降低燃烧物质的温度使火熄灭。如用水直接喷洒在燃烧物上，吸收能量，使温度降低到燃点以下，使火熄灭。但对忌水的物品，如油类着火，则不可以用水灭。

4）抑制法——用有抑制作用的灭火剂射到燃烧物上，使燃烧停止。如使用干粉、1211 灭火器等。

（9）灭火器类型的选择

1）扑救 A 类火灾应选用水型，泡沫、磷酸铵盐干粉、卤代烷型灭火器。

2）扑救 B 类火灾应选用干粉、泡沫、卤代烷、二氧化碳型灭火器，扑救极性溶剂 B 类火灾应选用抗溶泡沫灭火器。

3）扑救 C 类火灾，应用干粉、卤代烷、二氧化碳型灭火器。

4）扑救带电火灾，应选用卤代烷、二氧化碳、干粉型灭火器。

5）扑救 A、B、C 类火灾和带电火灾，应选用磷酸铵盐干粉、卤代烷型灭火器。

6）扑救 D 类火灾的灭火器材，应由设计单位和当地公安消防监督部门协商解决。

2. 施工现场的火灾爆炸危险因素

施工现场防火、防爆是安全管理的重要组成部分。

（1）施工现场的火灾危险性

施工现场的火灾危险性可以从火灾三要素来分析。

① 可燃物　凡是能与空气中的氧或其他氧化剂起化学反应的物质称可燃物。建筑工地上不少部位、工程施工各个阶段都存在可燃物，如木工房内的木料、木模板；混凝土养护大量使用的草带；工地库房中储存的可燃物料，如汽油、柴油、润滑油、沥青、沥青防水卷材、某些保温材料、包装材料的纸箱等；装修阶段使用油漆、稀料等易燃化工原料等。还有生活使用的燃煤、液化气等。

② 助燃物　凡是能帮助和支持可燃物燃烧的物质，即能与可燃物发生氧化反应的物质称为助燃物（如空气、氧气、氯气以及高锰酸钾、氯酸钾等氧化物和过氧化物等）。能够使可燃物维持燃烧不致熄灭的最低氧含量即氧指数。空气中氧含量约为 21%，而空气是到处都有的，因而它是最常见的助燃物。施工使用的氧气更是助燃物。

③ 点火源 凡能引起可燃物与助燃物发生反应的能量来源（常见的是热能源）称作点火源。根据其能量来源不同，点火源可分为：明火、高热物体、化学热能、电热能、机械热能等。施工现场的点火源可能来自：

施工生产过程不可避免的火源。如电焊、气焊、气割产生的明火或炽热的焊（割）渣，钢筋加工的各种焊接工艺产生的火花和热源。2000 年 12 月 25 日，与洛阳东都商厦合资的丹尼斯公司非法进行电焊施工，在地下一层焊接该层与地下二层分隔铁板时，电焊火渣溅落到地下二层的可燃物上引发火灾，死亡 309 人，教训非常深刻。

摩擦火花也是重要的点火源，如用砂轮锯切割钢材、管材、混凝土切割机、瓷砖都会产生切割火花。

违反电器安装和使用安全规定产生的火源。如电气线路过载发热、绝缘损坏短路打火，生产用照明灯具高温发热等。1994 年潍坊娱乐宫室内装修中将切断的裸露电线埋设在夹墙内，短路起火引燃夹墙填充材料，损失 113 万。1995 年乌鲁木齐水产公司因施工震动导致配电盘绝缘破坏引起短路，火灾损失 42 万，死 52 人，伤 6 人。

生活用火不慎产生的火源。如炊事用火、生活用电、吸烟等。武汉百货大楼装修工地因工人做饭时燃油起火，损失 32 万。长春华亿大酒店因工人在闷顶内安装吊灯时吸烟引起火灾，损失 134 万。广东四会银苑酒店因装修工人遗留烟头着火，损失 250 万。实际中，有的工人用 200W 照明灯烤物品、挂在易燃装饰物墙上，灯具开关打火引爆可燃气体等火灾事故时有发生。

其他点火源还有：自然现象产生的点火源，最典型的是雷电火花；还有静电火花，1999 年抚顺市工商银行地下金库作冷防水时，工人穿着的化纤服装摩擦产生静电火花，引起爆炸事故，两名工人当场死亡。

（2）施工现场的爆炸危险性

爆炸，是物质在瞬间以机械功的形式释放大量气体和能量的现象，其基本特征是压力的急骤升高。按爆炸的性质可分为物理性爆炸和化学性爆炸。施工工地上可能发生的物理性爆炸不外乎锅炉爆炸、压缩气体储罐（空压机）或气瓶爆炸；化学性爆炸则有炸药爆炸、可燃气体混合物爆炸（乙炔和氧气），值得注意的是可燃粉尘爆炸：如铝粉、面粉、煤粉等与空气的混合物也可能爆炸。化学性爆炸和燃烧两者的实质是相同的，都是可燃物质的氧化反应；主要区别是氧化反应的速度不同。

除了锅炉爆炸、压缩气体储罐（空压机）或气瓶爆炸等物理性爆炸要高度防范外，施工现场须重点防范的是乙炔的化学性爆炸。

1）乙炔的危险特性及使用安全要求

乙炔属危险化学品（2.1 类易燃气体，甲类火灾危险性）。具有火灾、爆炸、中毒危险性。

① 乙炔的理化特性 物理及化学性质：无色，略带乙醚气味，工业用乙炔因含硫化氢（H_2S）和磷化氢（PH_3）等杂质，故具有特殊的蒜样臭味。乙炔有毒，能起麻醉作用，甚至引起昏迷，人吸入 10%，轻度中毒反应；吸入 20%，显著缺氧、昏睡、发绀；吸入 30%，动作不协调，步态蹒跚。

② 乙炔的燃爆特性：

A. 乙炔的自燃点为 335℃，容易受热自燃。

B. 乙炔的点火能量小,仅为0.019mJ,即将熄灭的烟灰就具有这个能量,容易发火。

C. 乙炔在空气中燃烧的火焰温度为2350℃,在氧气中为3100～3300℃,火焰的传播速度在空气中为2～8.7m/s,在氧气中为13.5m/s。

D. 工业用乙炔有杂质硫化氢和磷化氢。磷化氢的自燃点很低,在100℃的温度下就会发生自燃,是引起乙炔发生器着火爆炸的原因之一。安全规则规定乙炔含磷化氢不得超过0.08%(体积)。

E. 乙炔与空气、氧气或氯气混合,会增加其爆炸危险性。乙炔与空气混合的爆炸极限为2.2%～81%。其自燃点为335℃,在这一温度,即使在大气压下也能使爆炸性混合物发生爆炸。乙炔与氧气混合有较宽的爆炸极限范围,为2.8%～93%,其自燃点为300℃。乙炔与氯、次氯酸盐等化合,在日光照射下或加热就会发生燃烧爆炸,所以乙炔着火时严禁用四氯化碳灭火器救火。

F. 乙炔与铜、银、水银等金属或盐类长期接触时,会生成乙炔铜和乙炔银等爆炸性化合物,当受到摩擦或冲击时就会发生爆炸。凡供乙炔使用的器材(容器、管道、阀门等),都不能用银和含铜量70%以上的铜合金制作。

③ 乙炔的使用安全要求:

A. 不得超过安全规定的压力极限。如中压乙炔发生器的乙炔压力不得超过0.147MPa。

B. 不得超过安全规定的温度。如乙炔发生器出气口的乙炔温度应低于40℃,水温应低于60℃。

C. 乙炔着火时,严禁用四氯化碳灭火器扑救,宜用二氧化碳灭火器或干粉灭火器救火。

D. 在任何情况下,都应注意避免在容器或管道里形成乙炔与空气或乙炔与氧气的混合气体。一旦形成这类混合气体,应采取安全措施,如从排气门或焊割炬排除后,才能给焊割炬点火。

E. 乙炔发生器的温度只能用酒精温度计指示,禁用水银温度计,不得使用含铜量超过70%的铜合金、银等作为垫圈、管接头及其他零部件。

F. 装盛乙炔的容器或管道,不得随便进行焊补或切割,必须进行置换后清洗,合格后才能动火。

2) 氧气的危险特性

气焊与气割使用的压缩纯氧是强氧化剂,乙类火灾危险性,属于危险物品。

① 压缩纯氧的危险性:

A. 气焊与气割用一级纯氧纯度为99.2%,二级为98.5%,满罐氧气瓶的压力为14.7MPa,具有物理性爆炸危险。

B. 氧气是强氧化剂,增加氧的纯度和压力会使氧化反应显著地加剧。金属的燃点随着氧气压力的增加而降低。

C. 当压缩纯氧与矿物油、油脂或细微分散的可燃粉尘(炭粉、有机物纤维等)接触时,由于剧烈的氧化升温、积热而能够发生自燃,构成火灾或爆炸的条件。

D. 氧气几乎能与所有可燃性气体和蒸气混合而形成爆炸性混合物,这种混合物具有较宽的爆炸极限范围,多孔性有机物质(炭、炭黑、泥炭、羊毛纤维等)浸透了液态氧

（所谓液态炸药），在一定的冲击力下，就会产生剧烈的爆炸。

② 压缩纯氧使用安全要求：

A. 严禁用压缩纯氧通风换气；

B. 严禁作为气动工具动力源；

C. 严禁接触油脂和有机物；

D. 禁止用来吹扫工作服。

（3）施工现场防火防爆基本措施

1）防火与防化学性爆炸

因为火灾与化学性爆炸的本质是相同的，因此，加强可燃物的消防保护，严格控制正常生产过程中的点火源，杜绝非正常的点火源，是防止火灾的基本思路，对化学性爆炸则应加上防止爆炸性混合气体的形成。具体措施有：

施工现场合理的平面布置是达到安全防火要求的重要措施之一。工程技术人员在编制施工组织设计或施工方案时，必须综合考虑防火要求、建筑物的性质、施工现场的周围环境等因素。进行施工现场的平面布置设计时应注意做到：明确划分出禁火作业区（易燃、可燃材料的堆放场地）、仓库区（易燃废料的堆放区）和现场的生活区。各区域之间要按规定保持防火安全距离；在一、二级动火区域施工，施工单位必须认真遵守消防法律法规，建立防火安全规章制度；严格按照建设部行业标准《建筑施工现场临时用电安全技术规范》（JGJ 46—1988）的要求，编制临时用电专项施工方案和设置临时用电系统，以避免引起电气火灾。焊接、切割中采取防火防爆措施等。

2）防物理性爆炸

物理性爆炸主要是超压造成的，确保压力表、安全阀、减压阀等安全设备设施处于正常状态，生产过程中杜绝违章作业，是防止物理性爆炸的基本思路。这在第8章"特种设备安全技术"中有具体技术措施的介绍。

3. 施工现场防火

（1）一般规定

1）施工单位的负责人应全面负责施工现场的防火安全工作。

2）施工现场都要建立、健全防火检查制度，发现火险隐患，必须立即消除；一时难以消除的隐患，要定人员、定项目、定措施限期整改。

3）施工现场发生火警或火灾，应立即报告公安消防部门，并组织力量扑救。

4）根据"四不放过"的原则，在火灾事故发生后，施工单位和建设单位应共同做好现场保护和会同消防部门进行现场勘察的工作。对火灾事故的处理提出建议，并积极落实防范措施。

5）施工单位在承建工程项目签订的"工程合同"或安全协议中，必须有防火安全的内容，会同建设单位搞好防火工作。

6）施工单位在编制施工组织设计时，施工总平面图、施工方法和施工技术均要符合消防安全要求。

7）施工现场应明确划分用火作业，如易燃可燃材料堆场、仓库、易燃废品集中站和生活区等区域。

8）施工现场夜间应有照明设备；保持消防车通道畅通无阻，并要安排力量加强值班巡逻。

9）施工现场应配备足够的消防器材（有条件的，应敷设好室外消防水管和消防栓），指定专人维护、管理、定期更新，保证完整好用。

10）施工现场用电，应严格执行《施工现场临时用电安全技术规范》，加强用电管理，防止发生电气火灾。

11）施工现场的动火作业，必须根据不同等级动火作业执行审批制度。古建筑和重要文物单位等场所动火作业，按一级动火手续上报审批。

① 凡属下列情况之一的为一级动火作业：

A. 禁火区域内；

B. 油罐、油箱、油槽车和储存过可燃气体、易燃液体的容器以及连接在一起的辅助设备；

C. 各种受压设备；

D. 危险性较大的登高焊、割作业；

E. 比较密封的室内、容器内、地下室等场所；

F. 现场堆有大量可燃和易燃物质的场所。

② 凡属下列情况之一的为二级动火作业：

A. 在具有一定危险因素的非禁火区域进行临时焊、割等用火作业；

B. 小型油箱等容器；

C. 登高焊、割等用火作业。

③ 在非固定的，无明显危险因素的场所进行用火作业，均属三级动火作业。

（2）重点部位、重点工种防火

1）电焊、气割的防火要求

① 严格执行用火审批程序和制度。

② 进行电焊、气割前，应由施工员或班组长向操作、看火人员进行消防安全技术措施交底。电焊工、气焊工必须严格执行防火操作规程。

③ 装过或有易燃、可燃液体、气体及化学危险物品的容器、管道和设备，在未彻底清洗干净前，不得进行焊割。

④ 严禁在有可燃蒸气、气体、粉尘或禁止明火的危险性场所焊割。在这些场所附近进行焊割时，应按有关规定，保持一定的防火距离。

⑤ 合理安排工艺和编排施工进度程序，在有可燃材料保温的部位，不准进行焊割作业，必要时，应在工艺安排和施工方法上采取严格的防火措施。

⑥ 焊割作业不准与油漆、喷漆、脱漆、木工等易燃操作同时间、同部位上下交叉作业。

⑦ 在装饰装修施工过程进行电焊、气割应特别注意，因为不少装饰材料都易燃，并释放出有毒气体。

⑧ 焊割结束或离开操作现场时，必须切断电源、气源。炽热的焊嘴、焊钳以及焊条头等，禁止放在易燃、易爆物品和可燃物上。

⑨ 禁止使用不合格的焊割工具和设备。电焊的导线不能与装有气体的气瓶接触，也不能与气焊的软管或气体的导管放在一起。焊把线和气焊的软管不得从生产、使用、储存

易燃、易爆物品的场所或部位穿过。

⑩ 焊割现场应配备灭火器材，危险性较大的应有专人现场监护。

2）看火（监护）人员职责

① 清理焊割部位附近的易燃、可燃物品；对不能清除的易燃、可燃物品要用水浇湿或盖上石棉布等非燃材料，以隔绝火星。

② 坚守岗位，不能兼顾其他工作，备好适用的灭火器材和防火设备（石棉布、接火盘、风挡等），随时注视焊割周围的情况，一旦起火及时扑救。

③ 高空焊割时，要用非燃材料做成接火盘和风挡，以接住和控制火花的溅落。

④ 在焊割过程中，要随时进行检查，操作结束后，要对焊割地点进行仔细检查确认无危险后方可离开。在隐蔽场所或部位（如闷顶、隔墙、电梯井、通风道、电缆沟和管道井等）焊、割操作完毕后，0.5～4h 内要反复检查，以防阴燃起火。

⑤ 发现电、气焊操作人员违反防火管理规定、违反操作规程或动火部位有火灾、爆炸危险时，有权责令停止操作，收回动火许可证及操作证，并及时向领导或保卫部门汇报。

3）涂漆、喷漆和油漆工的防火要求

① 喷漆、涂漆的场所应有良好的通风，防止形成爆炸极限浓度，引起火灾或爆炸。

② 喷漆、涂漆的场所内禁止一切火源，应采用防爆的电器设备。

③ 禁止与焊工同时间、同部位的上下交叉作业。

④ 油漆工不能穿易产生静电的工作服。浸有涂料、稀释剂的破布、纱团、手套和工作服等，应及时清理，不能随意堆放，防止因化学反应而生热，发生自燃。

⑤ 在维修工程施工中，使用脱漆剂时，应采用不燃性脱漆剂。若因工艺或技术上的要求，使用易燃性脱漆剂时，一次涂刷脱漆剂量不宜过多，控制在能使漆膜起皱膨胀为宜，清除掉的漆膜要及时妥善处理。

4）木工操作间及木工的防火要求

① 操作间建筑应采用阻燃材料搭建。

② 电气设备的安装要符合要求。抛光、电锯等部位的电气设备应采用密封式或防爆式。刨花、锯末较多部位的电动机，应安装防尘罩。

③ 操作间内严禁吸烟和用明火作业。

④ 操作间只能存放当班的用料，成品及半成品要及时运走。木工应做到工完场地清，刨花、锯末每班都打扫干净，倒在指定地点。

⑤ 严格遵守操作规程，对旧木料一定要经过检查，起出铁钉等金属后，方可上锯锯料。

⑥ 配电盘、刀闸下方不能堆放成品、半成品及废料。

⑦ 工作完毕应拉闸断电，并经检查确无火险后方可离开。

5）电工的防火要求

① 各种电气设备或线路，不应超过安全负荷，并要牢靠、绝缘良好和安装合格的保险设备，严禁用铜丝、铁丝等代替保险丝。

② 放置及使用易燃液体、气体的场所，应采用防爆型电气设备及照明灯具。

③ 定期检查电气设备的绝缘电阻是否符合"不低于 1kΩ/V（如对地 220V 绝缘电阻

应不低于 0.22MΩ" 的规定，发现可能引起火花、短路、发热和绝缘损坏等情况时，必须及时排除。

④ 不可用纸、布或其他可燃材料做无骨架的灯罩，灯泡距可燃物应保持一定距离。

⑤ 变（配）电室应保持清洁、干燥。变电室要有良好的通风。配电室内禁止吸烟、生火。

⑥ 施工现场严禁私自使用电炉、电热器具。

⑦ 当电线穿过墙壁、竹席或与其他物体接触时，应当在电线上套有磁管等非燃材料加以隔绝。

⑧ 每年雨期前要检查避雷装置，避雷针接点要牢固，接地电阻不应大于规定值。

6）仓库保管员的防火要求

① 严格执行《仓库防火安全管理规则》。熟悉存放物品的性质、储存中的防火要求及灭火方法，要严格按照其性质、包装、灭火方法、储存防火要求和密封条件等分别存放。性质相抵触的物品不得混存在一起。

② 库存物品应分类、分垛储存，主要通道的宽度不小于 2m。库房内照明灯具不准超过 60W，并做到人走断电、锁门。

③ 露天存放物品应当分类、分堆、分组和分垛，并留出必要的防火间距。甲、乙类桶装液体，不宜露天存放。

④ 物品入库前应当进行检查，确定无火种等隐患后，方准入库。

⑤ 库房内严禁吸烟和使用明火。

⑥ 库房管理人员在每日下班前，应对经营的库房巡查一遍，确认无火灾隐患后，关好门窗，切断电源后方准离开。

⑦ 严禁在仓库内兼设办公室、休息室或更衣室、值班室以及各种加工作业等。

（3）高层建筑施工防火

高层建筑施工具有人员多、建筑材料多、电气设备多且用电量大、交叉作业动火点多，以及通讯设备差、不易及时救火等特点，因此，应加强火灾防范。

1）编制施工组织设计时，必须考虑防火安全技术措施。

2）建立多层次的防火管理体系，制订《消防管理制度》、《施工材料和化学危险品仓库管理制度》，建立各工种的安全操作责任制。

3）明确工程各部位的动火等级，严格动火申请和审批手续。

4）对参加高层建筑施工的分包队伍，要与每支队伍领队签订防火安全协议书，并对其进行安全技术措施的交底。

5）严格控制火源，施工现场应严格禁止流动吸烟，应设置固定的吸烟点。

6）按规定配置消防器材，并有醒目防火标志。一般高层建筑施工现场，应按面积配置消防器材，每层应成组（2个或4个为一组）配置，并设置临时消防给水（可与施工用水合用）；20 层（含 20 层）以上的高层建筑应设置专用的高压水泵，每个楼层应安装消火栓和消防水龙带，大楼底层设蓄水池（不小于 20m³）。当因层次高而水压不足时，在楼层中间应设接力泵，同时备有通讯报警装置，便于及时报告险情。

（4）季节性防火

1）冬季防火要求

① 锅炉房防火安全要求：

A. 锅炉房宜建造在施工现场的下风方向，远离在建工程、易燃、可燃建筑、露天可燃材料堆场、料库等。

B. 锅炉房应不低于二级耐火等级。

C. 锅炉房的门应向外开启；锅炉正面与墙的距离应不小于 3m，锅炉与锅炉之间应保持不小于 1m 的距离。

D. 锅炉烟道和烟囱与可燃构件应保持一定的距离，金属烟囱距可燃结构不小于 100cm；已做防火保护层的可燃结构不小于 70cm；砖砌的烟囱和烟道其内表面距可燃结构不小于 50cm，其外表面不小于 10cm。未采取消烟除尘措施的锅炉，其烟囱应设防火帽。

② 司炉工的要求：

A. 严格执行操作程序，杜绝违章操作。

B. 炉灰倒在指定地点（不能带余火倒灰）。

C. 禁止使用易燃、可燃液体点火。

③ 火炉安装与使用的防火要求：

A. 冬期施工采用加热采暖法时，应尽量用暖气，如果用火炉，必须事先提出方案和防火措施，经消防保卫部门同意后方能开火。

B. 在油漆、喷漆、油漆调料间、木工房、料库、使用高分子装修材料的装修阶段，禁止使用火炉采暖。

C. 火炉安装应符合消防规定，火炉及烟囱与可燃物、易燃物保持必要的安全距离。

D. 火炉必须由受过安全消防常识教育的专人看守，移动各种加热火炉时，必须先将火熄灭后方准移动。掏出的炉灰必须随时用水浇灭后倒在指定地点。

E. 禁止用易燃、可燃液体点火。不准在火炉上熬炼油料、烘烤易燃物品。

④ 冬季消防器材的保温防冻

A. 对室外消火栓、消防水池应采取保温防冻措施。

B. 入冬前应将泡沫灭火器、清水灭火器等放入有采暖的地方，并套上保温套。

2）雨期和夏季施工的防火要求

① 雨期施工中电器设备、防雷设施的防火要求

A. 雨期施工到来之前，应对每个配电箱、用电设备进行一次检查，并采取相应的防雨措施，防止因短路造成起火事故。

B. 在雨期要随时检查有树木地方电线的情况，及时改变线路的方向或砍掉离电线过近的树枝。

C. 防雷装置的组成部分必须符合规定，每年雨期之前，应对防雷装置进行一次全面检查，发现问题及时解决，使防雷装置处于良好状态。

② 雨期施工中对易燃、易爆物品的防火要求

A. 乙炔气瓶、氧气瓶、易燃液体等应在库内或棚内存放，禁止露天存放，防止因受雷雨、日晒发生起火事故。

B. 生石灰、石灰粉的堆放应远离可燃材料，防止因受潮或雨淋产生高热引起周围可燃材料起火。

C. 稻草、草帘、草袋等堆垛不宜过大，垛中应留通气孔，顶部应防雨，防止因受潮、遇雨发生自燃。

4. 防火检查

防火检查是施工现场防火安全管理的一个重要组成部分，防火检查的目的在于发现和消除火险隐患，因此，防火管理中，相当时间是在检查中做好各项工作的。

（1）防火检查的内容

1）检查用火、用电和易燃易爆物品及其他重点部位生产、储存、运输过程中的防火安全情况和建筑结构、平面布局、水源、道路是否符合防火要求；

2）检查火险隐患整改情况；

3）检查义务和专职消防队组织及活动情况；

4）检查各级防火责任制、岗位责任制、工种责任书和各项防火安全制度执行情况；

5）检查三级动火审批及动火证、操作证、消防设施、器材管理及使用情况；

6）检查防火安全宣传教育，外包工管理等情况；

7）检查消防基础管理是否健全，防火档案资料是否齐全，发生事故是否按"四不放过"原则进行处理。

（2）防火检查的形式和方法

1）班组检查

以班组长为主，按照防火安全责任制和操作规程的要求，通过班组的安全员，义务消防员对班组所在的施工场所或是仓库等重点部位的防火安全进行检查。特别是班前、班后和交接班的检查。

2）夜间检查

依靠值班的管理人员、警卫人员和担任夜间施工、生产的工人，检查电源、火源和施工、生活场所有无异常情况。

3）定期检查

由项目经理组织，除了对所有部位进行普遍检查外，还应对防火重点部位进行重点检查。通过检查，解决一些平时难以解决的问题，这对及时堵塞漏洞，消除火险隐患有很重要的作用。

思 考 题

1. 高处作业如何分级？

2. 特殊高处作业分为几个类别？高处坠落范围如何划分？

3. 什么是高处坠落事故？预防高处坠落的措施有哪些？

4. 安全帽的构造和规格有哪些要求？

5. 如何检验安全帽、安全网、安全带的安全性能？

6. 如何区别一般脚手架、高层脚手架、特殊脚手架？

7. 搭设脚手架时应注意哪些安全技术问题？

8. 脚手架的搭设高度有哪些规定？

9. 脚手架投入使用后应注意哪些问题？

10. 拆除脚手架时应注意哪些问题？

11. 临时用电施工组织设计应包括哪些内容？

12. 施工现场临时用电安全技术档案应包括哪些内容？

13. 什么是保护接地？什么是保护接零？

14. 施工现场是哪种供电体制？应该采用哪种保护措施？各种设施如何接零、接地？

15. 在零线上是否可装设开关和保险？

16. 防雷装置包括哪些部件？

17. 施工现场配电箱、开关箱有哪些安全技术要求？

18. 什么叫触电？触电事故现场急救措施有哪些？

19. 火灾分为几类？各类火灾应采用什么类型的灭火器？

20. 施工现场的火灾爆炸危险因素有哪些？

21. 施工现场要注意哪些重点部位、重点工种的防火？

附录：典型事故案例

案例一　某工程模板支架倒塌事故

2000年10月25日上午10时10分，某三建（集团）有限公司（以下简称某三建）承建的某电视台演播中心裙楼工地发生一起重大职工因工伤亡事故。大演播厅舞台在浇筑顶部混凝土施工中，因模板支撑系统失稳，大演播厅舞台屋盖坍塌，造成正在现场施工的民工和电视台工作人员6人死亡，35人受伤（其中重伤11人），直接经济损失70.7815万元。

附图1　××电视台演播中心大演播厅模板支架整体倒塌事故

一、事故经过

某电视台演播中心工程地下二层、地上十八层，建筑面积34000m²，采用现浇框架剪力墙结构体系。工程开工日期为2000年4月1日，计划竣工日期为2001年7月31日。工地总人数约250人。

演播中心工程大演播厅总高38m（其中地下8.70m，地上29.30m）。7月份开始搭设模板支撑系统支架，支架钢管、扣件等总吨位约290吨，钢管和扣件分别由甲方、市建工局材料供应处、××物资公司提供或租用。原计划9月底前完成屋面混凝土浇筑，预计10月25日下午4时完成混凝土浇筑。在大演播厅舞台支撑系统支架搭设前，项目部按搭设顶部模板支撑系统的施工方法，完成了三个演播厅、门厅和观众厅的施工（都没有施工方案）。

2000年1月，某三建上海分公司由项目工程师茅××编制了"上部结构施工组织设计"，并于1月30日经项目副经理成××和分公司副主任工程师赵××批准实施。

7月22日开始搭设大演播厅舞台顶部模板支撑系统，由于工程需要和材料供应等方面的问题，支架搭设施工时断时续。搭设时没有施工方案，没有图纸，没有进行技术交底。由项目部副经理成××决定支架三维尺寸按常规（即前五个厅的支架尺寸）进行搭设，由项目部施工员丁××在现场指挥搭设。搭设开始约15天后，上海分公司副主任工程师赵××将"模板工程施工方案"交给丁××。丁××看到施工方案后，向成××作了汇报，成××答复还按以前的规格搭架子，到最后再加固。模板支撑系统支架由某三建劳务公司组织进场的朱××工程队进行搭设（朱××是某标牌厂职工，以个人名义挂靠在某三建江浦劳务基地，6月份进入施工工地从事脚手架的搭设，事故发生时朱××工程队共17名民工，其中5人无特种作业人员操作证）。地上25m至29m最上边一段由木工工长孙××负责指挥木工搭设。10月15日完成搭设，支架总面积约624m²，高度38m。搭设支架的全过程中，没有办理自检、互检、交接检、专职检的手续，搭设完毕后未按规定进行整体验收。10月17日开始进行支撑系统模板安装，10月24日完成。23日木工工长孙××向项目部副经理成××反映水平杆加固没有到位，成××即安排架子工加固支架，25日浇筑混凝土时仍有6名架子工在加固支架。

10月25日6时55分开始浇筑混凝土，项目部资料质量员姜×8时多才补填混凝土浇捣令，并送××监理公司总监韩××签字，韩××将日期签为24日。浇筑现场由项目部混凝土工长邢××负责指挥。某三建混凝土分公司负责为本工程供应混凝土，为B区屋面浇筑C40混凝土，坍落度16~18cm，用两台混凝土泵同时向上输送（输送高度约40m，泵管长度约60m×2）。浇筑时，现场有混凝土工工长1人，木工8人，架子工8人，钢筋工2人，混凝土工20人，以及某电视台3名工作人员（为拍摄现场资料）等。自10月25日6时55分开始至10时10分，输送机械设备一直运行正常。到事故发生止，输送至屋面混凝土约139m³，重约342t，占原计划输送屋面混凝土总量的51%。

10时10分，当浇筑混凝土由北向南单向推进，浇至主次梁交叉点区域时，模板支架立杆失稳，引起支撑系统整体倒塌。屋顶模板上正在浇筑混凝土的工人纷纷随塌落的支架和模板坠落，部分工人被塌落的支架、模板和混凝土掩埋。

附图2　××电视台演播中心大演播厅模板支架
整体倒塌后事故现场

事故发生后，该建筑项目经理部向有关部门紧急报告事故情况。闻讯赶到的领导，指挥公安民警、武警战士和现场工人实施了紧急抢险工作，将伤者立即送往医院进行救治。事故造成正在现场施工的民工和电视台工作人员6人死亡、35人受伤（其中重伤11人），直接经济损失70.7815万元。

二、事故的原因分析

（一）事故直接原因

1. 支架搭设不合理，在主次梁交叉点区域，每平方米钢管支撑的立杆数应为6根，实际上只有3根立杆受力，又由于梁底模下木枋呈纵向布置，使梁下中间排立杆的受荷过大，个别立杆受荷最大达4吨多。

2. 水平连系杆严重不够，三维尺寸过大（步距过大达2.6m）以及底部未设扫地杆，从而主次梁交叉区域单杆受荷过大，造成立杆弯曲，加之输送混凝土管的冲击和振动等影

附图3　支架钢管扣件重约300t，倒塌后坠落的钢管将周边楼板冲切破坏

附图4　钢管支架的底部均无扫地杆，底部步高约1.8m，
地坑处步高达2.6m，且无扫地杆

响，使节点区域的中间单立杆首先失稳并随之带动相邻立杆失稳。

3. 屋盖下模板支架与周围结构固定与连系不足，在浇筑混凝土时造成了顶部晃动，加快了支撑失稳的速度。

附图 5　地下室二层残存钢管支架，立杆间距 1000mm×1000mm，梁下立杆增加密度
为间隔 500mm，但水平连系杆未增加，增加的立杆横向约束少，无效

（二）事故的间接原因

1. 施工组织管理混乱，安全管理失去有效控制，模板支架搭设无图纸，无专项施工技术交底，施工中无自检、互检等手续，搭设完成后没有组织验收；搭设开始时无施工方案，有施工方案后未按要求进行搭设，支架搭设严重脱离原设计方案要求、致使支架承载力和稳定性不足，空间强度和刚度不足等是造成这起事故的主要原因。

2. 施工现场技术管理混乱，对大型或复杂重要的混凝土结构工程的模板施工未按程序进行，支架搭设开始后送交工地的施工方案中有关模板支架设计方案过于简单，缺乏必要的细部构造大样图和相关的详细说明，且无计算书；支架施工方案传递无记录，导致现场支架搭设时无规范可循，是造成这起事故的技术上的重要原因。

3. ××监理公司驻工地总监理工程师无监理资质，工程监理组没有对支架搭设过程严格把关，在没有对模板支撑系统的施工方案审查认可的情况下即同意施工，没有监督对模板支撑系统的验收，就签发了浇捣令，工作严重失职，导致工人在存在重大事故隐患的模板支撑系统上进行混凝土浇筑施工，是造成这起事故的重要原因。

4. 在上部浇筑屋盖混凝土情况下，民工在模板支撑下部进行支架加固是造成事故伤亡人员扩大的原因之一。

5. 某三建及上海分公司领导安全生产意识淡薄，个别领导不深入基层，对各项规章制度执行情况监督管理不力，对重点部位的施工技术管理不严。施工现场用工管理混乱，部分特种作业人员无证上岗作业，对民工未认真进行三级安全教育。

6. 施工现场支架钢管和扣件在采购、租赁过程中质量管理把关不严，部分钢管和扣件不符合质量标准。

7. 建筑管理部门对该建筑工程执法监督和检查指导不力，建设管理部门对监理公司的监督管理不到位。

综合以上原因，调查组认为这起事故是施工过程中的重大责任事故。

三、对事故的责任分析和对责任者的处理意见

1. 某三建上海分公司项目部副经理成××，负责大演播厅舞台工程，在未见到施工方案的情况下，决定按常规搭设顶部模板支架，在知道支撑系统的立杆、纵横向水平杆的尺寸与施工方案不符时，不与工程技术人员商量，擅自决定继续按原尺寸施工，盲目自信，对事故的发生应负主要责任，送交司法机关追究其刑事责任。

经审理，××区法院以重大责任事故罪判处成××有期徒刑6年。

2. ××监理公司驻工地总监韩××，违反"××市项目监理实施程序"第三条第二款中的规定，没有对施工方案进行审查认可，没有监督对模板支撑系统的验收，对施工方的违规行为没有下达停工令，无监理工程师资格证书上岗，对事故的发生应负主要责任，送交司法机关追究其刑事责任。

经审理，××区法院以重大责任事故罪判处韩××有期徒刑5年。

3. 该建筑公司项目部施工员丁××，在未见到施工方案的情况下，违章指挥民工搭设支架，对事故的发生应负重要责任，送交司法机关追究其刑事责任。

经审理，××区法院以重大责任事故罪判处丁××有期徒刑6年。

4. 朱××违反国家关于特种作业人员必须持证上岗的规定，私招乱雇部分无上岗证的民工搭设支架，对事故的发生应负直接责任，建议司法机关追究其刑事责任。

5. 某三建上海分公司经理兼项目部经理史××，负责上海分公司和电视台演播中心工程的全面工作，对分公司和该工程项目的安全生产负总责，对工程的模板支撑系统重视不够，未组织有关工程技术人员对施工方案进行认真的审查，对施工现场用工混乱等管理不力，对这起事故的发生应负直接领导责任，建议给予史××行政撤职处分。

6. ××监理公司总经理张××，违反建设部"监理工程师资格考试和注册试行办法"（第18号令）的规定，严重不负责任，委派没有监理工程师资格证书的韩××担任电视台演播中心工程项目总监理工程师；对驻工地监理组监管不力，工作严重失职，应负监理方的领导责任。建议有关部门按行业管理的规定对××监理公司给予在某地区停止承接任务一年的处罚和相应的经济处罚。

7. 某三建总工程师郎××，负责三建公司的技术质量全面工作，并在公司领导内部分工负责电视台演播中心工程，深入工地解决具体的施工和技术问题不够，对大型或复杂重要的混凝土工程施工缺乏技术管理，监督管理不力，对事故的发生应负主要领导责任，建议给予郎××行政记大过处分。

8. 某三建安技处处长李××，负责三建公司的安全生产具体工作，对施工现场安全监督检查不力，安全管理不到位，对事故的发生应负安全管理上的直接责任，建议给予李××行政记大过处分。

9. 某三建上海分公司副总工程师赵××，负责上海分公司技术和质量工作，对模板支撑系统的施工方案的审查不严，缺少计算说明书、构造示意图和具体操作步骤，未按正常手续对施工方案进行交接，对事故的发生应负技术上的直接领导责任，建议给予赵××行政记过处分。

10. 项目经理部项目工程师茅××，负责工程项目的具体技术工作，未按规定认真编制模板工程施工方案，施工方案中未对"施工组织设计"进行细化，未按规定组织模板支架的验收工作，对事故的发生应负技术上重要责任，建议给予茅××行政记过处分。

11. 某三建副总经理万××，负责三建公司的施工生产和安全工作，深入基层不够，对现场施工混乱、违反施工程序缺乏管理，对事故的发生应负领导责任，建议给予万××行政记过处分。

12. 某三建总经理刘××，负责三建公司的全面工作，对三建公司的安全生产负总责，对施工管理和技术管理力度不够，对事故的发生应负领导责任，建议给予刘××行政警告处分。

案例二 某市海珠城广场工程基坑坍塌事故

2005年7月21日，正在施工的某市海珠城广场工程发生基坑坍塌事故，造成3人死亡、8人受伤的重大安全事故。

海珠城广场工程基坑周长约350m，原设计深度16.2m，实际开挖深度20.3m，基坑东侧5.5m外为地铁二号线隧道。该工程在未领取建筑工程施工许可证的情况下，自2002年10月31日开始基坑开挖和支护施工，中间多次停工，直到2005年7月7日才由某市建委补发施工许可证。2005年7月21日中午12点左右，基坑南边支护结构坍塌，东南角斜撑脱落。基坑支护坍塌范围约104.55m，面积约2007m²，南侧海员宾馆的基础桩折断滑落，结构部分倒塌，另一住宅楼基桩近基坑面外露并发生变形，基坑东侧地铁受到严重威胁，一度停运。

事故发生后，某市政府依法成立了事故调查组，调查组依照法定程序，按照实事求是、尊重科学的原则，对该起事故进行了调查。

调查查明，事故的直接原因是：

1. 施工与设计不符，基坑施工时间过长，基坑支护受损失效，构成重大事故隐患。

2. 南侧岩层向基坑内倾斜，软弱强风化夹层中有渗水流泥现象，施工时未及时调整设计和施工方案，错过排除险情时机。

3. 基坑坡顶严重超载，致使基坑南边支护平衡打破，坡顶出现开裂。

附图6　基坑坍塌现场一

4. 基坑变形量明显增大及裂缝增长时未能及时作加固处理。

事故调查组一致认为，造成本次事故发生的主要原因是建设单位、施工单位等建设责任主体无视国家法令，故意逃避行政监管，长期无证违法建设，是一起责任事故。

在查清事故原因、查明事故性质和责任的基础上，某市政府对事故责任单位和责任人作出相应的处罚决定。对事故的发生负有法律责任的7个安全生产责任主体，包括建设单

附图 7　基坑坍塌现场二

附图 8　7 月 22 日，基坑南侧的海员宾馆一面客房的墙体已经全部坍塌

位、施工单位、相关设计单位、监理单位、监测单位等 7 家公司共被处以罚款 280.38 万元，7 名负责人被逮捕追究；对事故发生负有监管责任的政府相关职能部门，包括建设、城管、辖区政府等，被追究行政责任，相关人员被处以撤职、降级、记过等行政处分。具体处理为：

1. 某市××房地产开发有限公司，作为建设单位，无视《中华人民共和国建筑法》第七条和《建设工程质量管理条例》第七条、第十一条、第十二条、第十三条的规定，未领取施工许可证擅自通知施工单位施工，未经招标擅自将基坑开挖支护工程直接发包；未将施工图设计文件组织专家审查而擅自使用，未及时委托工程监理单位进行监理，未及时在开工前办理工程质量监督手续；违法将基坑挖运土石方工程发包给没有相应资质等级的××运输公司；故意逃避政府有关职能部门的监管，经多次责令停工后仍继续违法施工；对有关单位报告的基坑变形安全隐患未给予足够重视，错过了加固排险的时机，对重大安全事故的发生负主要责任。根据《建设工程质量管理条例》第五十四条、第五十六条、第五十七条的规定，由市建设行政主管部门给予其责令停止施工，限期改正，并处 151.7 万元的罚款。

2. 邵××，××房地产公司主要负责人，未依法履行安全生产管理职责，明知未取得建筑工程施工许可证而放任施工单位长期违法施工。未能督促、检查本单位的安全生产工作，及时消除重大事故隐患，对重大安全事故的发生负有直接领导责任。根据《中华人民共和国刑法》第一百三十七条的规定，其行为涉嫌构成工程重大安全事故罪，由司法机关依法追究刑事责任。

3. 郭××，××房地产公司业主代表和项目经理，未依法履行项目经理的安全生产管理职责，在本单位未领取建筑工程施工许可证的情况下，安排施工单位违法施工；对施工单位、监理单位、监测单位多次提出的安全隐患问题没有采取有效措施予以及时清除，对重大安全事故的发生负有直接主管责任。根据《中华人民共和国刑法》第一百三十七条的规定，其行为涉嫌构成工程重大安全事故罪，由司法机关依法追究刑事责任。

4. 宋××，××房地产公司工程部经理，具体负责该工程项目的技术与安全，对基坑存在的安全生产事故隐患没有采取有效措施予以及时消除，导致发生重大安全事故，对重大安全事故的发生负有直接责任。根据《中华人民共和国刑法》第一百三十七条的规定，其行为涉嫌构成工程重大安全事故罪，由司法机关依法追究刑事责任。

5. 梁××，××房地产公司法人代表，虽在该公司上班，但不参与公司的经营管理，实际上也不履行法定代表人的职责，由于本人的过错和对法律的无知，未能依法履行作为生产经营单位主要负责人的安全生产管理职责，直接造成该公司安全生产管理的混乱，对重大安全事故的发生负有重要责任。根据《中华人民共和国刑法》第一百三十七条的规定，其行为涉嫌构成工程重大安全事故罪，由司法机关依法追究刑事责任。

6. 奚×，××房地产公司助理工程师，专门负责基坑的施工安全和管理，未能对其签收的基坑监测数据所反映的安全隐患问题给予足够重视，也没有及时对基坑存在的重大事故隐患采取有效措施予以消除，对重大安全事故的发生负有一定的管理责任，根据《建设工程质量管理条例》第五十六条、第五十七条、第七十三条的规定，由市建设行政主管部门给予 7.585 万元的罚款。

7. 某市××散体物料运输有限公司（简称××运输公司），作为土石方挖运施工单位，在本单位未取得建筑业土石方挖运工程专业承包企业资质、安全生产许可证的情况下非法承揽工程，并安排联营方汤××违法挖运土石方，而且对联营方汤××私自承揽基坑超挖工程没有进行有效的管理。根据《建设工程质量管理条例》第六十条和《建筑施工企业安全生产许可证管理规定》第二十四条的规定，由市建设行政主管部门给予 53.68 万元的罚款，并予以取缔及没收违法所得。

8. 汤××，土石方运输队主要负责人，无视《建设工程质量管理条例》第二十五条的规定，在××运输公司未依法取得土石方工程专业承包资质证书的情况下，违法承揽基坑土石方挖运工程施工；在明知基坑设计深度变更的图纸又未经审查情况下，盲目按照××房地产公司指令往下深挖基坑至−20.3m，致使原支护桩变成吊脚桩，同时安排大型施工机械在南侧坑顶进行土方运输作业，导致施工现场出现重大事故隐患，对重大安全事故的发生负有主要责任。根据《中华人民共和国刑法》第一百三十四条的规定，其行为涉嫌构成重大责任事故罪，由司法机关依法追究刑事责任。

9. ××省××××机械施工有限公司（×机施）作为施工单位（市政公用工程施工总承包壹级、房屋建筑工程施工总承包贰级），无视《中华人民共和国建筑法》第七条和《建筑工程施工许可管理办法》（建设部令第91号）第三条的禁止性规定，在建设单位未依法取得建筑工程施工许可证的情况下长期违法施工，无视政府有关职能部门的监管，经多次责令停工后仍继续违法施工；不认真落实《建设工程安全生产管理条例》第二十六条的安全责任，没有根据基坑因长期施工已经存在的基坑支护失效的安全问题，进行有效的安全验算，并采取有效措施确保安全施工；在发现基坑变形存在重大安全隐患后，虽然多次向××房地产公司报告，但未能采取有效措施予以消除，对重大安全事故的发生负有重要责任。根据《中华人民共和国建筑法》第七十一条的规定，由市建设行政主管部门给予其责令改正，责令停业整顿。根据《建筑工程施工许可管理办法》第十条、第十三条的规定，由市建设行政主管部门给予3万元的罚款。根据《建筑施工企业安全生产许可证管理规定》第二十二条的规定，建议省建设行政主管部门暂扣安全生产许可证并限期整改。

10. 何××，×机施分管安全生产的副总经理，未依法履行安全生产管理职责，不认真落实安全生产责任制，导致定期和基坑专项的安全检查不到位，未能组织及时消除重大事故隐患，对重大安全事故的发生负有一定的领导责任。根据《建设工程安全生产管理条例》第六十六条的规定，由市建设行政主管部门给予15万元的罚款。

11. 何××，×机施工程项目经理，不驻工地，未依法履行项目经理的安全生产管理职责，应当知道建设单位未领取建筑工程施工许可证，而不制止本单位长期违法施工行为；不认真组织开展定期的安全检查（只参加过两次安全检查）；未能对基坑施工存在的重大事故隐患给予足够重视并组织检查整改，对重大安全事故的发生负有重要的管理责任。根据《建设工程安全生产管理条例》第六十六条的规定，由有关单位按管理权限给予其撤职处分，自处分之日起5年内不得担任任何施工单位的项目负责人。

12. 吴××，×机施工程项目副经理，全面负责工地建设，明知建设单位未领取建筑工程施工许可证，而指挥施工人员长期违法施工；明知建设单位未将变更的施工图纸组织专家审查，而指挥施工人员违法施工；没有根据基坑长期施工已经存在的基坑支护失效的安全问题，进行有效的安全验算，并采取有效措施确保实施安全施工，对重大安全事故的发生负有直接责任。根据《中华人民共和国刑法》第一百三十七条的规定，其行为涉嫌构成工程重大安全事故罪，由司法机关依法追究刑事责任。

13. 潘××，×机施质安员，负责施工管理，在施工过程中，没有采取措施制止无证违法施工作业的行为，盲目执行未经专家审查的基坑设计图纸，未能采取有效的措施及时消除重大事故隐患，对重大安全事故的发生负有一定的责任。根据《中华人民共和国安全生产法》第九十条的规定，由其所在单位给予批评教育，依照所在单位的有关规章制度给予处分。

14. ××建设监理有限公司（××监理公司），作为该工程监理单位（甲级资质），没有认真履行建设工程安全生产职责，未依照法律、法规规定实施工程监理，对无证施工行为未能采取有效措施加以制止；不认真落实《建设工程安全生产管理条例》第十四条第二款规定的安全责任，在施工单位仍不停止违法施工的情况下，并没有依法及时向有关主管部门报告；对现场周围工作环境存在的重大安全隐患未能采取果断的监理措施予以消除，对事故发生负有监督不力的责任。根据《建设工程安全生产管理条例》第五十七条的规定，由市建设行政主管部门责令限期改正。根据《某市安全生产监察条例》第四十一条第一款第（五）项的规定，由海珠区安全生产监督管理部门给予其罚款9万元的行政处罚。

15. 常×，××监理公司的总监理工程师，未能按照法律、法规实施工程监理，在施工单位经其要求停止施工但仍拒不停止施工的情况下，并未能有效制止和依法及时向有关主管部门报告，对重大安全事故的发生负有监督不力的责任。根据《建设工程质量管理条例》第七十二条的规定，建议省注册登记机关吊销执业资格证书，5年内不予注册。

16. 丁××，××监理公司总监代表，未能按照法律、法规实施工程监理，在施工单位没有建筑工程施工许可证长期违法施工的情况下，未能采取措施予以有效制止，也不及时通知本单位向有关主管部门报告，对事故发生前基坑存在的重大事故隐患未及时掌握，并采取果断的监理措施，对重大安全事故的发生负有重要责任，根据《建设工程质量管理条例》第七十二条的规定，建议上级建设行政主管部门吊销执业资格证书，5年以内不予注册。根据《中华人民共和国刑法》第一百三十四条的规定，其行为涉嫌构成重大责任事故罪，由司法机关依法追究刑事责任。

17. 汕头市××实业（集团）有限公司（汕头××公司），作为该工程主体结构的施工单位（房屋建筑工程施工总承包壹级、地基与基础工程专业承包贰级），无视《中华人民共和国建筑法》第七条和《建筑工程施工许可管理办法》（建设部令第91号）第三条的禁止性规定，在建设单位未依法取得建筑工程施工许可证的情况下违法施工；不认真履行《建设工程安全生产管理条例》第二十六条的安全责任，没有对主体结构施工涉及的基坑因长期施工已经存在支护失效的安全问题，组织专家进行论证和审查，并采取有效措施确保安全施工，对重大安全事故的发生负有一定的管理责任，根据《中华人民共和国建筑法》第七十一条的规定，由市建设行政主管部门给予责令改正，责令停业整顿。根据《建筑工程施工许可管理办法》第十条、第十三条的规定，由市建设行政主管部门给予3万元的罚款。

18. 蔡××，汕头××公司某市分公司总经理，未依法履行安全生产管理职责，在建设单位未依法取得建筑工程施工许可证的情况下，未能采取措施制止本单位的违法施工行为；不落实安全生产责任制，导致施工涉及基坑专项的安全检查不到位，未能组织及时消除重大事故隐患，对重大安全事故的发生负有一定的领导责任。根据《建设工程安全生产管理条例》第六十六条的规定，由市建设行政主管部门给予10万元的罚款。

19. 庄××，汕头××公司工程项目经理，未依法履行项目经理的安全生产管理职责，应当知道建设单位未领取建筑工程施工许可证，而不制止本单位的违法施工行为；不认真组织开展定期的安全检查，未能对基坑施工存在的重大事故隐患给予足够重视，也没有采取有效措施予以及时消除，对重大安全事故的发生负有一定的管理责任。根据《建设工程安全生产管理条例》第六十六条的规定，由市建设行政主管部门给予10万元的罚款。

20. 某市××设计院（××设计院），作为该工程设计单位，不认真落实《建设工程安全生产管理条例》第十三条规定的安全责任，在基坑支护结构施工设计文件中没有提出保障施工作业人员安全和预防生产安全事故的措施建议，并且承担的主体结构（条形基础工程）设计与基坑设计衔接不良，致使主体结构条形基础开挖到−20.3m后基坑出现安全隐患问题，并且没有提出有效的防护措施进行加固排险，对重大安全事故的发生负有重要的管理责任。根据《建设工程安全生产管理条例》第五十六条的规定，由市建设行政主管部门给予责令限期改正，并处 30 万元的罚款。

21. 吴××，××设计院院长，作为××设计院的主要负责人（在该工程修改设计图中审查和签字），主持全面工作，没有依法履行其安全生产管理职责，不认真落实安全生产责任制，对重大安全事故的发生负有一定的领导责任。根据《中华人民共和国安全生产法》第八十一条第二款的规定，由海珠区安全生产监督管理部门给予其罚款 10 万元的行政处罚。

22. 姜×，××建设工程有限公司总工程师，其被聘为××设计院基坑支护设计的技术专家，是本基坑项目设计的负责人，未能按照法律、法规进行设计，设计没有认真考虑施工安全操作和防护的需要，在设计文件中没有对防范生产安全事故提出指导意见，对重大安全事故的发生负有一定的责任。根据《建设工程安全生产管理条例》第五十八条的规定，建议省建设行政主管部门给予吊销执业资格证书，5 年以内不予注册。

23. 余××，××设计院结构室主任，作为基坑项目的设计人员，未能按照法律、法规进行设计，设计时没有认真考虑施工安全操作和防护的需要，在设计文件中没有对防范生产安全事故提出指导意见，对重大安全事故的发生负有一定的责任。根据《建设工程安全生产管理条例》第五十八条的规定，建议省建设行政主管部门给予吊销执业资格证书，5 年以内不予注册。

24. ××市设计院，作为该基坑监测单位（工程勘察甲级资质），没有认真履行建设工程安全生产职责，没有制订和落实监测工作规程和制度。对基坑监测工作缺乏统一协调，当事发前基坑南侧出现较大水平位移时，虽然口头上告知了××房地产公司观测情况，但没有书面向有关单位发出警告，也没有及时按合同规定告知设计单位及有关部门，违反了强制性地方标准《××地区建设基坑支护技术规定》（GJB 02—98）关于"每次监测工作结束后，及时提交监测简报及处理意见"的规定。对重大安全事故的发生负有重要的质量管理责任。根据《建设工程质量管理条例》第六十三条的规定，由市建设行政主管部门责令改正，并处 30 万元的罚款。

25. 郭××，××市设计院勘测室主任，作为勘测室的主要负责人，没有认真落实安全生产管理责任，对项目现场工作缺乏协调指导，对现场监测人员多次反映工作中的问题没有采取措施，更没有要求监测人员在每次监测工作结束后，提交监测简报及处理意见，工作规程和制度不健全，使基坑坍塌前已出现的危险征兆没有引起足够重视，违反《××地区建设基坑支护技术规定》（GJB 02—98）的工作规程，对重大安全事故的防范、发生负有一定的管理责任。根据《企业职工伤亡事故报告和处理规定》（国务院令第 75 号）第十七条和《企业职工奖惩条例》（国务院 1982 年发布）第十一条、第十二条的规定，由其所在单位给予撤职处分，并给予一次性的罚款。

26. 刘××，××市设计院勘测室高级工程师，作为该项目水平位移测的负责人，不认真执行《××地区建设基坑支护技术规定》（GJB 02—98）的工作规程，在 7 月 15 日南 5、南 6 两个监测点水平位移总量超出警戒线，以及 7 月 19 日南 6 监测点水平位移监测数据达到 9mm 的情况下，没有及时将监测情况形成监测简报及提出处理意见，也没有及时书面向部门负责人和建设单位报告，致使基坑坍塌前已出现的危险征兆没有引起各相关方面足够重视，对重大安全事故的防范、发生负有重要的管理责任，根据《企业职工伤亡事故报告和处理规定》第十七条和《企业职工奖惩条例》第十一条、第十二条的规定，由其所在单位给予留用察看的处分，并给予一次性的罚款。

27. 袁××，××市设计院勘测室高级工程师，作为该项目的基坑岩石倾斜监测的负责人，不认真执行《××地区建设基坑支护技术规定》（GJB 02—98）的工作规程，没有及时将监测情况形成监测简报及提出处理意见，并书面向部门负责人和建设单位报告、对重大安全事故的发生负有一定的管理责任。根据《企业职工伤亡事故报告和处理规定》第十七条和《企业职工奖惩条例》第十一条、第十二条的规定，由其所在单位给予记大过的处分并给予一次性的罚款。

28. 何××，其 2005 年 6 月 23 日前任××地区建设工程质量安全监督站（以下简称原市质安站）执法科科长，主要负责施工现场查勘、不良行为上报、审查及质量安全投诉，工作严重不负责，没有按照工作要求及时将该项目存在的不良行为上报建委和录入城市建设信息网，严重影响了施工现场的监管工作力度和监管职能的发挥，是造成海珠城工程违法施工得以继续存在的原因之一，对此何××应负直接责任。根据《国务院关于国家行政机关工作人员的奖惩暂行规定》第五条、第六条、第十五条规定，给予行政降级处分。

29. 招××，原市质安站执法科助理监督员，具体负责施工现场查勘，在调任新分设的市质监站而无岗位职责的情况下于 2005 年 7 月初按原执法科领导的要求，未经现场查勘，就随意在 2004 年 9 月原质安站出具的《安全文明施工现场查勘汇总表》（申办建筑工程施工许可证材料之一）中签出补充说明。但鉴于招××调任后已无岗位职责对现场进行查勘的义务，且签出的补充说明只是对去年现场情况的说明。因此招××的做法虽有不妥，但不构成过错，对事故的发生不应承担责任，由所在单位责令其作出深刻检讨，并给予批评教育。

30. 黄××，原市质安站监督员，具体负责该工程的质量和安全日常检查，多次到施工现场进行监督检查，并且两次向站执法科上报了该工程存在的不良行为，已基本履行职责，但其本人在调任新分设的市质监站后没有及时向组织提出及时处理施工现场安全隐患的建议，由所在单位责令其作出深刻检讨。

31. 庄××，原市质安站监督员，具体负责该工程的质量和安全日常检查，多次到施工现场进行监督检查，并且两次向站执法科上报了该工程存在的不良行为，已基本履行职责，但其本人在调任新分设的市质监站后没有及时向组织提出及时处理施工现场安全隐患的建议，由所在单位责令其作出深刻检讨。

32. 杨××，其在 2002 年 6 月到 2005 年 2 月 1 日间任城管昌岗中队队长，负责中队全面工作，在任职期间，不正确履行职责，对属于其辖区内的海珠城广场 B 区施工工地的监管不到位，对该工地基坑开挖违法施工的情况失察，负有对基坑开挖监管失察的直接责任，致使该工地长期违法建设的状态得不到有效纠正。根据《国家公务员暂行条例》第三十一条、第三十二条、第三十三条的规定，给予其行政降级处分。

33. 林××，城管××大队副大队长、主要分管土地管理、市政、园林等工作，2004 年 4 月起任现职。在任职期间，不正确履行职责，对属于其辖区内的海珠城广场 B 区施工工地的监管不到位，对工地基坑开挖违法施工行为失察，对此负有监管失察的领导责任。根据《国家公务员暂行条例》第三十一条、第三十二条、第三十三条的规定，给予其行政记大过处分。

34. 周××，城管昌岗中队队长，其从 2005 年 2 月 1 日开始任现职，负责中队全面工作，在任职期间，不正确履行职责，对属于其辖区内的海珠城广场 B 区施工工地的监管措施不得力，未能有效制止该工地的无证违法施工行为，对事故的发生负有监管不到位的责任。根据《国家公务员暂行条例》第三十一条、第三十二条、第三十三条的规定，给予其行政警告处分。

35. 肖××，现任城管海珠大队科员，其 2002 年 11 月至 2005 年 6 月 28 日间在昌岗中队工作，具体负责海珠城广场建筑工地的巡查和监管任务，期间不正确履行职责，对属于其辖区内的海珠城广场 B 区施工工地的监管不到位，对该工地的基坑开挖违法施工情况失察，对事故的发生负有监管不到位的责任。根据《国家公务员暂行条例》第三十一条、第三十二条、第三十三条的规定，给予行政警告处分。

36. 谢××，现任城管海珠大队直属一中队队员，其 2004 年 4 月至 2005 年 6 月 28 日间在昌岗中队工作，具体负责海珠城广场建筑工地的巡查和监管任务，期间不正确履行职责，对属于其辖区内的海珠城广场 B 区施工工地的监管不到位，对该工地的基坑开挖违法施工情况失察，对事故的发生负有监管不到位的责任。根据《国家公务员暂行条例》第三十一条、第三十二条、第三十三条的规定，给予行政警告处分。

37. 黄××，市建委建管处处长，作为核发该工地建筑工程施工许可证的审批负责人，其工作不细致，未能依法严格把好审批关，在审批要件不齐全的情况下，审批发出建筑工程施工许可证；作为建筑施工安全主管业务处室负责人，在施工许可证发出后对该工程土方开挖及基坑支护的施工安全行为监管不力。根据《国家公务员暂行条例》第三十一条、第三十二条、第三十三条的规定，责令其作出深刻检讨，并给予行政记大过处分。

38. 贾×，市建委建管处副主任科员，作为审核该工地建筑工程施工许可证的主办人员，其工作不细致，未能严格按照法定条件和程序审查发证。造成在审批要件不齐全的情况下，通过该基坑建筑工程施工许可证的审核。根据《国家公务员暂行条例》第三十一条、第三十二条、第三十三条的规定，责令其作出深刻检讨，并给予行政记过处分。

39. 张××，某市建设工程交易中心科员，其于 2004 年 4 月借调到市建委，负责该工地建筑工程施工许可证的申请资料初审工作。作为核发该施工许可证的经办人员，其工作不细致，未能认真核准申办材料，造成在审批要件不齐全的情况下，通过该基坑建筑工程施工许可证的初审。由市建委责令其作出深刻检讨，并调离工作岗位。

40. 刘××，市环卫局余泥渣土排放管理处副处长，其作为核发该工程余泥渣土排放证的审批负责人，不认真履行职责，未能依法严格把好审批关，在审批时明知该处自行制定的 11 号文与《某市余泥渣土管理条例》相冲突，以及××房地产公司不具备《某市余泥渣土管理条例》第七条关于"申领排放证应当提交建设工程规划许可证"的发证条件，却批准发放《余泥渣土先行排放（受纳）证明》，其行为属违法审批，助长了违法施工行为的存在和延续，对违法发放的《余泥渣土先行排放（受纳）证明》负有直接责任。根据《国家公务员暂行条例》第三十一条、第三十二条、第三十三条的规定，给予其行政记大过处分。

41. 徐××，市环卫局余泥渣土排放管理处业务科科长，其作为核发该工程余泥渣土排放证的主办人员，工作不严格，盲目执行本单位的 11 号文，对违法发放的《余泥渣土先行排放（受纳）证明》负有审查不严格的责任，由所在单位责令其作出深刻检讨。

42. 隔山居委会（原沙园街第十九居委）和某海运（集团）有限公司物业发展有限公司，作为倒塌的 2 层临时建筑物的权属所有人，双方未经原审批主管部门同意，擅自将该房屋出租给他人使用，违反海珠区城建部门关于"该杂项工程只作办公使用，不得改变用途"的报建审批意见，由于所出租的房屋在事故中发生坍塌并造成屋内 3 人死亡、多人受伤，工作上有过失，由××区房管行政主管部门依照国家有关规定予以处罚，并由××区政府和××海运（集团）有限公司分别对有关责任人员作相应的处分。

43. 责成市建委向某市人民政府作出书面检查。

44. 责成××区政府向某市人民政府作出书面检查。

案例三　600t×170m 龙门起重机吊装特大事故

2001 年 7 月 17 日上午 8 时许，在××造船（集团）有限公司船坞工地，由××××建筑工程公司（D 公司）等单位承担安装的 600t×170m 龙门起重机在吊装主梁过程中发生倒塌事故，造成 36 人死亡，3 人受伤，直接经济损失 8000 多万元。

事故发生后，党中央、国务院领导同志高度重视，国务院安全生产委员会、国家安全生产监督管理局、国防科工委、中国船舶工业集团公司、国家电力公司等单位领导于事故当日赶赴事故现场，组织事故调查和善后工作。国务院安全生产委员会办公室会同国防科工委、监察部、××市人民政府、全国总工会、中国船舶工业集团公司和国家电力公司成立了"7·17"特大事故调查处理领导小组，及时有序地开展了事故调查工作，并对事故的善后工作进行了协调和指导。通过现场勘察、查阅资料、讯问证人等多方取证和科学分析，查明了事故原因，正式形成了事故调查处理报告。

附图 9　"7·17"龙门起重机
吊装特大事故现场

一、600t×170m 龙门起重机建设项目基本情况

1. 龙门起重机主要参数及主梁提升方法

附图 10　"7·17"特大事故救援现场

据报道，在起重机倒塌过程中，有三人从数十米的高处跳下逃生，其中两人当场死亡，一人幸存。附近办公楼的玻璃窗被庞然大物倒下时的巨大冲击波震碎，已严重损坏的蓝色龙门起重机扭曲地倒在地上，陷入地下的部分足有八十多厘米。由于起重机巨大的体积和重量，救援工作难度相当大。

600t×170m 龙门起重机结构主要由主梁、刚性腿、柔性腿和行走机构等组成。该机的主要尺寸为轨距 170m，主梁底面至轨面的高度为 77m，主梁高度为 10.5m。主梁总长度 186m，含上、下小车后重约 3050t。

正在建造的 600t×170m 龙门起重机结构主梁分别利用由龙门起重机自身行走机构、刚性腿、主梁 17♯分段的总成（高 87m，重 900 多 t，迎风面积 1300m² ，由 4 根缆风绳固定。以下简称刚性腿）与自制塔架作为 2 个液压提升装置的承重支架，并采用××大学的计算机控制液压千斤顶同步提升的工艺技术进行整体提升安装。

2. 施工合同单位有关情况

2000 年 9 月，××造船厂（甲方）与作为承接方的 D 建筑工程公司（乙方）、××工程技术研究中心（丙方，××中心）、××科技发展有限公司（丁方）签订 600t×170m 龙门起重机结构吊装合同书。合同中规定，甲方负责提供设计图纸及参数、现场地形资料、当地气象资料。乙方负责吊装、安全、技术、质量等工作；配备和安装起重吊装所需的设备、工具（液压提升设备除外）；指挥、操作、实施起重机吊装全过程中的起重、装配、焊接等工作。丙方负责液压提升设备的配备、布置；操作、实施液压提升工作（注：液压同步提升技术是丙方的专利）。丁方负责与甲方协调，为乙方、丙方的施工提供便利条件等。

2001 年 4 月，负责吊装的 D 公司通过一个叫陈××的包工头与×××建筑工程有限公司（S 公司）以包清工的承包方式签订劳务合同。该合同虽然以 S 公司名义签约，但实际上此项业务由陈××（江苏溧阳市人，非该公司雇员，也不具有法人资格）承包，陈招用了 25 名现场操作工人参加吊装工程。

二、起重机吊装过程及事故发生经过

1. 起重机吊装过程

2001 年 4 月 19 日，D 公司及 S 公司施工人员进入沪东厂开始进行龙门起重机结构吊装工程，至 6 月 16 日完成了刚性腿整体吊装竖立工作。

2001 年 7 月 12 日，××中心进行主梁预提升，通过 60％～100％负荷分步加载测试后，确认主梁质量良好，塔架应力小于允许应力。

2001 年 7 月 13 日，××中心将主梁提升离开地面，然后分阶段逐步提升，至 7 月 16 日 19 时，主梁被提升至 47.6m 高度。因此时主梁上小车与刚性腿内侧缆风绳相碰，阻碍了提升。D 公司施工现场指挥张××考虑天色已晚，决定停止作业，并给起重班长陈××留下书面工作安排，明确 17 日早上放松刚性腿内侧缆风绳，为××中心 8 点正式提升主梁做好准备。

2. 事故发生经过

2001 年 7 月 17 日早 7 时，施工人员按现场指挥张××的布置，通过陆侧（远离黄浦江一侧）和江侧（靠近黄浦江一侧）卷扬机先后调整刚性腿的两对内、外两侧缆风绳，现场测量员通过经纬仪监测刚性腿顶部的基准靶标志，并通过对讲机指挥两侧卷扬机操作工进行放缆作业（据陈述，调整时，控制靶位标志内外允许摆动 20mm）。放缆时，先放松陆侧内缆风绳，当刚性腿出现外偏时，通过调松陆侧外缆风绳减小外侧拉力进行修偏，直至恢复至原状态。通过十余次放松及调整后，陆侧内缆风绳处于完全松弛状态。此后，又使用相同方法，和相近的次数，将江侧内缆风绳放松调整为完全松弛状态，约 7 时 55 分，当地面人员正要通知上面工作人员推移江侧内缆风绳时，测量员发现基准标志逐渐外移，并逸出经纬仪观察范围，同时还有现场人员也发现刚性腿不断地在向外侧倾斜，直到刚性腿倾覆，主梁被拉动横向平移并坠落，另一端的塔架也随之倾倒。

3. 人员伤亡和经济损失情况

事故造成 36 人死亡，2 人重伤，1 人轻伤。死亡人员中，D 公司 4 人，××中心 9 人（其中有副教授 1 人，博士后 2 人，在职博士 1 人），造船厂 23 人。

事故造成经济损失约 1 亿元，其中直接经济损失 8000 多万元。

三、事故原因分析

1. 刚性腿在缆风绳调整过程中受力失衡是事故的直接原因

事故调查组在听取工程情况介绍、现场勘查、查阅有关各方提供的技术文件和图纸、收集有关物证和陈述笔录的基础上，对事故原因作了认真的排查和分析。在逐一排除了自制塔架首先失稳、支承刚性腿的轨道基础沉陷移位、刚性腿结构本体失稳破坏、刚性腿缆风绳超载断裂或地锚拔起、荷载状态下的提升承重装置突然破坏断裂及不可抗力（地震、飓风等）的影响等可能引起事故的多种其他原因后，重点对刚性腿在缆风绳调整过程中受力失衡问题进行了深入分析，经过有关专家对于吊装主梁过程中刚性腿处的力学机理分析及受力计算，提出了《"7·17"特大事故技术原因调查报告》，认定造成这起事故的直接原因是：在吊装主梁过程中，由于违规指挥、操作，在未采取任何安全保障措施情况下，放松了内侧缆风绳，致使刚性腿向外侧倾倒，并依次拉动主梁、塔架向同一侧倾坠、垮塌。

2. 施工作业中违规指挥是事故的主要原因

D公司施工现场指挥张××在发生主梁上小车碰到缆风绳需要更改施工方案时，违反吊装工程方案中关于"在施工过程中，任何人不得随意改变施工方案的作业要求。如有特殊情况进行调整必须通过一定的程序以保证整个施工过程安全"的规定。未按程序编制修改书面作业指令和逐级报批，在未采取任何安全保障措施的情况下，下令放松刚性腿内侧的两根缆风绳，导致事故发生。

3. 吊装工程方案不完善、审批把关不严是事故的重要原因

由D公司第三分公司编制、D公司批复的吊装工程方案中提供的施工阶段结构倾覆稳定验算资料不规范、不齐全；对甲方600t龙门起重机刚性腿的设计特点，特别是刚性腿顶部外倾710mm后的结构稳定性没有予以充分的重视；对主梁提升到47.6m时，主梁上小车碰刚性腿内侧缆风绳这一可以预见的问题未予考虑，对此情况下如何保持刚性腿稳定的这一关键施工过程更无定量的控制要求和操作要领。

吊装工程方案及作业指导书编制后，虽经规定程序进行了审核和批准，但有关人员及单位均未发现存在的上述问题，使得吊装工程方案和作业指导书在重要环节上失去了指导作用。

4. 施工现场缺乏统一严格的管理，安全措施不落实是事故伤亡扩大的原因

(1) 施工现场组织协调不力。在吊装工程中，施工现场甲、乙、丙三方立体交叉作业，但没有及时形成统一、有效的组织协调机构对现场进行严格管理。在主梁提升前，7月10日仓促成立的"600t龙门起重机提升组织体系"由于机构职责不明、分工不清，并没有起到施工现场总体的调度及协调作用，致使施工各方不能相互有效沟通。乙方在决定更改施工方案，决定放松缆风绳后，未正式告知现场施工各方采取相应的安全措施；甲方也未明确将7月17日的作业具体情况告知乙方。导致甲方厂23名在刚性腿内作业的职工死亡。

(2) 安全措施不具体、不落实。6月28日由工程各方参加的"确保主梁、柔性腿吊装安全"专题安全工作会议，在制定有关安全措施时没有针对吊装施工的具体情况由各方进行充分研究并提出全面、系统的安全措施，有关安全要求中既没有对各单位在现场必要人员作出明确规定，也没有关于现场人员如何进行统一协调管理的条款。施工各方均未制定相应程序及指定具体人员对会上提出的有关规定进行具体落实。例如，为吊装工程制定的工作牌制度就基本没有落实。

综上所述，"7·17"特大事故是一起由于吊装施工方案不完善，吊装过程中违规指挥、操作，并缺乏统一严格的现场管理而导致的重大责任事故。

四、事故责任人员处理建议

（1）张××，D公司第三分公司职工，600t龙门起重机吊装工程7月17日施工现场指挥。作为17日施工现场指挥，对于主梁受阻问题，未按施工规定进行作业，安排人员放松刚性腿内侧缆风绳，导致事故发生。对事故负有直接责任，涉嫌重大工程安全事故罪，建议给予开除公职处分，移交司法机关处理。

（2）王××，D公司第三分公司副经理。作为600t龙门起重机吊装工程项目经理，忽视现场管理，未制订明确、具体的现场安全措施；明知7月17日要放刚性腿内侧缆风绳，未采取有效保护措施，且事发时不在现场。对事故负有主要领导责任，涉嫌重大工程安全事故罪，建议给予开除公职、开除党籍处分，移交司法机关处理。

（3）陈××，S建筑工程有限公司经理。作为法人代表，为赚取工程提留款，在对陈××承包项目及招聘人员未进行审查的情况下，允许陈使用S公司名义进行承包，只管收取管理费而不对其进行实质性的管理。涉嫌重大工程安全事故罪，建议移交司法机关处理。

（4）陈××，600t龙门起重机吊装工程劳务工包工头。在不具备施工资质的情况下，借用S公司名义与D公司签订承包协议；招聘没有资质证书人员进入施工队担任关键岗位技术工作。涉嫌重大工程安全事故罪，建议给予开除党籍处分，移交司法机关处理。

（5）史××，D公司第三分公司副总工程师，600t龙门起重机吊装工程项目技术负责人。在编制施工方案时，对主梁提升中上小车碰缆风绳这一应该预见的问题没有制订相应的预案；施工现场技术管理不到位。对事故负有重要责任，建议给予行政撤职、留党察看一年处分。

（6）刘×，D公司第三分公司副经理兼总工程师，主管生产、技术工作。审批把关不严，没有发现施工方案及作业指导书存在的问题。对事故负有重要领导责任，建议给予行政撤职、留党察看一年处分。

（7）刘××，D公司第三分公司党支部书记。贯彻党的安全生产方针政策不力，对公司在生产中存在的违规作业问题失察，安全生产教育抓得不力。对事故负有主要领导责任，建议给予撤销党内职务处分。

（8）汤××，D公司副总工程师。在对施工方案复审时，技术把关不严，没有发现施工方案中上小车碰缆风绳的问题。对事故负有重要责任，建议给予行政降级、党内严重警告处分。

（9）李××，D公司经理、公司党委委员。作为公司安全生产第一责任人，管理不力，没有及时发现、解决三分公司在施工生产中存在的安全意识淡薄、施工安全管理不严格等问题。对事故负有主要领导责任，建议给予撤销行政职务、党内职务处分。

（10）施××，D公司董事长、党委书记。贯彻落实党和国家有关安全生产方针政策和法律、法规不力。对事故负有领导责任，建议给予行政记大过、党内警告处分。

（11）瞿××，××造船（集团）有限公司安全环保处科长。作为600t龙门起重机吊装工程现场安全负责人，对制订的有关安全制度落实不力。对事故负有一定责任，建议给予行政记过处分。

（12）顾××，××造船（集团）有限公司600t龙门起重机吊装工程项目甲方协调人。对现场安全管理工作重视不够，协调不力。对事故负有领导责任，建议给予行政记过处分。

（13）乌××，××中心工程部负责人，600t龙门起重机吊装工程提升项目技术顾问，现场地面联络人。施工安全意识不强，安全管理、协调不力。对事故负有一定责任，建议给予行政记过处分。

（14）徐××，××中心主任。安全意识不强，对于机器人中心施工安全管理不力。对事故负有一定领导责任，建议给予行政警告处分。

责成国家电力公司、中国船舶工业集团公司、同济大学依据调查结论对与事故有关的其他责任人给予严肃处理。

五、教训和建议

1. 工程施工必须坚持科学的态度，严格按照规章制度办事，坚决杜绝有章不循、违章指挥、凭经验办事和侥幸心理

此次事故的主要原因是现场施工违规指挥所致，而施工单位在制定、审批吊装方案和实施过程中都未对600t龙门起重机刚性腿的设计特点给予充分的重视，只凭以往在大吨位门吊施工中曾采用过的放松缆风绳的"经验"处理这次缆风绳的干涉问题。对未采取任何安全保障措施就完全放松刚性腿内侧缆风绳的做法，现场有关人员均未提出异议，致使D公司现场指挥人员的违规指挥得不到及时纠正。此次事故的教训证明，安全规章制度是长期实践经验的总结，是用鲜血和生命换来的，在实际工作中，必须进一步完善安全生产的规章制度，并坚决贯彻执行，以改变那种纪律松弛、管理不严、有章不循的情况。不按科学态度和规定的程序办事，有法不依、有章不循、想当然、凭经验、靠侥幸是安全生产的大敌。

今后在进行起重吊装等危险性较大的工程施工时，应当明确禁止其他与吊装工程无关的交叉作业，无关人员不得进入现场，以确保施工安全。

2. 必须落实建设项目各方的安全责任，强化建设工程中外来施工队伍和劳动力的管理

这次事故的最大教训是"以包代管"。为此，在工程的承包中，要坚决杜绝以包代管、包而不管的现象。首先是严格市场的准入制度，对承包单位必须进行严格的资质审查。在多单位承包的工程中，发包单位应当对安全生产工作进行统一协调管理。在工程合同的有关内容中必须对业主及施工各方的安全责任作出明确的规定，并建立相应的管理和制约机制，以保证其在实际中得到落实。

同时，在社会主义市场经济条件下，由于多种经济成分共同发展，出现利益主体多元化、劳动用工多样化趋势。特别是在建设工程中目前大量使用外来劳动力，增加了安全管理的难度。为此，一定要重视对外来施工队伍及临时用工的安全管理和培训教育，必须坚持严格的审批程序；必须坚持先培训后上岗的制度，对特种作业人员要严格培训考核、发证，做到持证上岗。

此外，中央管理企业在进行重大施工之前，应主动向所在地安全生产监督管理机构备案，各级安全生产监督管理机构应当加强监督检查。

3. 要重视和规范高等院校参加工程施工时的安全管理，使产、学、研相结合走上健

康发展的轨道

　　在高等院校科技成果向产业化转移过程中，高等院校以多种形式参加工程项目技术咨询、服务或直接承接工程的现象越来越多。但从这次调查发现的问题来看，高等院校教职员工介入工程时一般都存在工程管理及现场施工管理经验不足，不能全面掌握有关安全规定，施工风险意识、自我保护意识差等问题，而一旦发生事故，善后处理难度最大，极易成为引发社会不稳定的因素。有关部门应加强对高等院校所属单位承接工程的资质审核，在安全管理方面加强培训；高等院校要对参加工程的单位加强领导，加强安全方面的培训和管理，要求其按照有关工程管理及安全生产的法规和规章制订完善的安全规章制度，并实行严格管理，以确保施工安全。

参 考 文 献

[1] 李毅中. 谈谈我国的安全生产问题. 国家安全生产监督管理总局网站，2006-06. http：//www.chinasafety. gov. cn/zhengwugongkai/2006-06/17/content ___172198. htm.

[2] 李毅中. 努力加强我国安全生产工作. 中国城市经济网，2006-11. http：//www. cuew. com/serv-let/ManageNews. ShowSubNews? id＝9810

[3] 罗云. 我国安全生产现状分析. 中国发展观察杂志：发展论坛，2005-05. http：//www. chinado. cn/ReadNews. asp? NewsID＝335

[4] 张仕廉、潘承仕. 建筑施工安全事故损失内部化分析. 中国安全科学学报，2006-09，16 (9).

[5] 刘军主编. 安全员必读. 第二版. 北京：中国建筑工业出版社，2005.

[6] 建设部工程质量安全监督与行业发展司组织编写. 建设工程安全生产管理. 北京：中国建筑工业出版社，2004.

[7] 国家安全生产监督管理总局编. 安全评价. 第 3 版. 北京：煤炭工业出版社，2005.

[8] 四川省安全生产监督管理局、四川省职业安全健康协会编印. 建筑施工安全管理与技术 (内部资料)，2005.

[9] 李世蓉、兰定筠编著. 建设工程安全生产管理条例实施指南. 北京：中国建筑工业出版社，2004.

[10] 全国注册安全工程师执业资格考试辅导教材编审委员会组织编写. 安全生产管理知识. 北京：煤炭工业出版社，2004.

[11] 杨文柱等编. 建筑安全工程. 北京：机械工业出版社，2004.

[12] 金德钧、吴松勤主编. 最新建设工程安全生产与质量监管指导全书. 北京：中国城市出版社，2002.

[13] 朱晓斌、陆建玲、丁小燕编. 建筑工程项目施工六大员实用手册——安全员. 北京：机械工业出版社，2002.

[14] 李海东主编. 建筑工程安全生产强制性标准与施工现场安全事故防范实务全书. 长春：吉林科学技术出版社，2002.

[15] 建设部建筑管理司组织编写. 建筑施工安全检查标准实施指南. 北京：中国建筑工业出版社，2001.

[16] 天津市建设委员会. 天津市建设工程施工现场远程视频监控管理信息系统实施办法. http：//www. tjcac. gov. cn/ggzl/list. asp? adv＝prop＆notify＝cs